智能港口物流丛书

“十三五”国家重点图书出版规划项目

物流可视化

舒 帆 宓为建

编著

上海科学技术出版社

图书在版编目(CIP)数据

物流可视化 / 舒帆,宓为建编著. —上海:上海科学技术出版社,2017.3(2021.6重印)
(智能港口物流丛书)
ISBN 978-7-5478-3421-3

Ⅰ.①物… Ⅱ.①舒… ②宓… Ⅲ.①港口-物流-可视化软件 Ⅳ.①U695.2②TP31

中国版本图书馆CIP数据核字(2017)第006172号

物流可视化
舒 帆 宓为建 编著

上海世纪出版股份有限公司
上 海 科 学 技 术 出 版 社 出版
(上海钦州南路71号 邮政编码 200235)
上海世纪出版股份有限公司发行中心发行
200001 上海福建中路193号 www.ewen.co
当纳利(上海)信息技术有限公司印刷
开本 787×1092 1/16 印张:12
字数 250千字
2017年3月第1版 2021年6月第4次印刷
ISBN 978-7-5478-3421-3/TP·48
定价:48.00元

智能港口物流丛书序

“天下熙熙皆为利来，天下攘攘皆为利往。”司马迁在《货殖列传》中的描述正切合今天全球化背景下熙熙攘攘之经贸往来。在繁忙的全球经贸活动中，物流无疑是支撑世界经济发展的大动脉。作为一个国家和地区的门户，港口正是这一大动脉的枢纽。进入新世纪以来，港口的功能不断扩展，保税物流、临港产业、自由贸易区等各种创新功能正不断丰富着港口及港口城市的内涵，如今港口已不仅是吐纳、存储货物的核心节点，还是国际商业贸易的重要环节。对于一个受益于全球化的开放经济体，港口物流的重要性不言而喻。

任何一个产业的发展，都离不开科学技术的支撑。在国家创新驱动、转型发展背景下，港口物流发展路在何方？2008 年 11 月，全球金融危机伊始，IBM 在美国纽约发布的《智慧地球：下一代领导人议程》主题报告提出“智慧地球”的概念，开启了未来产业升级之路。近年来，为了奠定德国在重要关键技术上的国际顶尖地位，继续加强德国作为技术经济强国的核心竞争力，德国推出了以“智能工厂”及“智能生产”为核心的“工业 4.0”概念。“工业 4.0”也被称为继机械、电气和信息技术之后的第四次工业革命。

“智能化”在港口不只是概念上的发展，而正是当前发展实践之路。随着劳动力成本的逐年攀高，以及码头整体装备设计制造水平的不断提升和新工艺、新技术的不断完善，国内外自动化码头在经历了一段时间的技术发展期后，再次掀起新一波建设热潮。近期，天津、青岛、上海等港口已经将自动化码头的建设提上议事日程，国内第一个自动化集装箱码头——厦门远海码头已建成并投入运营。智能政务、智能商务、智能管理、自主装卸为核心的智能化发展，正是当前港口物流发展的重要支撑。

在此背景下，《智能港口物流丛书》的推出旨在梳理当前港口物流智能化发展脉络，展示当前及未来一段时间内，支撑港口物流智能化发展的相关关键技术及应用前景。丛书主要包括以下相关内容：智慧港口概论、集装箱码头数字化营运管理、无水港数字化运营管理、港口物流系统仿真、自动化码头规划设计与仿真、大型港口机械结构稳定性与裂纹控制技术、装卸机器视觉及其应用、港口智能控制、物流可视化等。

丛书所反映的内容是作者及其研究团队长期工作的积累和对相关学术领域的探索，也是对长期大量实践及科研成果的总结。希望丛书的出版能对从事该领域的相关管理、技术人员及感兴趣者有所助益。

宓为建

内容提要

本书从可视化的发展历程入手，结合物流的发展和可视化的需求，提出物流可视化的概念，并阐述物流可视化的基本内涵、技术手段和具体的实现方法。全书内容分为基础理论、方法工具和实例三个部分。

基础理论部分阐述物流可视化的关键技术之一——地理信息系统的原理、组成、分类和特点；阐述地理信息系统的硬件组成和开发软件平台以及开发方法，并综述虚拟现实技术在各个领域的应用情况。

方法工具部分阐述物流可视化系统的实现手段和工具。以地理信息系统软件 MapInfo 平台为基础，阐述地理信息系统的建模过程，并创新性地以实现可视化手段的形式——标注、专题地图、地理编码、创建点、查询等，给出系统实现与可视化之间的相关联系。通过本部分的学习，读者可以掌握物流可视化系统建模的具体方法以及可视化的途径。

实例部分从物流领域挑选经典的实现案例，分析物流可视化系统的功能和实现原理，并对实现过程和实现结果进行分析和呈现。选用件杂货码头堆场为对象构建基于地理信息系统的地图显示与交互的功能模块，将方法用于其他对象以体现 GIS 建模方法的通用性。选用集装箱码头堆场为对象，将虚拟现实系统的建模和驱动过程详细呈现出来。

本书是相关科研团队在物流信息技术领域从事研究工作的长期实践经验的总结。本书可作为普通高等院校物流工程、物流管理及相关专业的教材或参考书，也可供 MapInfo 软件的使用者、Powerbuilder 平台开发者，以及从事相关专业的技术研发人员学习和参考。

前　言

物流是当今社会重要的功能组成，渗透到国民生活的方方面面，为国民经济做出了巨大的贡献。当前信息技术突飞猛进的发展，给现代物流业带来巨大的影响和推动。现代物流正朝着数字化、可视化和智能化的方向发展。物流企业亟须可视化的解决方案，高校则更需培养对接该需求的学生，从事科研的人员也尝试探讨物流可视化技术实现的细节。因此，迫切需求一本既能从宏观上理清物流中的信息脉络，又能从微观上深入实际案例的应用与开发的书籍。

物流的显著特点之一是与空间的关系密切，物流信息由一个个空间节点信息组成，因此与空间相关的信息技术对物流的影响至深，尤其以地理信息系统和虚拟现实为代表。

本书是编者近10年"物流可视化概论"课程讲解的经验总结，在讲课中摸索出一条以介绍可视化手段为主线的思路。因此，结合MapInfo的操作应用，可以为读者提供地理信息系统可视化实现的具体方法。本书也结合了编者多年来从事的信息系统研发工作，书中的案例来自企业的实际需求，在良好可视化设计的基础上，向读者展示了可视化技术与普通管理信息系统的融合。

本书的特点在于将物流与可视化有机结合起来，创新性地按照可视化的手段讲解地理信息系统的建模过程。在系统开发方面，首次讲解了在Powerbuilder平台上进行MapX开发的过程与方法。

本书由舒帆、宓为建编写。感谢徐子奇、杨小明、沈阳、董良才、周娜等老师对本书编写工作的支持和指导。也感谢上海海事大学物流专业的学生在本书同名课程上课期间给出的灵感和思路，以及在作者写作期间提出的宝贵修改意见。上海科学技术出版社的编辑为本书出版做了大量的工作，编者在此一并表示谢意。

编　者

目　录

第1章

绪　　论

1.1 可视化的发展历程

可视化是利用计算机图形学和图像处理技术，将数据转换成图形或图像在屏幕上显示出来，并进行交互处理的理论、方法和技术。它涉及计算机图形学、图像处理、计算机视觉、计算机辅助设计等多个领域，成为研究数据表示、数据处理、决策分析等一系列问题的综合技术。目前正在飞速发展的虚拟现实技术也是以图形图像的可视化技术为依托的。

可视化的发展过程历经了如下阶段。

1. 科学计算可视化

可视化技术最早运用于计算机科学中，并形成了可视化技术的一个重要分支——科学计算可视化(Visualization in Scientific Computing, ViSC)。

"可视化"一词正式出现于 20 世纪 80 年代。1987 年 2 月在美国国家科学基金会(National Science Foundation, NSF)召开的图形图像专题研讨会上，专题讨论组会后发表的正式报告给出了 ViSC 的定义、覆盖的领域，并对可视化的需求、近期目标、远景规划和应用前景作了相应的阐述。这标志着"科学计算可视化"作为一个学科在国际范围内的确立。

科学计算可视化能够把科学数据，包括测量获得的数值、图像或是计算中涉及、产生的数字信息变为直观的、以图形图像信息表示的、随时间和空间变化的物理现象或物理量呈现在研究者面前，使他们能够观察、模拟和计算。因此，可以认为科学计算可视化是一种帮助人们理解科学技术概念或结果的那些错综复杂而又往往规模庞大的数字表现形式，如图 1-1 所示。

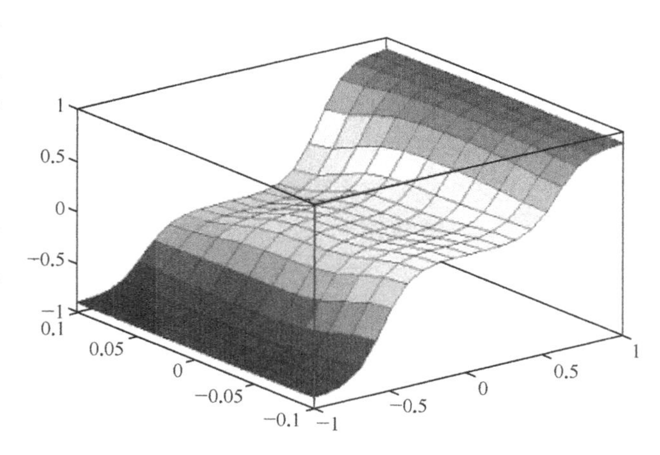

图 1-1 科学计算可视化

在计算机诞生之前，科学的可视化行为就已存在，如等高线图、磁力线图、天象图等。利用计算机的强大运算能力，人类可以使用三维或四维的方式表现液体流型、分子动力学的复杂科学模型。

比如，利用经验数据，在天体物理学(宇宙爆炸)、地理学(温室效应)、气象学(龙卷风或大气平流)中模拟人类肉眼无法观察或记录的自然现象；利用医学数据(核磁共振或 CT)研究和诊断人体；或者在建筑领域、城市规划领域或高端工业产品的研发过程中发挥重大作用。比如，在汽车的研发过程中，需要输入大量结构和材料数据，模拟汽车在受到撞击时如何变形；在城市道路规划的设计过程中，需要模拟交通流量。

“科学可视化”处理的数据具有天然几何结构。图 1 - 2 所示的磁感线是肉眼不可见的，实际上也不存在，但是为了理论研究将其可视化。图 1 - 3 所示的空气流动同样不可见，在科学研究中，通过某些手段将看不见的气体流动可视化，以帮助进行模拟实验或者理论研究。

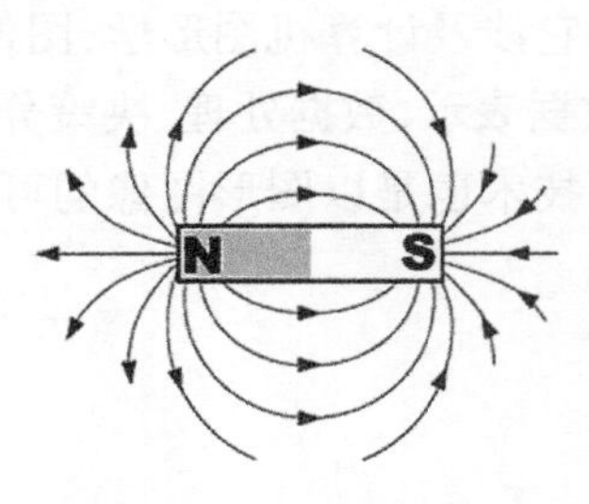

图 1 - 2　磁感线

图 1 - 3　流体力学的计算机模拟实验

2. 数据可视化

数据可视化涉足制图学、图形绘制设计、计算机视觉、数据采集、统计学、图解技术、数形结合以及动画、立体渲染、用户交互等。

数据可视化和信息可视化是两个相近的专业领域名词。狭义的数据可视化指的是将数据用统计图表方式呈现，而信息可视化则是将非数字的信息进行可视化。前者用于传递信息，后者用于表现抽象或复杂的概念、技术和信息。广义的数据可视化是数据可视化、信息可视化以及科学可视化等多个领域的统称。

数据可视化起源于 20 世纪 60 年代计算机图形学，人们使用计算机创建图形图表，可视化提取出来的数据，将数据的各种属性和变量呈现出来。随着计算机硬件的发展，人们创建更复杂规模更大的数字模型，发展了数据采集设备和数据保存设备。同理也需要更高级的计算机图形学技术及方法来创建这些规模庞大的数据集。随着数据可视化平台的拓展，应用领域的增加，表现形式的不断变化，以及增加了诸如实时动态效果、用户交互使用等，数据可视化同所有新兴概念一样边界不断扩大。

饼图、直方图、散点图、柱状图、折线图等，是最原始的统计图表，它们是数据可视化的基础和常见应用。作为一种统计学工具，用于创建一条快速认识数据集的捷径，并成为一种令人信服的沟通手段，所以可以在大量 PPT、报表、方案以及新闻里见到统计图形。最原始的统计图表只能呈现基本的信息，发现数据之中的结构，可视化定量的数据结果。图 1 - 4 所示为某股票的单日交易数据，可利用折线图对该组数据进行可视化，如图 1 - 5 所示，折线图的直观感受对把握数据的变化起到了可视作用。

面对复杂或大规模异型数据集，比如商业分析、财务报表、人口状况分布、媒体效果反馈、用户行为数据等，数据可视化面临处理的状况会复杂得多，需要经历包括数据采集、数据分析、数据治理、数据管理、数据挖掘在内的一系列复杂数据处理；然后由设计师设计一种表现形式，确定是立体的、二维的、动态的、实时的还是允许交互的；接着由工程师创建对应的可视化算法及技术实现手段，包括建模方法、处理大规模数据的体系

600036 招商银行 分时成交明细　Up/PageUp:上翻 Down/PageDown:下翻

时间	价格	现量	时间	价格	现量	时间	价格	现量	时间	价格	现量	时间	价格	现量
14:52	11.77	113 B	14:53	11.77	139 B	14:55	11.77	127 B	14:57	11.77	66 B	14:58	11.77	20 S
14:52	11.76	52 S	14:54	11.77	29 B	14:55	11.77	46 B	14:57	11.77	393 B	14:58	11.77	32 S
14:52	11.77	704 B	14:54	11.77	20 B	14:55	11.77	174 B	14:57	11.77	127 B	14:58	11.78	45 B
14:52	11.77	244 B	14:54	11.77	17 B	14:55	11.76	387 S	14:57	11.77	20 B	14:58	11.77	201 S
14:52	11.77	35 B	14:54	11.76	103 S	14:55	11.77	507 B	14:57	11.77	400 B	14:59	11.77	572 S
14:52	11.77	30 B	14:54	11.77	51 B	14:56	11.77	20 B	14:57	11.77	70 B	14:59	11.77	317 S
14:52	11.77	41 B	14:54	11.76	23 S	14:56	11.77	356 B	14:57	11.77	448 B	14:59	11.78	78 B
14:52	11.77	55 B	14:54	11.77	24 B	14:56	11.77	38 B	14:57	11.77	138 B	14:59	11.78	41 B
14:52	11.77	93 B	14:54	11.76	49 S	14:56	11.77	24 B	14:57	11.77	429 B	14:59	11.80	531 B
14:53	11.76	62 S	14:54	11.77	65 B	14:56	11.77	6 B	14:57	11.77	512 B	14:59	11.78	44 S
14:53	11.77	57 B	14:54	11.76	76 S	14:56	11.77	170 B	14:58	11.77	122 B	14:59	11.80	5 B
14:53	11.77	200 B	14:54	11.77	38 B	14:56	11.77	1321 B	14:58	11.77	117 B	14:59	11.78	4 S
14:53	11.77	13 B	14:55	11.77	48 B	14:56	11.77	126 B	14:58	11.77	239 B	14:59	11.80	615 B
14:53	11.76	202 S	14:55	11.77	75 B	14:56	11.77	43 B	14:58	11.77	147 B	14:59	11.80	250 B
14:53	11.76	62 S	14:55	11.77	1533 B	14:56	11.77	28 B	14:58	11.77	174 B	14:59	11.80	17 S
14:53	11.77	1073 B	14:55	11.76	72 S	14:56	11.77	409 B	14:58	11.77	1556 B	14:59	11.80	148 B
14:53	11.77	59 B	14:55	11.76	210 S	14:57	11.77	40 B	14:58	11.77	405 B	15:00	11.80	150 B
14:53	11.77	13 B	14:55	11.77	31 B	14:57	11.76	206 S	14:58	11.77	825 B	15:00	11.79	0

图 1-4　股市数据

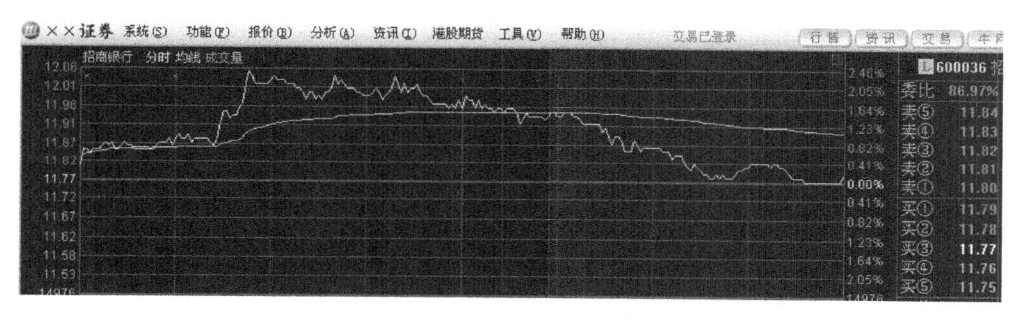

图 1-5　股市数据可视化

架构、交互技术、放大缩小方法等；最后由动画工程师考虑表面材质、动画渲染方法等；交互设计师也会介入进行用户交互行为模式的设计。

可见，一个数据可视化作品或项目的创建，需要多领域专业人士的协同工作才能取得成功。人类能够操纵和解释来源如此多样、错综复杂跨领域的信息，其本身就是一门艺术。按照数据表达信息的维度，随着维度的增加，可视化"设计"愈加重要。表 1-1 为船公司对码头满意度调查的数据，这份数据的信息传达需要经历认知数据、比对数据、记忆数值大小等过程，最终了解船公司对码头的评价。而如果相应地将其转换为柱状图(图 1-6)，则可一目了然观察到满意度的最大最小值，比对表 1-1 可快速定位最令人满意和不满意的环节。这就是可视化对信息认知能力提高的实例。

表 1-1　船公司对码头满意度结果调查表

装、卸船效率及船期保证	空箱疏运及时性	船舶配载质量	船舶靠、离泊及作业安全	集装箱箱体、货物的装卸质量	冷藏箱监管服务	工作人员的服务态度	解决客户突发问题的能力	信息沟通的及时性和能力	费收的准确性	业务流程的合理性	网上信息服务水平	投诉处理	客户走访与沟通	码头硬件资源
3.38	2.17	3.48	3.42	3.29	2.88	2.83	3.29	3.38	3.63	3.33	3.58	2.96	3.43	3.92

除了上述一维数据的呈现，二维、三维乃至多维数据的可视化可见图 1－7 和图 1－8。图 1－7 呈现了表现二、三维数据时常用的散点图和三维坐标图。

图 1－8 中，左图是星绘图法，当一个对象具备几维特征时，就构建几条过中心点的直线，图中具有穿过中点的 8 条线，表征该对象在 8 个方面的特征。右图为 Chernoff 面

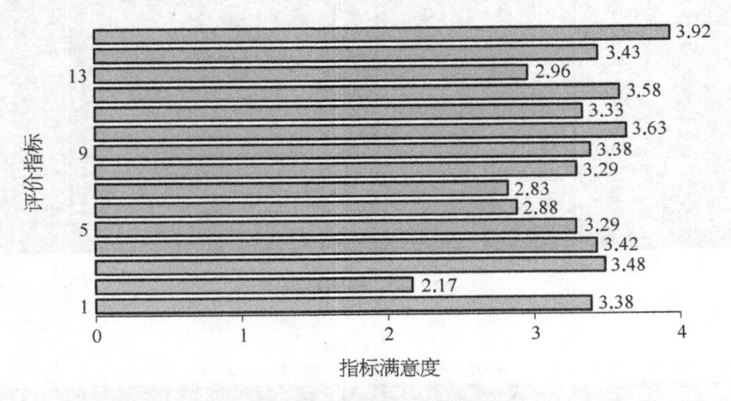

图 1－6　船公司对码头满意度柱状图

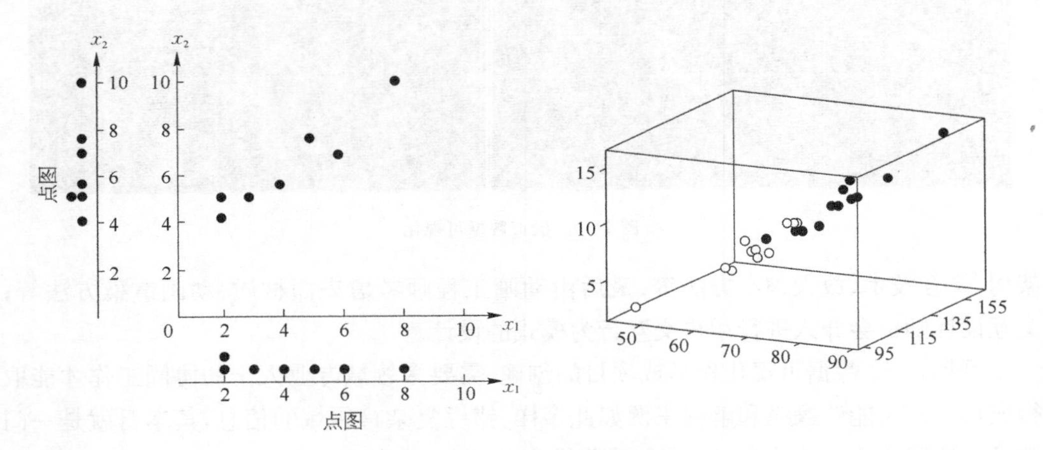

图 1－7　二、三维数据的可视化

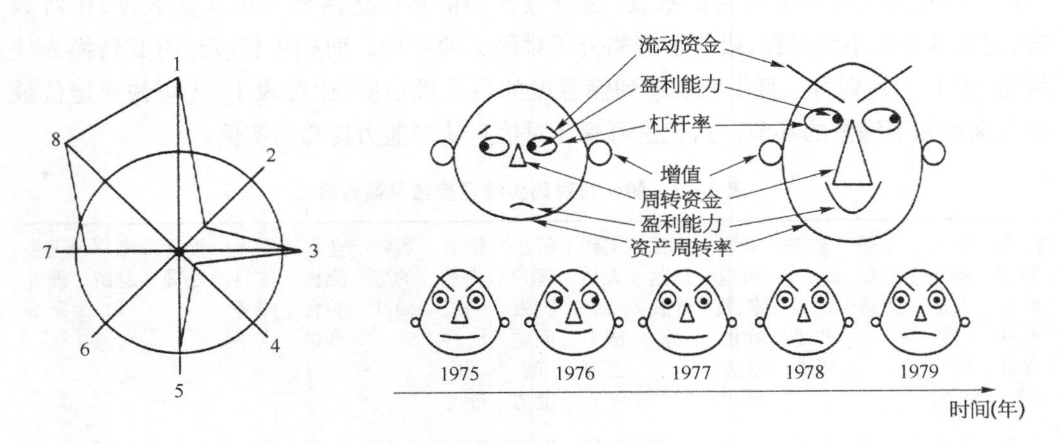

图 1－8　星绘图法和 Chernoff 面法

法，其使用人脸的大小、形状和脸部器官的特征来代表数据维度，通过人脸绘制的多维数据按一定的策略进行排序，可以实现数据的可视化展示。该图将流动资金、盈利能力、增值、周转资金、资产周转率等指标关联于脸谱中的眉毛、嘴型、耳朵等脸部器官，实现通过人脸的大小与表情快速判断原始事物的特征。

3. 信息可视化

信息可视化是一个跨学科领域，旨在研究大规模非数值型信息资源的视觉呈现，如软件系统之中众多的文件或者一行行的程序代码，以及利用图形图像方面的技术与方法，帮助人们理解和分析数据。信息可视化侧重于抽象数据集，如非结构化文本或者高维空间当中的点(这些点并不具有固有的二维或三维几何结构)。比如，提取出一篇论文文本中的关键信息，可以被认为有效可视化了该论文的核心内容。

4. 知识可视化

知识可视化是在科学计算可视化、数据可视化和信息可视化基础上发展起来的新兴研究领域，它应用视觉表征手段，促进群体知识的创造和传递。

知识可视化价值实现有赖于它的视觉表征形式。尽管知识可视化的视觉表征形式丰富多样，但其设计应用却存在不少错误的设计观点和不恰当的应用方法，未能有效地应用于教育教学中。究其原因，“在知识可视化的环境中，人们的视觉经验与阅读行为在发生转向：由基于印刷文本的阅读逐渐转变为基于视觉图像的解读”。

知识可视化领域研究视觉表达方式在提高两人或两人以上之间的知识传播和创新中的作用。知识可视化指的是所有可以用来建构和传达复杂知识的图解手段。比如，对事物的因果关系进行判断，这一复杂知识可以用文字进行传达，但如图 1-9 所示的因果图则可将这层知识梳理得十分透彻地传达出来。

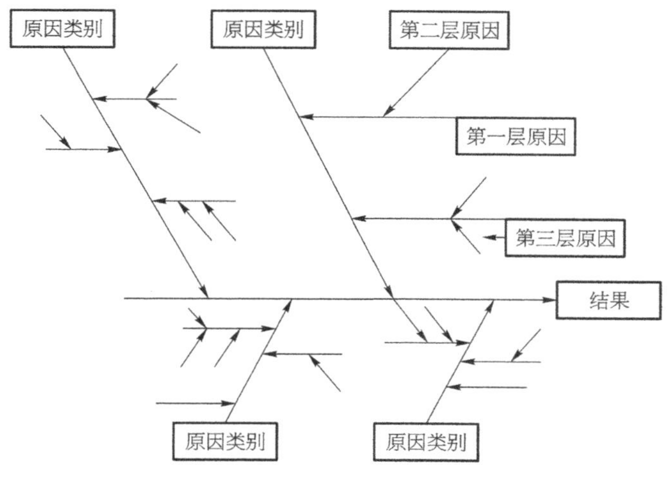

图 1-9 因果图

同样，利用直方图可以对数据的统计结果进行显示，用单纯的数据无法直观判断数据的异常，而利用排列图(图 1-10)可以形成数据的分布，从而传达出原始数据的特征。

左图体现了正常分布的特征，有唯一的集中趋势；右图的分布中存在两个峰值，称为双峰分布，一般认为数据中存在异常才可能出现此类分布。因此，一幅双峰分布的排列图"立即"传达出了数据异常的知识。

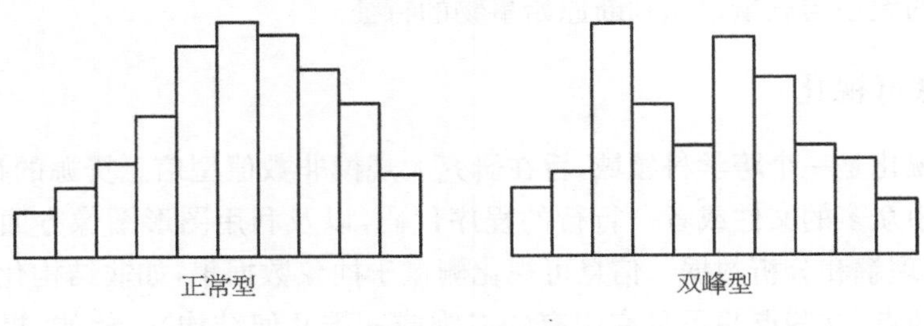

图 1-10　排列图

1.2　物流可视化的内涵

物流可视化指在物流的各个环节中实现物流信息的可视化。物流可视化的内涵包括物流资源信息、物流需求信息、物流过程、物流状态、物流控制和物流环境等的可视化。物流可视化针对物流数据与信息，因此它的前提是物流的数字化。

1. 物流可视化的基础和特点

数字物流体系以综合物流为出发点，应用现代信息技术及物流技术，使得物流整体各环节的信息流与实体物流同步，产生优化的流程及协同作业，从而实现对供应链实体物流综合管理的数字化、智能化、标准化和一体化。

物流数字化要解决两大关键问题：

① 具备标准的物流共用数字平台进行整体的管理控制；

② 网络基础上各环节信息收集与处理和信息的及时、准确与共享；图 1-11 所示为快递公司配送的过程，在关键节点上，如分拨中心的进出信息会发布出来，通过对这些节点的串联，可以呈现配送过程的节点物流信息。

更进一步，在节点信息的基础上，对节点之间在途状态的任意物流进行掌控，才能做到真正实时的物流可视化，这正是提出物联网概念的目的所在。

物流可视化的特点在于：

① 交互性，用户可以方便地以交互的方式管理和开发物流数据；

② 多维性，可以看到表示物流对象或事件数据的多个属性或变量，而数据可以按其每一维的值，将其分类、排序、组合和显示；

③ 可视性，物流数据可以用图像、曲线、二维图形、三维体和动画来显示，并可对其模式和相互关系进行可视化分析；

④ 技术集成性，物流可视化的实现依托地理信息技术、虚拟现实技术、条码技术、射频识别技术、数据库等技术的综合使用。

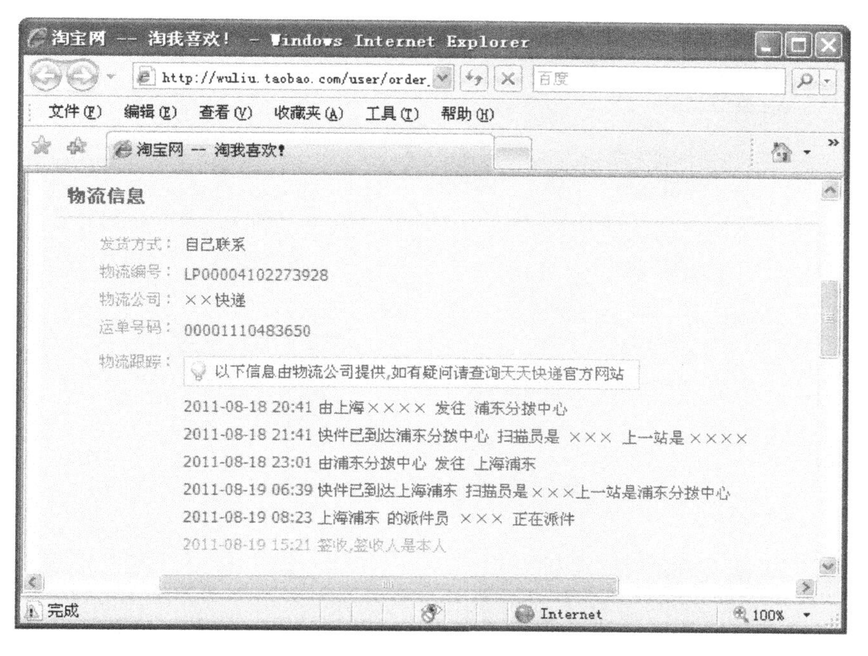

图 1-11　网络上的各环节

2. 物流可视化的类型

(1) 物流结果数据的可视化

数据库和数据仓库的数据具有不同的粒度或不同的抽象级别，能用多种可视化方式进行描述，比如三维立方体或曲线等。源数据可视化能够表现出源数据是如何分布的。将物流数据分析后得到的知识和结果用可视化形式表示出来，比如折线图等。利用水平颜色的不同和垂直高度的差别，两者效果叠加，从而同时可视化多维信息。

(2) 物流数据状态与过程可视化

用可视化形象地描述物流状态与过程，用户可以看出数据的来源或去向，以及数据的变化规律。对于物流而言，就是对物流状态和过程信息的掌控。一个典型物流运输公司的可视化信息系统架构如图 1-12 所示。

在该架构中，分为企业内部管理和对外服务两大区域。上层为企业内部管理区域，物流公司需要掌控外派运输车辆的状态和过程信息，因此利用全球定位技术、无线网络技术将车辆的在途信息进行传递。车辆定位系统根据传回的 GPS 信息在 GIS 电子地图上进行显示和分析。车辆调度系统根据送货特征分配具体车辆，同时根据物流运输的目的地进行路径规划，根据路径的实时数据进行调度，从而解决物流配送环节的各项问题。企业管理信息系统则对企业的人力、机械、任务等进行管理。下层则为企业对外部客户提供的客户关系管理服务系统，该系统为客户提供信息查询和信息发布的功能。

可见，物流可视化可以大大加快物流数据的处理速度，使时刻都在产生的海量物流数据得到有效利用；可以在人与数据、人与人之间实现图形图像通信，从而使人们能够观察到物流数据的特征和隐含的现象。

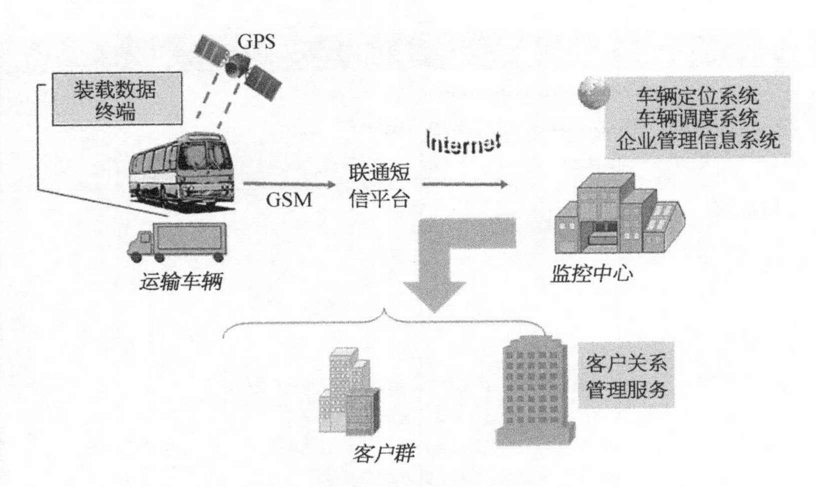

图 1-12　物流状态和过程可视化

3. 物流可视化的技术基础

计算机技术和数据库技术的采用是整个物流可视化系统得以正常运行的前提。全球定位系统(GPS)、无线射频技术(RF)、虚拟现实技术(VR)、地理信息技术(GIS)及各种可视化工具的应用使物流可视化系统进入了实用化的阶段。

计算机技术指信息技术和网络技术。信息技术用以收集和报告资源信息并决定资源状态,向网络系统输入数据。具体利用的工具有扫描器、射频标签、条形码、光学储存卡和 GPS 等。网络技术是确保物流可视化系统信息畅通和共享的必要条件。它通常提供一个基于 Web 的中央信息枢纽,总部自动向该基于 Web 的信息中心提供可视化更新信息,各分机构和组织可以接收联合资源中的可视化信息。数据库系统则多采用开放式两层及三层体系结构。数据库在这个环节具有广义的概念,其中既包括一些静态的数据信息,如反映资源的数、质、时、空等信息,还包括许多动态信息的参数数据及所谓的地理数据信息。上述技术的共同作用下,可形成如图 1-13 所示的可视化技术架

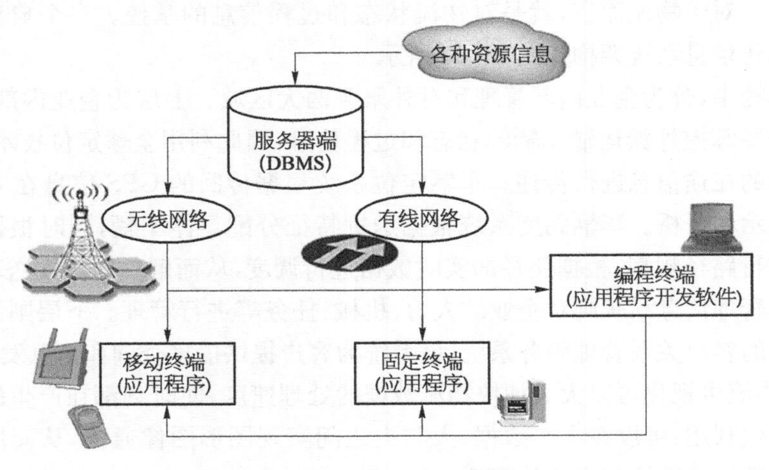

图 1-13　物流可视化技术架构

构。一个物流可视化系统由服务器端和客户端组成。服务器端负责物流数据的存储和计算。客户端分为开发终端和使用终端，使用终端按照终端的可移动性分为固定终端和移动终端。对于物流领域而言，移动终端是常见的，如运输公司的车辆、集装箱码头的移动设备、在现场作业人员佩戴的手持机等都是移动终端。

（1）定位技术

以全球定位系统(GPS)为例，全球定位系统包括空间星座部分、地面监控部分以及用户设备部分。以 GPS 卫星和用户接收机天线之间距离(或距离差)的测量为基础，并根据已知的卫星瞬间坐标来确定用户接收机所对应的点位，即待定点的三维坐标(x,y,z)。

（2）无线射频技术

无线射频的特点是利用无线电波来传送识别信息，不受空间限制，可快速地进行物品追踪和数据交换。工作时，RFID 标签与“识读器”的作用距离可达数十米甚至上百米。通过对多种状态下(高速移动或静止)的远距离目标(物体、设备、车辆和人员)进行非接触式的信息采集，可对目标实现自动识别和自动化管理。由于 RFID 技术免除了跟踪过程中的人工干预，在节省大量人力的同时可极大提高工作效率，所以对物流和供应链管理具有巨大的吸引力。无线射频技术多见于烟草公司、超市自动结账[1]。

（3）三维可视化技术

近几年，计算机图形学的发展使得三维表现技术得以形成，这些三维表现技术能够再现三维世界中的物体，能够用三维形体表示复杂的信息，这种技术就是三维可视化技术。它使人能够在三维图形世界中直接对具有形体的信息进行操作，和计算机直接交流。这种技术已经把人和机器的力量以一种直觉而自然的方式加以统一，这种革命性的变化无疑将极大地提高人们的工作效率。可视化技术赋予人们一种仿真的、三维的并且具有实时交互的能力，这样人们可以在三维图形世界中用以前不可想象的手段获取信息或发挥自己创造性的思维。机械工程师可以从二维平面图中得以解放直接进入三维世界，从而很快得到自己设计的三维机械零件模型。医生可以根据病人的三维扫描图像分析病人的病灶。军事指挥员可以面对用三维图形技术生成的战场地形，指挥具有真实感的三维飞机、军舰、坦克向目标开进并分析战斗方案的效果[2-3]。

人们对计算机可视化技术的研究已经历了一个很长的过程，而且形成了许多可视化工具，其中 SGI 公司推出的 GL 三维图形库表现突出、易于使用而且功能强大。利用 GL 开发出来的三维应用软件颇受许多专业技术人员的喜爱，这些三维应用软件已涉及建筑、产品设计、医学、地球科学、流体力学等领域。随着计算机技术的继续发展，GL 已经进一步发展成为 OpenGL，OpenGL 被认为是高性能图形和交互式视景处理的标准，包括 ATT 公司 UNIX 软件实验室、IBM 公司、DEC 公司、SUN 公司、HP 公司、Microsoft 公司和 SGI 公司在内的占计算机市场领导地位的大公司都采用了 OpenGL 图形标准。

1.3 物流可视化的缘起案例

揭开物流可视化的面纱，体现信息可视化需求的缘起案例来自军事领域[4]，即美国军方作战时的经验总结，也就是美国军方建立的“美国陆军联合全资可视化”。从该系统的介绍中，可进一步体会出物流可视化的内涵。

陆军联合全资可视化既是“21世纪部队”美军后勤的一项创新，也是信息技术在后勤领域的实际运用。它是指及时、准确地向用户提供部队、人员、装备和补给品的位置、运输、状况及类别等信息的能力，还包括根据这些信息采取行动以改善国防部后勤工作总体效能的能力。

美国军方的这项创新源于第一次海湾战争期间。由于信息的不可知导致军用物资的重复申请、过量补给、难于查找等造成了大量损失。当时，美国国防部给前线陆军运送了4万多个集装箱，港口、机场、车站和调度场都堆满了等待处理及配送的货物。士兵和后勤负责人要在数以万计的集装箱中找到重要设备和补给品。最后，其中的2.5万多个集装箱被迫打开，仅仅因为人们不知道里面装的是什么。美军估计，如果当时采用了RFID技术来追踪后勤物资的去向并获得集装箱的内容清单，将可能为国防部节省大约20亿美元的支出。因为无法得知货物运送的状况，军人不知道自己申请的物资是否已发出，所以常常超额申请。比如要申请一个汽车轮胎，前方部队在焦急等待中连续申请了好几次，而后勤单位也不知道物资是否已经送到士兵手中，最后就发来了四个轮胎。据战后统计，光是处理零件超额申请的资金就高达27亿美元。

因此，美军在这次事件中深刻体会到信息不可知的弊端，建立了“全球作战在运物资可视化系统”。该系统是实现联合全资可视性的关键，它由美军运输司令部负责管理，可对物资从运输起点（仓库或供货商）到终点进行跟踪，以便提供物资在运途中及各个位置的信息。该系统也可用于对乘客、伤员及个人财产进行追踪，整个在运物资可视性网络已于1995年在欧洲开通。后来，在欧洲战区，各边境关卡、铁路终点站、桥梁和基地等地均安装有射频询问机。该机收集射频卡上的所有物资运输信息并将其发送给射频回收机，后者又将信息转送给位于德国曼海姆的运输途中可视性服务器，并同时传送给美国本土中心数据库。

举例来说，美国国防后勤局的军官在一次任务中必须到码头为一批由工厂送到并准备运往东南亚的179个货柜进行查收，这位军官利用一个手持的读取器收集货柜的资讯且同时下载到陆军的后勤资料库中，这动作只花费了他20 min的时间，这还包括了在码头上行走的时间，以往这样的工作必须动员一个排的兵力并花费两天的时间来完成。虽然这项技术的采用是从20世纪90年代中期开始，但是却产生了意想不到的效率提升。

从美军建立的在运物资可视化的案例中发现，原来集装箱内的信息无法获知或无法高效获知，可视化系统建立后，快速有效地获知了集装箱内的信息，仿佛看见了集装箱内的货物一般，这是可视化系统的基本内涵，从某种角度上说，它并未采用什么形象表示的手段，即所谓的二维或三维的手段去表示信息，而是仅仅做到了信息的可知。因此，在本章的结束部分需要强调的是物流可视化的两个层次，一个是信息的可知，这是基础，在此基础上才能谈论信息的可视（更直观的呈现）。虽然本书更侧重于后者，但是前者的地位和作用至关重要。

在本书的第2、3章将分别介绍地理信息系统和虚拟现实技术，这是为物流可视化的第二个层次服务的。

第2章

港口地理信息系统

物流企业管理部门往往拥有数以十万计的供应链上各环节的信息资料，而85%以上的企业决策数据与空间位置相关，例如客户的分布、市场的地域分布、原料运输、跨国生产、跨国销售等。对于包罗万象的信息，如果仅以传统的表格或文字的形式对存储在数据库中的数据进行处理和表现，不仅形式呆板，缺乏直观性，而且可能将一些重要的信息隐藏在文字背后，无法及时发现；如果采用地图表现的方式，将各个网点的数据与地图上的空间对象关联起来，从空间上来观察和分析这些数据之间的关系，便可以一目了然得出数据之间存在的规律。

地理信息系统正是一门在地理学研究基础上发展起来的综合性交叉学科。随着信息技术向着超级计算、海量存储、高速传输的方向快速发展，支撑地理信息系统研发和应用的条件已经基本具备。它以地理空间数据库为基础，在计算机软硬件支持下，实现对空间信息的采集、存储、管理、操作、分析和显示；采用地理模型分析方法，适时提供多种空间的和动态的地理信息，可为物流研究和物流决策提供服务。

2.1 地理信息系统的基础概念

1. 地理信息系统的概念与特征

地理信息系统（Geographic Information System，GIS）是一种特定的、十分重要的空间型信息系统，可定义为：在计算机硬件、软件系统支持下，对整个或部分地球表层（包括大气层）空间中的有关地理分布数据进行采集、存储、管理、计算、分析、显示和描述的技术系统。地理信息系统处理的对象是多种类型的地理空间实体数据及其关系，包括空间定位数据（位置和空间关系）、属性数据、遥感图像数据等，用于分析和处理一定地理区域内分布的各种现象和过程，解决复杂的空间规划、决策和管理问题，属决策支持系统类型。

地理信息系统具有以下特征：

① 地理信息系统的外壳是计算机化的技术系统，由若干相互关联的子系统构成，如数据采集子系统、数据管理子系统、数据处理和分析子系统、图像处理子系统、数据产品输出子系统等；

② 地理信息系统操作的对象是空间数据，即由点、线、面这三类基本要素组成的地理实体；只有在地理信息系统中，才实现了空间数据的空间位置、属性和时态三种基本要素的统一；

③ 地理信息系统的技术优势在于它的数据综合、模拟和空间分析评价能力，可以得到常规方法或普通信息系统难以得到的重要信息，实现地理空间过程的演化和预测。

2. 地理信息系统的产生与发展

地理信息系统是在实践中逐渐发展和形成的计算机信息系统学科。地理信息系统是一个技术创新和技术应用的新领域，也是变化迅速的一个新领域。

GIS最初的发展渊源得益于GIS先驱者的大胆尝试。总体来说，GIS作为数据分析和显示的工具是第一学科根源，作为地图制图领域的工具是第二学科根源，景观建筑与环境敏感性规划领域是第三学科根源。

地理信息系统在技术发展导引和应用驱动两大动力因素作用下，得到了快速发展。这主要归因于三个因素：一是计算机技术的发展；二是空间技术，特别是遥感技术的发展；三是对海量空间数据处理、管理和综合空间决策分析应用驱动着GIS向前发展。

GIS技术的发展大约经历了五个阶段。

(1) 20世纪50—60年代为GIS的开拓期，注重空间数据的地学处理

例如，处理人口统计数据(美国人口调查局)、资源普查数据(加拿大统计局)、地籍数据(奥地利测绘部门)等。1960年末，加拿大建立了世界上第一个真正的GIS，即加拿大GIS(CGIS)，用于自然资源的管理和规划。

(2) 20世纪70年代为GIS的巩固发展时期，注重空间地理信息的管理

GIS的真正发展也在这个时期。主要归结于以下几个方面的原因：一是资源开发、利用和环境保护问题为政府首要解决之难题，而这些都需要一种能有效地分析、处理空间信息的技术、方法和系统；二是计算机技术的发展，数据处理速度加快，内存容量增大，硬件价格下降；在软件方面，新型的GIS软件不断出现；三是专业人才不断增加。

(3) 20世纪80年代为GIS大发展时期，注重于空间决策支持分析

GIS的应用领域迅速扩大，许多国家制定了本国的GIS发展规划，启动了若干大型科研项目，建立了一些政府性、学术性机构。同时，商业性的咨询公司、软件制造商大量涌现，提供系列专业化的服务。GIS基础软件和应用软件的发展，使得它的应用从解决基础设施的管理规划转向更复杂的区域开发，如土地利用、城市规划等。与遥感技术结合，GIS开始用于解决全球性问题，如全球沙漠化问题、全球可居住区域的评价、厄尔尼诺现象、核扩散及全球气候与环境的变化监测等。

(4) 20世纪90年代为GIS的用户时代

一方面，GIS已经成为许多机构必备的工作系统。另一方面，社会对GIS的认识普遍提高，需求大幅增加，从而导致GIS应用的扩大和深化。随着因特网技术的发展，更大范围内共享地理信息成为可能和必然趋势。随着建设“信息高速公路”“国家空间数据基础设施”“数字地球”计划的提出，GIS技术作为一种全球、国家、地区和局部区域信息化、数字化的核心空间信息技术之一，其发展和利用已被许多国家列入国民经济发展规划。

(5) 21世纪初期为GIS的空间信息网格(Spatial Information Grid，SIG)时代

随着GIS技术更加广泛和深入的应用，网络环境下的地理空间信息分布式存取、共享与交换、互操作、系统集成等成为新的发展亮点。空间信息网格是一种汇集和共享地理分布海量空间信息资源，对其进行一体化组织与处理，从而具有按需服务能力的空间信息基础设施。SIG是GIS发展的最新阶段，研究刚刚起步，有许多技术问题需要解决。

3. 地理信息系统的构成

一个实用的GIS要支持对空间数据的采集、管理、处理、分析、建模和显示等功能。

一般,GIS 主要由五个部分构成,它们是计算机硬件环境、软件环境、地理空间数据系统使用与用户和应用模型,如图 2-1 所示。

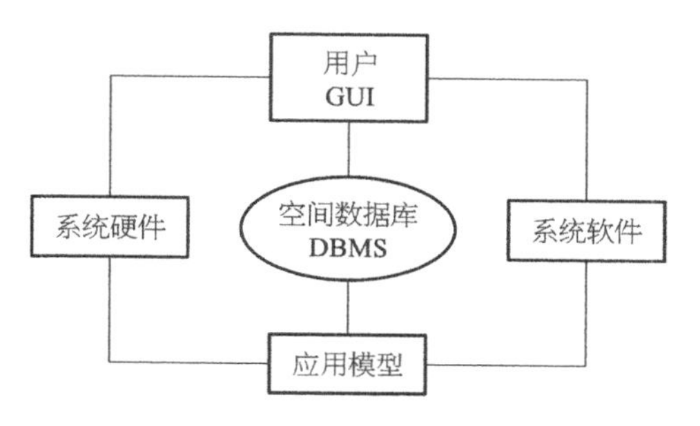

图 2-1 地理信息系统的基本构成

(1) 硬件环境

地理信息系统的硬件配置一般包括以下几个部分,主要部分如图 2-2 所示。

① 计算机主机:可以是单机,也可以组成计算机网络系统来应用。

② 数据输入设备:用于将系统所需要的各种数据输入计算机,并将模拟数据转换成数字化数据。其他一些专门设备,如数字化仪、扫描仪等,均可以通过数字接口与计算机相连接。

③ 数据存储设备:主要指存储数据的磁盘、磁带、光盘及相应的驱动设备。

④ 数据输出设备:包括图形终端显示设备、绘图机、打印机、磁介质硬拷贝机等。它们将以图形、图像、文件、报表等不同形式显示数据的分析处理结果。

⑤ 数据通信传输设备:配上网络系统连线、网卡及其他网络专门设施,地理信息系统就可通过网络与服务器或其他工作站交流信息或共享数据。

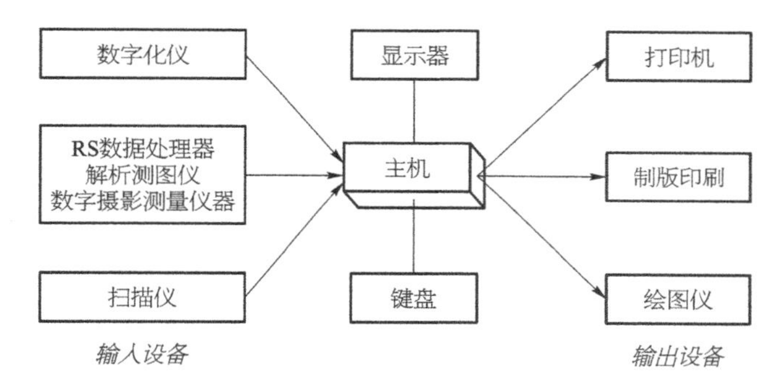

图 2-2 地理信息系统硬件环境

(2) 软件环境

① 计算机系统软件:一般是由计算机厂家提供的,为用户开发和使用计算机提供方便的基础性的程序系统,通常包括操作系统、各种汇编系统和编译程序等。

② 地理信息系统软件和其他支持软件:可以是通过地理信息系统工具专门开发的地理信息系统软件包,也可包括数据库管理系统、CAD 系统等,用于支持对空间数据的输入、存储、转换、输出和与用户接口。

地理信息系统的软件,按照表达地物的方式分为栅格型和矢量型,如图 2-3 所示。图中同样表示道路这一空间地物,左图用了矢量的线段、面这类图形代表道路,右图则是用一张高像素的图片来表达,因此地理信息系统软件的类型就分为矢量型和栅格型,如表 2-1 所示。本书基于的地理信息系统软件 MapInfo 是一种典型的矢量型软件。

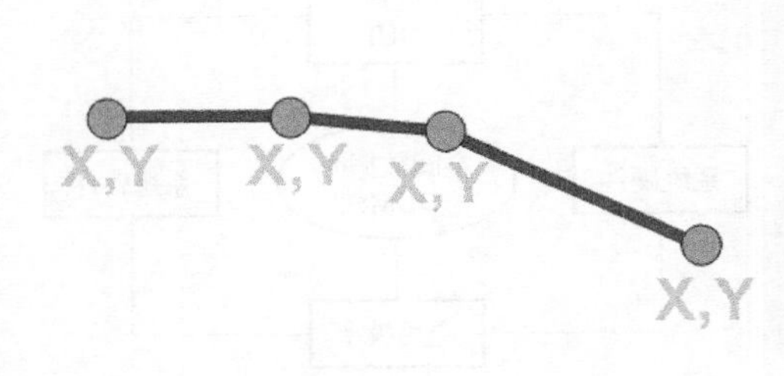

图形(矢量)

图像(栅格)

图 2－3　道路的两种表达方式

表 2－1　地理信息系统软件类型

矢　量　型	栅　格　型
ARC/INFO	ERDAS
MapInfo	IDRISI
MAPGIS	ErMapper

③ 应用分析程序：即系统开发人员或用户根据地理专题或区域分析模型编制的用于某种特定应用任务的程序，是系统功能的扩充与延伸。

(3) 地理空间数据

地理空间数据是地理信息系统的操作对象与管理内容，它是指以地球表面空间位置为参照，描述自然、社会和人文经济景观的数据，这些数据可以是数字、文字、表格、图像和图形等。它们由系统建造者通过数字化仪、扫描仪、键盘、磁带机或其他输入设备输入到地理信息系统中，是地理信息系统所表达的现实世界经过模型抽象的实质性内容，其相应的区域信息包括位置信息、属性信息和空间关系等。

地理信息系统中的数据主要包括两大类型：空间数据和非空间的属性数据。

① 空间数据。

空间数据用来确定图形和制图特征的位置，是以地球表面空间位置为参照的。具体说来，它反映以下两方面信息：

a. 在某个已知坐标系中的位置，也称几何坐标，主要用于标识地理景观在自然界或包含某个区域的地图的空间位置，如经纬度、平面直角坐标、极坐标等；

b. 实体间的空间相关性，即拓扑关系，表示点、线、网、面等实体之间的空间联系，如网络结点与网络之间的枢纽关系，边界线与面实体间的构成关系，面实体与岛或内部点的包含关系等。

② 非空间的属性数据。

非空间的属性数据用来反映与几何位置无关的属性，即通常所说的非几何属性。它是与地理实体相联系的地理变量或地理意义，一般是经过抽象的概念，通过分类、命名、量算、统计等方法得到。非几何属性分为定性和定量两种，前者包括名称、类型、特性等，如港口类型、货物种类、吞吐量、机械装备情况、气候条件等。任何地理实体至少包含一个属性，而地理信息系统的分析、检索主要是通过对属性的操作运算来实现的。

a. 系统使用与管理人员。

地理信息系统是一个动态的地理模型，是一个复杂的人机系统。仅仅有系统硬件、软件和数据还构不成一个完整的地理信息系统，它必须处于相应的机构或组织环境内，需要人进行系统组织、管理、维护和数据更新、系统扩充等工作。因此，系统的管理、维护和使用人员是地理信息系统中的重要构成因素。

b. 应用模型。

GIS 应用模型的构建和选择也是系统应用成败至关重要的因素。虽然 GIS 为解决各种现实问题提供了有效的基本工具，但对于某一专门的应用，则必须构建专门的应用模型，例如物流中心选址模型、车辆路线模型、分配集合模型等。这些应用模型是客观世界到信息世界的映射，反映了人类对客观世界利用、改造的能动作用，并且是 GIS 技术产生社会经济效益的关键所在，也是 GIS 生命力的重要保证。

构建 GIS 应用模型，首先必须明确用 GIS 求解问题的基本流程(图 2－4)；其次根据模型的研究对象和应用目的，确定模型的类别、相关的变量、参数和算法，构建模型逻辑结构框图；然后确定 GIS 空间操作项目和空间分析方法；最后是模型运行结果验证、修改和输出。

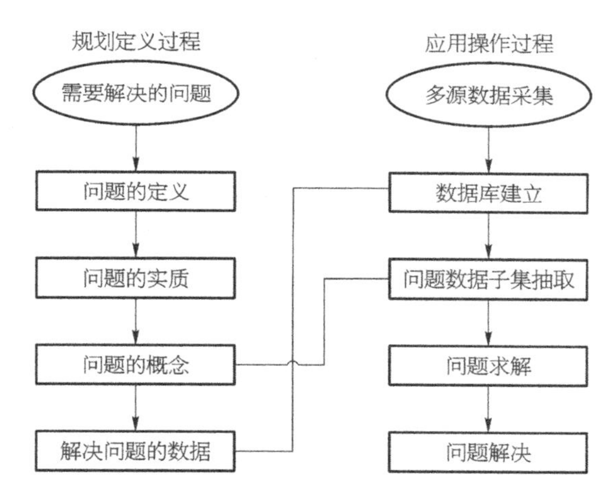

图 2－4　用 GIS 求解问题的基本流程

4. 地理信息系统的功能

地理信息系统的构建包括数据采集与输入、数据编辑与更新、数据存储与管理、空间查询与分析、数据显示等功能。同时，地理信息系统的构建是基于图层的，依赖图层的叠加共筑一个地理信息系统。地理信息系统的功能如图 2－5 所示。

(1) 数据采集与输入

数据采集与输入是指在数据处理系统中将系统外部的原始数据传输给系统内部，并将这些数据从外部格式转换为系统便于处理的内部格式。对多种形式、多种来源的信息可实现多种方式的数据输入，主要有图形数据输入(如物流设施布局图形的输入)、

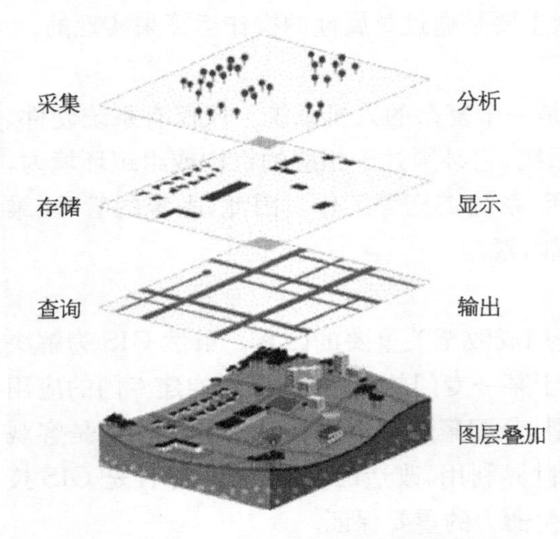

图 2-5　地理信息系统基本功能

栅格数据输入(如遥感图像的输入)、测量数据输入(如 GPS 数据的输入)和属性数据输入(如数字和文字的输入)。输入的形式十分多样,这充分说明地理信息系统的构建应充分依赖多种数据来源。

(2) 数据编辑与更新

数据编辑主要包括属性编辑和图形编辑。属性编辑主要与数据库管理结合在一起完成;图形编辑主要包括拓扑关系建立、图形编辑、图形整饰、图幅拼接、图形变换、投影变换、误差校正等功能。数据更新即以新的数据项或记录来替换数据文件或数据库中相对应的数据项或记录,是通过删除、修改、插入等一系列操作来实现的。

(3) 数据存储与管理

数据存储即将数据以某种格式记录在计算机内部或外部存储介质上。其存储方式与数据文件的组织密切相关,关键在于建立记录的逻辑顺序,即确定存储的地址,以便提高数据存取的速度。属性数据管理一般直接利用商用关系数据库软件(如 ORACLE、SQL SERVER 等)进行管理。空间数据管理是 GIS 数据管理的核心,各种图形或图像信息都以严密的逻辑结构存放在空间数据库或者特定格式的数据文件中。

(4) 数据查询与分析

数据查询与分析是 GIS 的核心,是 GIS 最重要与最具有魅力的功能,也是 GIS 有别于其他信息系统的本质特征。它主要包括数据操作运算、数据查询检索与数据综合分析。数据查询检索即从数据文件、数据库或存储设备中查找和选取所需的数据,是为了满足各种可能的查询条件而进行的系统内部数据操作(如数据格式转换、矢量数据叠合、栅格数据叠加等操作)以及按一定模式关系进行的各种数据运算(包括算术运算、关系运算、逻辑运算、函数运算等)。按照两种数据之间的互查询,可将查询分为点击地物查属性以及设定条件查地物两种类型,称为空间查询和条件查询,如图 2-6 所示。

综合分析功能可以提高系统评价、管理和决策的能力,主要包括信息量测、属性分析、统计分析、二维模型分析、三维模型分析及多要素综合分析等。常见的地理信息系统分析功能包括叠加分析、缓冲区分析及网络分析。

① 叠加分析。

如叠加全国湖泊分布图与四川省行政区域图,经过叠加分析得到四川省的湖泊分布图。

② 缓冲区分析。

图 2-7 显示了地图元素中点、线、面向周围辐射可能产生的影响。这一功能有许多实际的应用,如一条马路正在修路,而修路对周围居民有影响,利用线缓冲区功能可

点击空间地物的查询

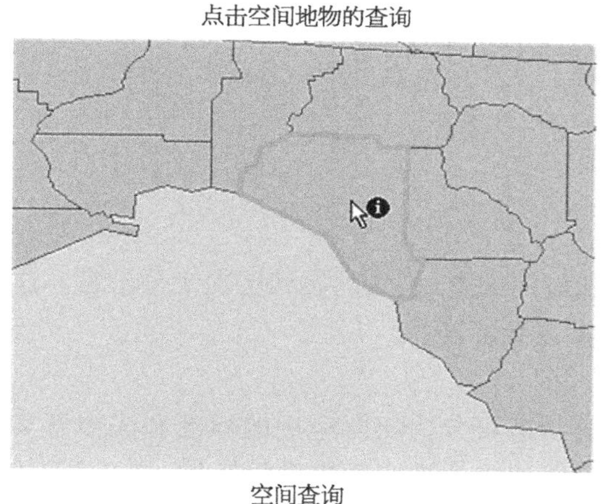

空间查询

基于设定条件的查询

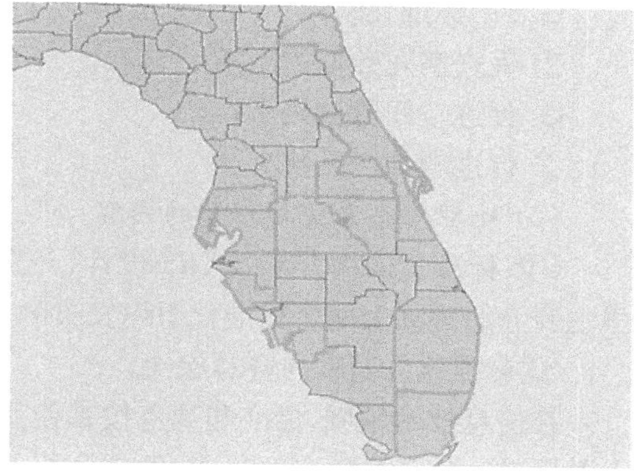

条件查询

图 2－6　数据查询的类型

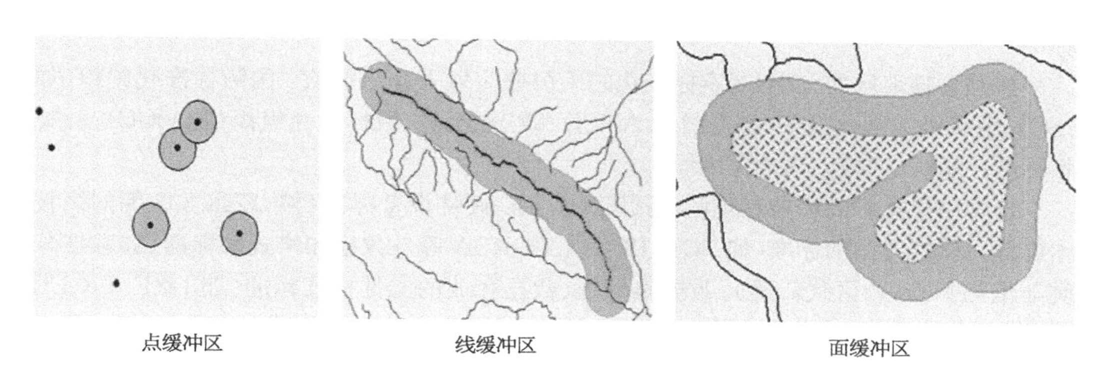

点缓冲区　　线缓冲区　　面缓冲区

图 2－7　点、线、面的缓冲区分析

以分析出该马路修路产生噪声的影响范围。

③ 网络分析。

网络分析功能是日常生活中较常见的功能，比如前往一个地点的路径分析、某个地点周围的银行的分析等。

(5) 数据显示与输出

数据显示是中间处理过程和最终结果的屏幕显示，通常以人机交互方式来选择显示的对象与形式，对于图形数据可根据要素的信息量和密集程度选择放大或缩小显示。GIS 不仅可以输出全要素地图，还可以根据用户需要，分层输出各种专题图、种类统计图、图表及数据等。

5. 地理信息系统的标准化

地理信息系统技术的标准化是由地理信息系统的特点决定的。GIS 作为公共数据处理和分析的空间平台，其标准化是保证数据资源、软件资源和设备资源共享的基础。如果要实现国家乃至全球的 GIS，标准起着决定性作用。它涉及 GIS 工具软件设计、GIS 工程应用的多个方面，因而受到国际、国内机构和学者的高度重视。

(1) 地理信息系统标准化的作用

GIS 的标准化从以下几个方面影响 GIS 技术和应用发展：

① 促进空间数据的交换；

② 促进空间数据共享；

③ 促进软件产品共享。

(2) 地理信息系统标准化的内容

GIS 标准化的内容涉及 GIS 设计、开发和应用的全过程，内容和层次十分丰富。这里主要介绍国际上两个标准化组织发布的一些主要标准。

① 标准化的基本内容和层次。

在信息技术领域，标准和规范按其使用的状态可分为实际应用的标准和法律意义上的标准。前者是由有关机构、团体和组织自发达成的被广泛接受的标准，如 TCP/IP 协议、OpenGIS 规范等；后者通常是为了政策或管理的目的，通过法律制定的标准，如美国联邦地理数据委员会(Federal Geographic Data Committee，FGDC)制定的元数据标准。

按照管辖地区的大小，制定标准化的组织分为以下几个层次：国际标准化组织(如 ISO)；区域级标准化组织(如美国的 ANSI)；政府或用户级标准化组织(如 OGC)；补充性标准化组织(如地方标准化组织)。

通常信息技术的标准和规范包括五个方面：硬件设备标准(如 IEEE 802 等网络技术标准)；软件方面的标准(如 SQL、DCOM、CORBA 等)；数据和格式的标准(如数据分类与编码标准，政区代码等)；数据集标准、数据存放的文件格式标准(如 DXF、TIGER 等，以及我国的 4D 产品格式等)；过程标准(如 ISO 9000 系列标准等)。

② ISO/TC211 地理信息标准。

ISO/TC211 是国际标准化组织于 1994 年 3 月成立的地理信息/地球信息科学专业委员会，其制定的地理信息标准有 25 个。

③ 开放的地理数据互操作规范(OpenGIS)。

开放的地理数据互操作规范(Open Geodata Interoperability Specification，OpenGIS)是由美国 OGC(OpenGIS Consortium)制定的关于数据互操作系列规范。

开放的地理数据(OpenGIS)互操作规范的制定，旨在使国家和世界范围内的分布式环境下实现地理空间数据和地理信息处理资源的共享。它允许用户通过网络实时获取不同系统中的地理信息，避免了冗余数据存储，是实现地理空间数据共享的一次深刻的技术革命。

OpenGIS 为软件开发者提供了一个框架，使他们能够开发一些让他们的用户方便地访问和处理各种来源的地理数据(不论它们分布在哪儿)的软件。该规范包括三部分：

a. 开放的地理空间数据模型(Open Geodata Model，OGM)；

b. OpenGIS 服务模型(OpenGIS Services Model，OSM)；

c. 信息团体模型(Information Communities Model，ICM)。

与传统的 GIS 处理技术相比，OpenGIS 建立起通用的技术基础以进行开放式的地理信息处理。其特点是具有互操作性、对信息团体的支持作用、普遍存在性、可靠性、易用性、便携性、合作性、可伸缩性、可扩展性、兼容性和可执行性。OpenGIS 的标准文档包括 16 个技术规范和 1 个综述。

6. 地理信息系统与物流

传统的物流概念是指物料或商品在空间上和时间上的位移，现代物流管理是指将信息、运输、库存、仓库、搬运以及包装等物流活动综合起来的一种新型的集成式管理，它的任务是以尽可能低的成本为顾客提供最好的服务。供应链，也可称为物流网络，包括供应商、制造商、仓库、配送中心和零售点，以及在各机构之间流动的原材料、半成品和产成品。现代物流管理的实际意义就是对供应链的管理。

供应链管理手段现代化的特征是以计算机技术为核心的信息技术的应用。地理信息系统(GIS)是对与地理空间相关的数据进行有效管理和综合分析的计算机系统，GIS 最明显的吸引力是通过地图来表现和分析数据。空间、时间和属性构成地理信息的三种基本成分。在传统的 GIS 中，空间对象包含三个方面的信息：图形信息、拓扑关系和属性描述信息。通常将图形与拓扑关系信息放在一个结构表中，通称为几何图形信息，并且将它与属性数据分开存放。属性数据用关系数据库管理，图形数据用文件方法管理。当要考虑时态问题时，又要加入时态信息，时态信息不仅可能涉及属性方面(例如，一个城市的人口、工业产值、人均消费每年均有变化)，而且还可能涉及图形方面(例如，有可能在某一年将其他地区的某个县并入该市，行政边界发生变化)。增加了时态数据，GIS 可以用来帮助人们认识和了解现实世界的演变历程以期获得更好的分析效果，同时期望能够更进一步预测将来的变化趋势。

GIS 在供应链管理的许多领域都发挥着重要的作用，在应用中所贯穿的思想便是 GIS 同数学模型和运算法则的集成。在集成系统中，GIS 提供地理数据，而属性数据(例如需求信息、成本、产品、仓储能力等)则从物流业务数据库得到。在当前的供应链管理领域中，由于能够引入大量数据并存储对这些数据进行复杂分析的结果，因此激发了人们对供应链管理的许多兴趣。

面向具体的应用领域，GIS 可以回答以下问题：

① 定位：对象在何处？某处有什么对象？

② 条件：哪些地方符合……特定的条件？某地符合哪些特定的条件？

③ 趋势：从何时起发生了哪些变化？

④ 模式：对象的分布存在何种空间模式？

⑤ 模拟：如果……将如何？

在 GIS 中，物流系统中的点、线、面都可作为空间实体，可用空间数据来表达，空间数据描述的是现实世界各种现象的三大基本特征：空间、时间和专题属性。空间特征是地理信息系统所独有的，是指空间地物的位置、形状和大小等几何特征，以及与相邻地物的空间关系，如各产地和需求地与其相关的道路拓扑关系等。专题特征也指空间现象或空间目标的属性特征，它是指除了时间和空间特征以外的空间现象的其他特征，如地形、土地覆盖类型、人口密度、交通流量等。时间特征是指空间数据随时间的变化而变化的情况。

实际上，GIS 在物流应用中已经能做到以下几个方面。

(1) 物流系统监控[5]

通过与 GPS、无线通信技术结合，在 GIS 中可以监测车辆、船舶、人员、货物的位置及工作状态，对运输工具等的在途运输情况实现跟踪，实现运输工具和人员的实时调度，还可以实时对特种车辆进行安全监控，为安全运输提供保障。如此可以实现合理配置物流企业的资源，提高物流系统的效益[6]。

(2) 物流系统规划

应用 GIS 的空间分析功能，可以对物流设施的选址、物流网络的布局、物流行业趋势、各类运力、航线经营情况等进行分析，实现科学规划。

(3) 物流系统模拟与优化

在 GIS 系统中，可以实现各类配送活动中的车辆路线模型优化[7-8]，对配送时间、数量和路径进行优化部署，还可以实现物流园区货物集散流程模拟、集装箱码头作业流程模拟、多式联运方案设计与比较等物流系统模拟与优化功能，为物流管理决策提供科学的依据。

(4) 物流信息图形化查询、统计分析与报告

在大量数据的支撑下，GIS 可以实现物流信息的图形化查询、汇总、统计和报告，有助于管理人员全面、直观地掌握当前物流系统运作状况，以及开展与物流信息所处时空相关的、较深层次的数据分析。可以实现物流企业在不同地域上各个网点之间的交流和协作，使物流活动的组织在不同网点之间实现有效衔接和统一组织。比如在库存管理应用中，可实现分布在不同位置的多个仓库的当前库存的图形化查询，从而可以科学制定配送方案。

物流具有空间尺度和空间特征的性质是 GIS 技术与物流技术集成的基础，GIS 应用于物流，从而改变传统物流的管理方式和分析模式，具有广阔的应用前景。物流活动具有资源庞杂、流动空间广、过程复杂的特点，而地理信息技术具有强大的空间信息获取、管理、分析、决策等强大功能。将地理信息技术应用于与人们生活有密切关系的精益物流，必定具有广阔的应用前景和很强的时代特征。

2.2 港口地理信息系统简介

地理信息系统是对地理分布数据进行采集、存储、管理、运算、分析的信息处理与管理系统，具有卓越的可视性能。港口地理信息系统是地理信息技术应用于港口所形成的具有专业应用背景的空间信息系统。港口地理信息系统有效解决了普通管理系统数据可读性不高的问题，向用户呈现了更清晰有效的信息，加强了计算机管理系统的应用效果，是集装箱、件杂货散货码头及堆场可视化综合生产管理的主要技术手段之一。

港口地理信息系统是一个应用于港口码头、堆场等领域的地理信息系统，其将反映港口现状、规划、变迁的各种空间数据以及描述这些空间特征的属性数据通过计算

机进行输入、存储、查询、统计、分析等的一份综合性空间信息系统。港口地理信息将计算机与数据库融为一体，是存储和处理空间信息的高新技术，它把地理信息和相关属性有机结合起来，根据实际需要准确真实、图文并茂地输送给用户，满足港口、码头、堆场对空间信息的需要，借助其独有的空间分析功能和可视化表达，进行各种辅助决策。

传统的管理信息系统（MIS），如人事、财务、物资等管理系统都是基于数据库建立的，这些数据库都属于按一定关系组织的二维表的集合。想要建立一个堆场存货情况的数据库，其属性字段可能包括船舶序号、船名、进出口、提单号、货名、件数、包装、重量等，还可以有位置信息，如所在库场、货位等。尽管用文字、图表如何描述，如图 2-8 所示是一个库场查询的表格，可对应货物与位置之间的关系，也始终不如把堆场分布以有效的方式表达出来，从而图文并茂地表示在图中显得更为直观。

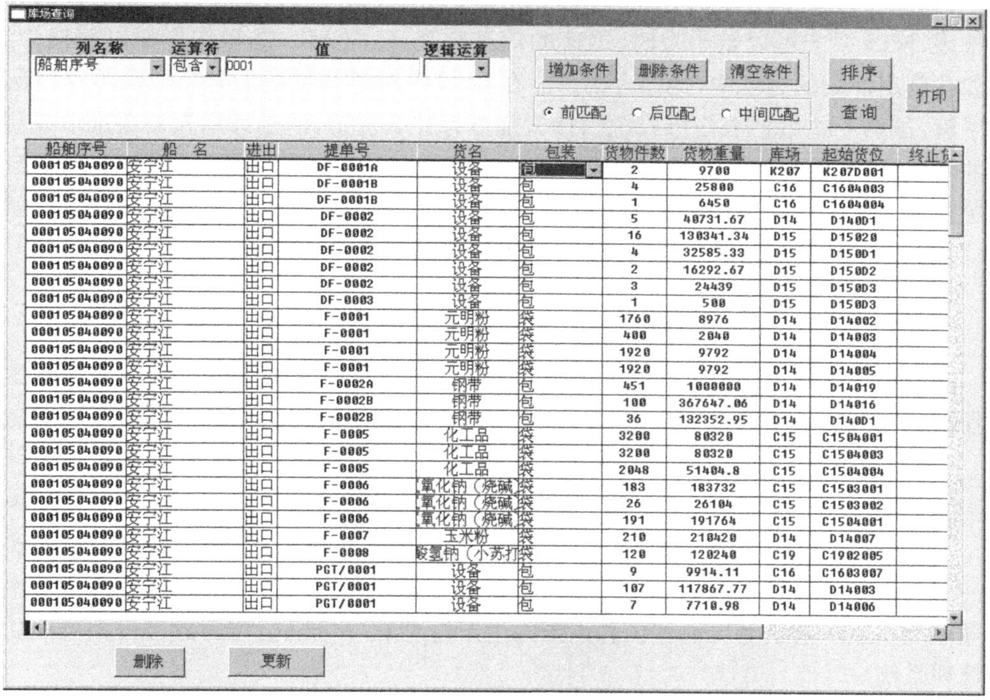

库场查询

列名称：船舶序号　运算符：包含　值：0001　逻辑运算
增加条件　删除条件　清空条件　排序　打印
前匹配　后匹配　中间匹配　查询

船舶序号	船　名	进出	提单号	货名	包装	货物件数	货物重量	库场	起始货位	终止
000105040090	安宁江	出口	DF-0001A	设备	包	2	9700	K207	K207D001	
000105040090	安宁江	出口	DF-0001B	设备	包	4	25800	C16	C1604003	
000105040090	安宁江	出口	DF-0001B	设备	包	1	6450	C16	C1604004	
000105040090	安宁江	出口	DF-0002	设备	包	5	40731.67	D14	D140D1	
000105040090	安宁江	出口	DF-0002	设备	包	16	130341.34	D15	D15020	
000105040090	安宁江	出口	DF-0002	设备	包	4	32585.33	D15	D150D1	
000105040090	安宁江	出口	DF-0002	设备	包	2	16292.67	D15	D150D2	
000105040090	安宁江	出口	DF-0002	设备	包	3	24439	D15	D150D3	
000105040090	安宁江	出口	DF-0003	设备	包	1	500	D15	D150D3	
000105040090	安宁江	出口	F-0001	元明粉	袋	1760	8976	D14	D14002	
000105040090	安宁江	出口	F-0001	元明粉	袋	400	2040	D14	D14003	
000105040090	安宁江	出口	F-0001	元明粉	袋	1920	9792	D14	D14004	
000105040090	安宁江	出口	F-0001	元明粉	袋	1920	9792	D14	D14005	
000105040090	安宁江	出口	F-0002A	钢带	包	451	1000000	D14	D14019	
000105040090	安宁江	出口	F-0002B	钢带	包	100	367647.06	D14	D14016	
000105040090	安宁江	出口	F-0002B	钢带	包	36	132352.95	D14	D140D1	
000105040090	安宁江	出口	F-0005	化工品	袋	3200	80320	C15	C1504001	
000105040090	安宁江	出口	F-0005	化工品	袋	3200	80320	C15	C1504003	
000105040090	安宁江	出口	F-0005	化工品	袋	2048	51404.8	C15	C1504004	
000105040090	安宁江	出口	F-0006	氧化钠（烧碱	袋	183	183732	C15	C1503001	
000105040090	安宁江	出口	F-0006	氧化钠（烧碱	袋	26	26104	C15	C1503002	
000105040090	安宁江	出口	F-0006	氧化钠（烧碱	袋	191	191764	C15	C1504001	
000105040090	安宁江	出口	F-0007	玉米粉	袋	210	210420	D14	D14007	
000105040090	安宁江	出口	F-0008	酸氢钠（小苏打	袋	120	120240	C19	C1902005	
000105040090	安宁江	出口	PGT/0001	设备	包	9	9914.11	C16	C1603007	
000105040090	安宁江	出口	PGT/0001	设备	包	107	117867.77	D14	D14003	
000105040090	安宁江	出口	PGT/0001	设备	包	7	7710.98	D14	D14006	

删除　更新

图 2-8　传统 MIS 操作界面

港口功能的发挥不仅需要现代化的设施，而且需要港口管理与生产运作的现代化。其中，港口生产过程组织方式的现代化是港口管理现代化的关键之一。随着港口生产规模的扩大和业务量的增加，港口运作过程中的信息量骤增，运作趋于复杂，传统的依靠人力和经验进行港口生产运作过程进行决策变得困难。为此，借助于计算机进行辅助港口生产运作便显得越来越重要。这时，操作者不仅需要 MIS 对港口信息进行整理、加工、传输、分发和使用，而且迫切需要一种可以和 MIS 结合起来为操作者提供可视化操作界面[9]，并且对界面可以实施操作的系统——港口地理信息系统。港口地理信息技术的应用对于传统的管理信息系统的信息表达起到了突破性的作用。

2.3 港口地理信息系统应用

1. 港口码头生产管理系统现状及解决方法

由于社会对运输节奏要求越来越高，传统的港口生产调度方式和手段已经明显不能够适应。生产调度过程的集成化程度较低，工作的协调性较差。生产计划采取的是分段式计划，生产计划制定时间与实际实施时间的间隔较长，容易产生误差。港口生产调度过程刚性化，一旦做出安排，在实施过程中根据客户和实际生产情况调整的难度较大，难以在过程中实现柔性化的改进方式，加之与港口以外的相关部门的信息交换手段落后，难以及时、准确、全面地了解客户对港口服务的需求。

传统的码头计算机操作系统是普通的 MIS 系统，相对于以前纸张形式的计划和统计报表，MIS 系统可以给予及时、迅速的信息交互，然而 MIS 的操作界面以表格为主。比如在制定计划的过程中，操作者很少能在 MIS 中对整个堆场的分布以及堆存情况有所了解，虽然一些数据表格可以说明什么地方有什么货物，但是计划人员很难形成对堆场的宏观认识，使得计划的难度大大增加。现有的解决办法是，堆场的管理人员亲自去堆场查看以便了解实际的堆存情况，但是由于整个堆场很大，这个查看的工作量也就很大；而由于查看时间与制定计划的时间存在间隔，所以对计划的准确性是一个考验。

2. 港口地理信息系统在码头生产管理中的应用

港口地理信息系统为可视化生产管理提供了技术可能性，是港口码头可视化生产管理系统实现的主要技术手段，如图 2-9 所示。利用港口地理信息系统的空间绘制和表达能力，建立与生产管理相关的码头区域图，实现可视化的目的，并进一步结合码头生产管理流程，反映生产的变化过程，从而实现具有可视化特点的新一代高技术含量的生产管理系统。这一基于港口地理信息系统的生产管理软件可以被称为港口码头可视化生产管理系统。

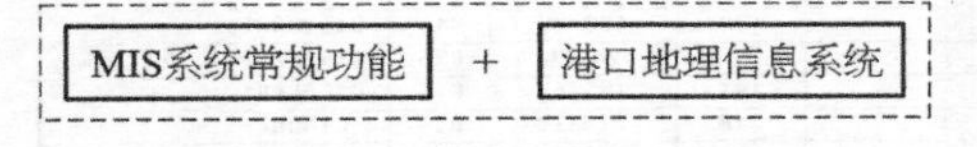

图 2-9 港口码头可视化生产管理系统

在港口码头生产管理系统中引入港口地理信息系统后，GIS 的可视化界面首先在视觉上可以让操作者对地理元素分布有宏观全面的认识，而 GIS 技术对于生产数据库的连接支持，使得地图的区域能够反映与之对应的物资属性，整个地图生动而具体地呈现出堆场的全貌。

2.4 港口地理信息系统实现的技术架构

以 MapInfo 系列软件为基础，说明地理信息系统实现的技术架构，即地图空间对象的建模和驱动。地图空间对象的建模包括地图对象的空间数据绘制和属性数据制定。将空间数据分为静态和动态，并重点讨论空间数据的存储方式，为地图调用的最佳性能提供技术保证。比较说明了空间数据驱动的三种典型方式,并就地理信息技术与管理信息技术的结合点提出嵌入式地理信息系统开发的关键问题,即将地理信息系统中的空间数据、属性数据与管理信息系统的生产业务数据三者有机集成起来。港口地理信息系统为港口码头可视化生产管理系统的开发搭建技术架构。

1. 地理信息系统系列软件

地理信息系统软件包括实用型和工具型两种。目前尚不存在针对港口码头生产管理的地理信息系统软件,可视化生产管理系统的开发将利用工具型地理信息系统软件,结合管理信息系统的开发工具一起实现可视化生产管理系统要求的目标。

如前所述,有代表性的工具型地理信息系统软件有 ARC/INFO、MapInfo、MGE等。MapInfo 是美国 MapInfo 公司的产品,它可以为用户提供先进的数据可视化、信息地图化技术,并将这些技术与主流业务系统集成,提供完整的解决方案。MapInfo 吸取了传统 GIS 的精华,并借助计算机技术的发展,及时地将 GIS 从大中型计算机的专用工作站引入到普通计算机上,开创了一种崭新的地理信息系统模式,即桌面地理信息系统。

MapInfo 软件市场定位在中小型企业,体现小型、灵活、简单的特点。它是功能全面而直观的系列式桌面地理信息系统,提供了从独立计算机、客户服务器模式、网络环境到数据库服务器等各种体系结构的产品。

2. 港口地理信息系统地图空间建模

“地图空间”包括地图空间的表象和地图空间的特征,即所谓的空间数据和属性数据。因此,地图空间建模包括地图空间数据的绘制和地图属性数据的编制。

(1) 地图空间数据绘制

地理信息系统最大的优点是其具有可视化的特点,为使用者提供了直观方便的界面。可视部分的图片来源为栅格图和矢量图两种。

栅格图一般为航拍照片或纸面地图扫描所得,适合较大范围,直接把这样一幅幅图像作为地图背景,开发人员只要设计好图像的方位参数和坐标体系就可以,不需要人为建立模型。在应用方面,栅格图主要起打底的作用,界面比较形象美观。

矢量图一般为现有的其他格式地图的导入或开发者自行绘制。利用“通用转化器”工具将 AutoCAD 等其他图形绘制软件中的地图转化为 MapInfo 地图格式的地图,这种绘制方法应用广泛,为繁琐的地图绘制工作创造了便利。MapInfo 数字化地图转换首先应获得某个地图的数字化图,它的格式可以是 AutoCAD 的 dwg/dxf 格式,基于 ArcInfo 的 E00、Shape 格式,MicroStation 的 dgn 格式等。然后通过 MapInfo“通用转化器”工具将目前的格式转化成 GIS 软件需要的格式。不同的 GIS 软件之间一般具有互操作性,可以由目前使用的 GIS 软件的格式转化成另一种 GIS 软件的格式。

MapInfo Professional 是按图层组织计算机地图的,即将图像加工成多个叠加的透明图层,这个透明层就是图层,每个图层包括了地图的不同方面,多个图层重叠便形成了一幅地图。地图的来源确定后需要进行图层分配。图层的分配原则一般说来是按点、线、面的方式进行的，比如描述一个港口，大的区域用面来描述，公路用线来描述，一些标志则用点来描述，但在解决实际问题时，必须依据开发的目的来分配图层，图层分配的原则不是一成不变的。地图空间数据来自所要描述的对象，但也是对真实对象的升华，有时按照开发目的需要人为添加一些辅助元素，这也是空间建模的特点之一。

将描述对象的图形绘制完毕后，即得到所谓的“地图空间数据”。此刻的地图已经可以提供直观的图形界面并且可以在 MapInfo Professional 软件环境中完成诸如放大、缩小、移动等功能，以察看地图的表象效果。

(2) 地图属性数据编制

地图属性数据用于反映与空间实体对应的属性，如城市名称、人口、河流流量等。在件杂货散货码头生产管理中，当描述堆场时，属性数据即堆场中的库场代码及名称、货位代码及名称，及它们的长、宽、高以及承载能力等。地图属性数据是对空间数据的说明，这是它与其他绘图软件的不同所在，也是利用图形真正参与到实际问题的关键所在。因此，地图空间数据的编制必须遵循管理信息系统的数据定义原则，并要结合实际应用的需要，全面定义空间地物的属性。

3. 地图空间数据的存储形式

在 MapInfo Professional 软件中，地图空间数据是以 MapInfo 自己定义的格式保存于文件之中，地图属性数据则是以数据库的形式存储的一张表，也是一种文件。但在最后的实际系统中，无论地图空间数据还是属性数据，存放的形式和位置都需要依据地图空间数据的类型及特点，并结合开发的实际需要来确定。

地图空间数据描述实际的地物特征，对于一个实际的系统，所有的地物特征应用要求不一样，依据地物特征的变化性，地图空间数据可以分为以下两类。

① 静态地图空间数据，是指位置和属性均不变化的地物。在一个城市地理信息系统中，比如城市的边界、城市的大型建筑物等，这些数据通常不会随着时间变化。在港口地理信息系统中，港口堆场的固定地物，如花园、停车场以及不发生属性变化的地物，均可归为静态数据。

② 动态地图空间数据，是指位置和属性有变化的地物。这种变化分为三种情况，一是地图的表象发生变化，但属性并不变化，比如运动中的集卡、车辆，它们位置实时变化，但是车的基本信息不变；一是表象数据不变，属性数据变化，比如堆场的箱位，它的位置不动，但存放其中的货物特征，也就是属性总是在变化中；再就是表象和属性均发生变化的情况。这些数据在系统的应用过程中会发生变化，由此称之为动态。

地图空间数据的静动之分决定了地图数据的存储方式。因此，空间建模后要对地图数据进行分析，从而决定地物类型，便于实际系统开发中不同编程方法的使用。

(1) 静态地图数据的存储形式

静态的地图数据始终不变，因此，它可以直接以 MapInfo Professional 生成的文件存储在应用系统的客户终端，实现地图的本机调用。使用系统时，这种存储方式的地图数据加载速度快，但是它的应用前提也比较苛刻，系统运行时，地物的总体特征或多或少会发生一定的改变。这时，要再按照地物拥有的图层加以考虑，如果某几个图层发生变化，另外几个不发生，开发时要分别处理，应尽量保证静态的图层使用这种本机存储形式，最大可能地减少地图的下载时间。

(2) *动态地图数据的存储形式*

动态地图数据因为地图信息实时改变，客户端也从不同的方面对地物进行并发控制，为了共享这种变化，它的数据一定是以网络的形式调用的，不能存放在本机上。动态地图空间数据的存储有以下三种方式。

① 地图空间和属性数据均以文件的形式存于一台可供访问的计算机中。这种方式下，地图仍旧以文件的方式存储，但不是本机，而是网络中的一台共享计算机。由于是对远程文件的操作，因此，当数据量增大时，对网络的能力是一种考验。这种方法也存在一定的安全隐患，为了共享而失去了一定的安全性。当企业处于一个小型的局域网中，安全性可以保证的前提下，地图数据量不是很大时，可以使用这种方法。由于是文件调用，无须考虑应用系统本身依托的数据库，编程处理上比较简单。而且，不管发生变化的是空间数据还是属性数据，这种方法均能适应。

② 地图空间数据与属性数据分开存放。比较典型的情况是地图空间数据以文件的形式存储，而地图属性数据则存储在关系型数据库中，如 SQL SERVER、SyBase。通过在空间数据文件和关系型数据库中的属性数据之间建立关联为基础构建应用系统。文件方式的地图空间数据可存在本机，或是一台网络中的共享计算机，前一种更为常见。当多用户操作改变了地图的属性数据，因为已经引入了数据库的存储方式，也就解决了并发操作的问题，但是它只适用于只有地图属性数据改变的情况。

③ 地图空间和属性数据均存储于关系数据库管理系统中。这一方式发展了最新型的地图空间数据和属性数据的全关系型数据库管理方式，实现了空间数据和属性数据的无缝合成和一体化存储管理，形成了空间数据库。这种方式下，把对空间数据的管理和对普通信息的管理方式统一起来，基于数据库操作，因此不管是空间数据还是属性数据，都能跟踪变化的发生，实现了地理信息的网络化管理。

在实际的应用系统中，可以按照地图空间数据的图层信息划分静动态，然后结合上述方法，建立基于网络的关系型动态空间数据库及本机静态空间数据资源。

4. 空间数据库

空间数据库简单讲就是存储空间数据的数据库。通常，数据库管理系统存放的是普通的信息，随着地理信息技术的发展和应用的不断扩展，地理信息系统开发商与各大型数据库管理系统联合推出针对空间数据的模块或插件，用来支持数据库对地理信息的存储。

较大型的数据库中，MapInfo 针对 SQL SERVER、SyBase 等提供了 Spatial Ware 插件，利用该插件可以使 MapX 与数据库连接，在数据库中存放空间数据，并提供比较复杂的空间运算和操作。

作为大型数据库之一的 Oracle 在与 MapInfo 合作的过程中，逐步推出一个与 MapInfo 的专用接口 Oracle Spatial。它使 Oracle 实现了空间几何数据的相关存储，方便地实现对空间几何数据的管理，通过接口与 MapInfo 及 MapX 实现了良好的互操作。

在 Oracle Spatial 中，引入了抽象数据类型 SDO_GEOMETRY 以表示空间数据类型，SDO_GEOMETRY 可以存储在一列中。Oracle Spatial 对索引机制进行了优化，增加了二级过滤、缓冲区生成和叠加分析等。Oracle 8i 及以上版本可真正成为一个功能比较完备的空间数据库。

Oracle 支持两种表现空间元素的机制和模型：关系式模型和对象-关系式模型。关系式模型中用多行记录表示一个空间实体；对象-关系式模型使用数据库表，表中有一个类型为“MDSYS. SDO_GEOMETRY”的字段，用一行记录来存储一个空间数据实体，从而大大方便了应用系统的数据处理、维护等操作。

2.5 地理信息系统与管理信息系统的联系架构

1. 地理信息系统与管理信息系统结合的必要性分析

如果利用 GIS 仅仅是对空间地物进行呈现，并不能为使用者提供实际工作中更进一步的具体应用和决策功能，需要建立基于 GIS 的 MIS 系统，只有当 GIS 技术嵌入到管理信息系统当中时，空间信息才具有实际的应用价值。就港口来说，就是要将 GIS 技术与码头现有的管理信息系统相结合。

如前所述，管理信息系统(MIS)本身功能呈现模块化，通过表格的链接可以完成查询等功能，最终帮助使用者决策，而这恰恰是 GIS 所不能提供的。然而 MIS 的界面表格化，给人以单调不直观的感觉，某种程度延长了操作者的反应时间，不适合操作。而 GIS 具备的强大操作功能和直观的地图界面刚好弥补了 MIS 的不足。

2. 地理信息系统与管理信息系统的结合方式

GIS 和 MIS 结合的过程其实是 GIS 嵌入 MIS 的开发过程，围绕 MapInfo 公司的产品，GIS 嵌入 MIS 的开发模式有以下三种：以 MapInfo 作为独立开发平台，利用 MapBasic 所进行的二次开发；将 MapInfo 作为 OLE 对象的开发模式；利用基于 ActiveX 的 MapX 控件所进行的开发模式。下面就这三种开发模式做进一步讨论。

① 利用 MapBasic 开发：MapBasic 是 MapInfo 自带的二次开发语言，它是一种类似 Basic 的解释性语言，利用 MapBasic 编程生成的 *. mbx 文件能在 MapInfo 软件平台上运行，早期的 MapInfo 二次开发都是基于 MapBasic 进行的。MapBasic 学起来容易，用起来却有较多束缚，无法实现较复杂的自定义功能，用它来建立用户界面也很麻烦，MapBasic 比较适用于扩展 MapInfo 功能。MapBasic 最大的局限性在于，它没能与某一实际的应用相结合，完全脱离管理信息系统而独立运行，缺少了与实际管理中相关功能的结合点。

② 利用 OLE 自动化对象开发：它的基本思想是建立 MapInfo 自动化对象，基于 OLE 自动化的开发就是编程人员通过标准化编程工具如 VC、VB、Delphi、PB 等建立自动化控制器，然后通过传送类似 MapBasic 语言的宏命令对 MapInfo 进行操作。实际上是将 MapInfo 用作进程外服务器，它在后台输出 OLE 自动化对象，供控制器调用它的

属性和方法。尽管它可以在 VC、VB、Delphi、PB 中作为一个对象使用，但对应用系统的界面组织还必须用 MapBasic 来完成，可见该类开发一定要先掌握 MapBasic 语言，没有一定开发经验的人较难上手处理问题。

③ 利用 MapX 开发：MapX 是 MapInfo 公司最新推出的 ActiveX 控件产品，目前也在不断发展升级。由于 MapX 是基于 Windows 操作系统的标准控件，因而能支持 VC、VB、Delphi、PB 等标准化编程工具，使用时只需将控件装入开发环境，装入控件后，开发环境 ActiveX 工具条上会增加一个控件按钮 Map，把它拖放到窗体上就可建立一个 OLEObject 类型的 ActiveX 地图对象 Map，通过设置或访问该 Map 对象的属性、调用该 Map 对象的方法及事件，便能快捷地将地图操作功能融入应用程序中。由于对地图对象的处理与对所有其他标准控件的访问方法类似，所以只要像学习其他控件，比如按钮、文本框、下拉列表的属性、函数、事件一样来学习这个地图控件即可。

综上所述，基于 MapBasic 的开发虽然简单，但受限制较多，比较适合 MapInfo 功能扩展编程；而基于 OLE 自动化的开发比较繁琐，需要来回向后台的 MapInfo 发送 MapBasic 字符串命令，所建立的应用程序运行速度也相对较慢，但这种开发方法能随心所欲地制作出美观友好的界面，将地理操作与非地理操作融为一体，并且能实现几乎全部的 MapInfo 功能，这是目前的 MapX 也不能比拟的。与传统 GIS 专业性开发环境相比，像 MapX 这类组件式 GIS 系统的出现可以说是一种质的飞跃，它小巧灵活、开发简捷、价格便宜，用 MapX 开发的 GIS 系统运行速度快，因为它不需要在 MapInfo 软件平台上运行。就功能而言，MapX 并没能实现所有的 MapInfo 功能（据称 95%以上），但具体应用中用到的功能基本齐备。

3. 地理信息系统与管理信息系统结合中数据的关联

为什么 MIS 拥有对数据的分析功能，从而可以为码头的管理服务呢？这是因为 MIS 中定义了涵盖所有管理流程的各种数据信息，并将这些信息融会贯通起来，反映一个具体的过程。这其中包括与空间相关的各种资源信息，就港口而言，集装箱有场地位置描述，散杂货有位置描述，场地轮胎吊车有位置描述等，可以说这些实体都是与空间位置有关的，统一把它们定义为“物资属性数据”。这种数据通常定义了关于该物资的属性数据，如就货物而言，包括件数、重量、包装、装卸日期、场地位置等，但是场地位置属性含义十分抽象；而之前的 GIS 所包含的空间数据和空间属性数据分别提供了 GIS 系统的图形性质和用于反映与空间实体对应的属性，但是空间位置缺乏实际意义。如果将两者有机结合起来，即综合 MIS 中的物资属性，并将与空间有关的数据依托 GIS 来表达和呈现，那么在没有改变原有 MIS 定义的前提下，整个程序呈现出截然不同的效果，程序的可视性大为提高，为使用者提供了更直观的参考数据，便于操作者决策。

那么 MIS 与 GIS 结合的关键在哪里呢？关键在于找到 GIS 嵌入 MIS 的切入点，即如何将 MIS 中的物资属性数据和 GIS 的地图空间数据和属性数据结合起来。由上面的叙述可知，GIS 主要是在描述 MIS 中具有空间性质的地方发挥作用，所以将两者结合起来的关键就在于明确哪些与位置有关的信息要依托 GIS 来描述，如货物，它具有位置属性，那么 GIS 中的空间数据就是用来描绘货物位置的电子地图，而空间属性数据就是为这些货位建立的相应的货位属性，如货位的代码、名称、长、宽、高等，具体的图形绘制和属性定义已在前面详细阐述。所以，将 GIS 嵌入 MIS，就是将 GIS 中的地图空间信息、属性信息和 MIS 中的资源信息有机结合起来的过程。确定这个问题后，按照结合方式中的论述，可着手进行 MIS 与 GIS 的合成开发。

地图空间数据、地图属性数据通过对应机制绑定。完成绘制的地理信息系统要嵌入进管理信息系统中才能发挥需要的功能，即将绑定好的地图空间数据和地图属性数据与管理信息系统的物资属性数据有机结合起来，实现地理信息系统的二次开发。

2.6 生产管理系统可视化模块

下面以件杂货散货码头为例，围绕港口码头生产管理系统可视化模块的实现展开叙述。

1. 生产管理系统可视化模块开发工具

港口码头可视化生产管理系统的开发中，可视化的工作主要是空间对象的建模和驱动。如前所述，可分别利用的是 MapInfo 系列软件中的两个产品。

① MapInfo Professional：它是 MapInfo 系列产品中的桌面制图软件，即空间对象的建模工具。在用户界面上，它利用 Windows 的功能，提供符号化的菜单和开发工具；在数据的可视化方面，每一张地图都可以用不同层次的图叠加而成，并且通过缩放功能观察整体和局部的细节。除查询、显示、绘图功能外，MapInfo 软件还具备空间分析功能，如叠加分析、缓冲区分析、数值及统计计算等。

② MapX：它是 MapInfo 公司提供的一个性价比较好、功能较强的 OCX 控件，实现空间对象在实际应用中的嵌入和驱动。在标准的管理信息系统开发环境（如 VB、VC++、PowerBuilder、Delphi 等）中，通过该控件可以将地图对象方便地嵌入实际应用中。因此，它是连接地理信息技术和港口码头生产管理的桥梁。

在件杂货散货码头生产管理中，是以码头区域为蓝图，描述堆场上货位堆存货物的情况、船舶的停靠情况以及场地的车辆位置等。为了描述完整的码头区域，需要对码头的大致位置、分布情况、库场特征等进行相应了解，然后进行地图可视化呈现的设计。地图绘制好以后，就在此基础上开发相应的可视化模块程序，以发挥地图良好视觉效果的优势。在具体的生产管理系统可视化模块中，主要实现全场监控、卸船场地计划和集港场地计划三项功能。在全场监控画面中，可以呈现堆场全貌，包括货位的状态、机械的位置、船舶的位置等，可以方便查询货位的描述信息、货位的堆存情况、机械的状态信息、船舶的位置和装卸信息等，是一个内容丰富、人机交互良好的可视化信息平台。卸船场地计划和集港场地计划就可视化开发的角度思路完全一致，都在于在可视化的地图环境中，根据货位的状态、存货的多少制定货物的进场位置计划。

2. 生产管理系统可视化模块地图绘制

堆场中地图的绘制是在 MapInfo 中完成的，它是进行地图模块编程的前期工作。

一幅地图由一个图层集合对象表示，一个图层集合对象又是由若干个图层对象表示，这个对象即所谓的图层是按照一定的规则组合起来的地图特征，代表包含各类图元（如区域、线条和符号）的地图图元集合的窗体中的矢量地图化数据。

一幅地图绘制的关键在于图层的安排。在一些通常的系统中，地图图层的划分是按照图元类型的不同进行的，即按照点、线、面来划分；但在生产管理系统中，这种划分方式不太适合实际的应用。生产管理信息系统比较适合按照逻辑意义的不同以及操作功能的不同划分图层。结合可视化模块的功能，可视化的地图包括码头区域、车辆、船舶三类元素。

（1）码头区域的绘制

码头区域绘制的重点在于对货物存放位置的描述。按照对货物所在位置的描述可以分成两个层次，一个是库、场、段、粮仓等，它是表征货物所在的大区域位置；另一个就是具体的货位，即在库、场、段、粮仓中又细化的货物堆存的位置。地图上至少要划分这样两个层次。在系统使用中，大的区域位置可以实现库场聚焦的功能，即可以将某个大区域移至整个地图的最中央，方便察看。具体的货位层，则是用户主要与之交互的一层，因为查询货物的堆存情况时，是按照具体的货位进行的。除此之外，码头区域中还有很多的建筑物、公路、铁路，如果都略去不画，整个堆场只有上述两层的话，地图会显得单调呆板，加上这样一些修饰后，地图的内容丰富起来，地图从表象上生动美观，而且由于建筑物和路可以起到一定的定位作用，也方便人们找到地图的相应区域，增加地图的可理解性，因此，可再建立一个图层用来描述建筑物及公路、铁路等。这样码头区域就绘制完成了，码头区域的最终效果如图 2－10 所示。

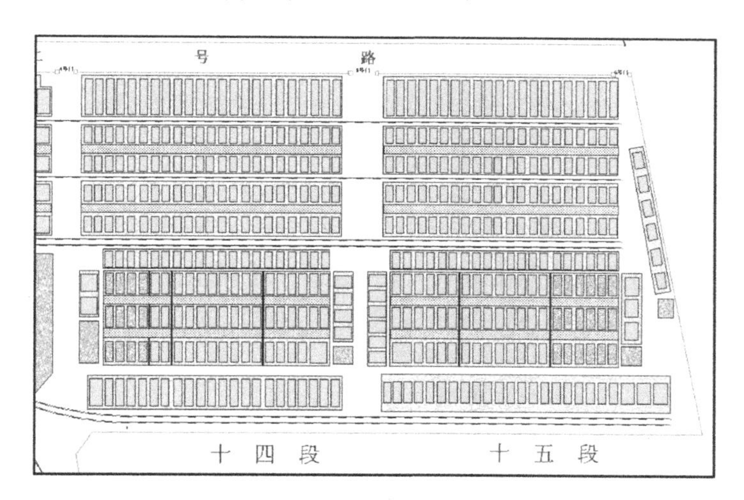

图 2－10　码头区域效果合成图

图中依次建立三个图层，分别命名为 chang 层、yard 层、other 层。每个图层均由以下四个基本的文件构成：属性数据表结构文件(. Tab)、属性数据文件(. Dat)、交叉索引文件(. Id)和空间数据文件(. Map)。地图分了 3 层，生成了 12 个文件，此刻各个图层间还是相对独立的。在组合成地图整体的过程中，关键是要处理好各图层间的相对顺序，yard 层一定在 chang 层之上，而 other 层究竟处于哪个位置呢？考虑到 other 层中的一些元素也是对 chang 层的修饰，如果被 chang 层覆盖，就把效果给遮掩了，所以设定将 other 层置于 chang 层和 yard 层之间。程序绘制地图时，按照从下到上的顺序绘制，这样 yard 层就位于整个地图的最上方了。在实际的图中，绿色区域是 chang 层，粉色区域是 yard 层，除此之外的区域均是 other 层，如一些灰色的房子、公路、铁路，库场中的过道以及一些文字性的标识等。

(2) 船舶的绘制

船舶的绘制有别于码头区域的绘制，船舶在码头停靠的数量不可知，而且时刻在变化，船舶的位置没法固定下来，所以想通过确定船舶位置来绘制船舶是无法实现的。但是，船舶的位置虽然时刻在变化，但是船舶停靠的位置，也就是码头的泊位是始终不变的，因此可以在码头有限的泊位上画出船舶，这时地图可能会出现重叠，但实际应用中船舶动态的逻辑性保证不会出现这种情况。这类信息的地图加载方式必须是选择性加载，不是静态加载一次实现的，否则所有泊位上都出现了船舶。考虑到管理系统开发数据库使用的是 Oracle，为了动态加载，船舶空间数据必须进入 Oracle 空间数据库，从而实现有选择的地图下载。

(3) 机械的绘制

场地装卸及运输机械随着生产过程不断变化位置，而且机械所在位置也不具有固定性，不像船舶与泊位之间有一一对应关系，机械与场地具有多对一的关系特点，因此机械的绘制只要按照机械的类别一样画出一种即可，加载到程序中时按照机械的配工数量和位置动态添加到相应的画面位置。

可见，上述三类信息在绘制过程或程序中的调用方式上都不尽相同。

3. 生产管理系统动态空间数据管理

动态空间数据是指在生产系统运行的过程中，位置或属性发生改变的数据。码头区域货位层的数据、船舶数据、机械数据都属于此类。

动态空间数据的管理有多种方式，依据实际的需要采取不同的措施。对于位置改变的数据，如机械，一般采用程序中动态增减的程序控制方式；对于属性变化的数据，如货位，可以采用局域网内文件传输方式，但是更适于采用空间数据库的方式；对于需要根据条件显示的数据，如船舶，则只适于采用空间数据库的方式。空间数据库方式把对地图属性的操作交给数据库管理系统来完成，这样可以充分利用数据库管理系统的管理分析能力，同时也为多用户交互提供了安全的途径。

空间数据库管理方式包括地图上载到空间数据库、地图下载到生产管理系统用户界面中、用户改变地图的结果上载到空间数据库三个部分。后两部分由程序实现。

地图上载是一项单独的工作。为了与生产管理系统数据库相一致，在 Oracle 中建立空间数据库。MapX 通过 OCI 与 Oracle 建立同步连接，而通过 ODBC 与其他数据库建立连接，两种方式的程序开发有所不同，这也是为何强调空间数据库所在的数据库管理系统的原因。利用 MapInfo Professional 中的 Easyloader 工具可以实现 MapInfo 地图向 Oracle 数据库的上载。当有空间数据进入 Oracle 数据库时，数据库会添加一张名为 mapinfo_mapcatalog 的表，此表专门用来记录每一张上载表表名的索引，记录上载表的整体情况，如坐标类型、空间表的方位、空间图元的类型等，并随之建立一张上载表，该表记录了上载空间表中每一个图元的信息，不仅包括空间信息，也包括属性信息，从而实现了地图的数据库管理。图 2-11 是码头区域图中货位层空间数据上载到数据库后的结果。

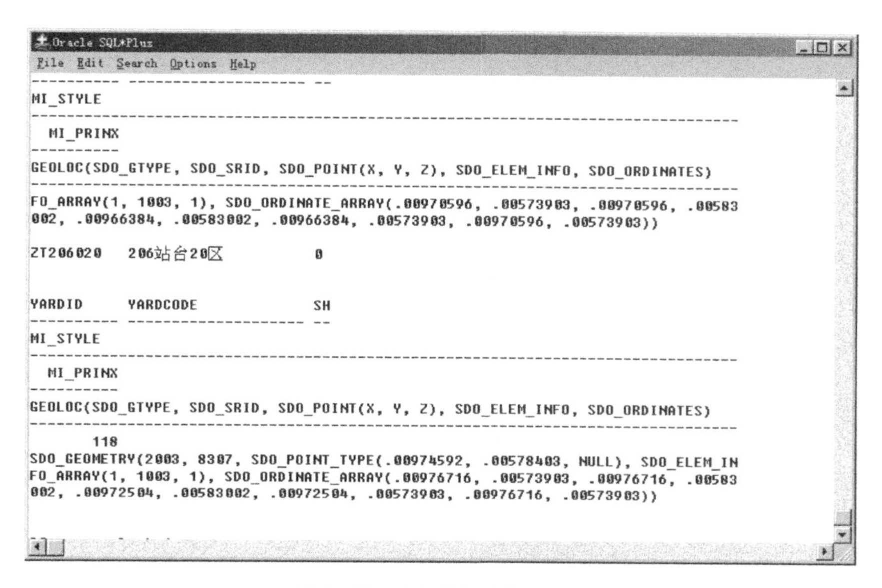

图 2-11　空间数据库存储形式

第3章

虚拟现实与增强现实

3.1 虚拟现实简介

1. 虚拟现实的定义

未驾驶过飞机，也能知道驾机飞行的感觉；没有当过宇航员，却能体会到太空飞行中失重的滋味；虽不是潜水员，但能感受到深沉大海的孤寂和观看到神奇炫目的景观；虽无法到访某场景的实地，但能像身临其境一样地到达场景的各个角落；虽不在乒乓球台边，也能和对手打一场比赛等。虚拟现实技术能使人们进入一个三维的、多媒体的虚拟世界，人们可以游览远古时代的城堡，也可以遨游浩瀚的太空。上述这些人类体验，都依赖于计算机图形学、计算机可视化技术的发展。虚拟现实技术所带来的身临其境的神奇效应正渗透到各行各业，成为近年来国际科技界关注的一个热点。它是建立在计算机图形学、人机接口技术、传感技术和人工智能等学科基础上的综合性极强的高新信息技术，在军事、医学、设计、艺术、娱乐等多个领域都得到了广泛应用，被认为是21世纪大有发展前途的科学技术领域。

虚拟现实的英文是 Virtual Reality，简称 VR，说的是本来没有的事物和环境，通过各种技术虚拟出来，让人感觉到就如真实的一样。关于虚拟现实的提法，历来多有争议。国外有人反对"Virtual Reality"这个词，称它太玄妙；国内也有人认为虚拟现实的译法不佳，而主张翻译为"灵境"，这给人一种空灵缥缈的感觉，颇有一些韵味。另外也有一些译法如实时环境、虚拟空间、人造现实、仿真技术等。在科学界，大多数人仍主张直译为虚拟现实，以求准确和符合现代语法。

虚拟现实是一种由计算机和电子技术创造的新世界，是一个看似真实的模拟环境，通过多种传感设备，使用户可根据自己的感觉和自然技能对虚拟世界中的物体进行考察和操作，参与其中的事件，同时提供视、听、触等直观而又自然的实时感知，使参与者"沉浸"于模拟环境中。虚拟现实技术将一种复杂和抽象的数据以非量化的、直观的形式呈现给用户，使用户以最自然的方式实现与用户的交互技术，复杂场景的可视化仿真是虚拟现实的重要领域，其目的在于场景的实时生成并显示。

2. 虚拟现实的特点

虚拟现实最重要的特点是为用户提供了两种感受，"逼真"与"交互"。参与者在虚拟世界中就像身临其境一样，环境像真的，人像是在真实环境中与各种物体及现象相互作用。环境中的物体和特性，按照自然规律发展和变化，而人在其中经历视觉、听觉、触觉、运动觉、味觉和嗅觉等感受。"逼真"的感受在于沉浸感，"交互"在于交互性和由沉浸交互引发的无限想象力。因此，虚拟现实的特点如图 3－1 所示。

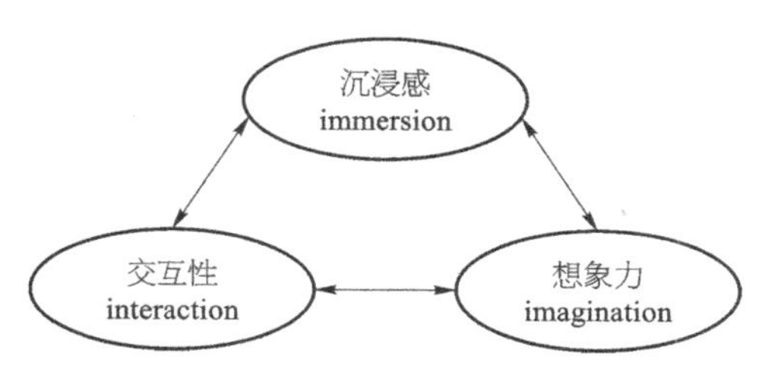

图 3－1　虚拟现实系统的三大特点

首先，虚拟现实提供"沉浸感"，即产

生在虚拟世界中的幻觉。沉浸感的意义在于可以使用户集中注意力，因此系统必须有能提供多感知的能力，包括视觉、听觉、触觉，甚至是味觉和嗅觉。比如，电视的空间是二维空间而不是现实世界的三维空间，电视的所谓“立体声”效果也不同于现实世界的声音的立体特征。而虚拟现实的视觉空间、视觉形象是三维的，音响效果也是“地道的三维音响”。二维与三维的视觉形象有本质的区分：在一个二维屏幕上看三维的图像就如同从一个玻璃船底看下面的海水，这时感到自己还是在船上，处于三维环境的边缘，从它的边缘看这个世界的深处。而在一个立体的“屏幕”里看一个视觉世界就像是在潜水。通过一个电脑化的手套来操纵一个三维显示器，进入到虚拟现实的多重感觉的世界中，就如同戴着潜水装置潜入到深海，沉浸在水下环境中，在礁石间穿行，听着鲸鱼的低鸣，捡起贝壳仔细端详，与别的潜水员交谈，完全参与到海底探险的经验当中。这种感觉是如此真实，以至于人们可以全方位地沉浸在这个虚幻的世界中。

其次，虚拟现实强调交互性，即提供方便的基于自然技能的人机交互手段。能使参与者实时操纵虚拟环境，从中得到反馈信息；也能让虚拟环境了解参与者的位置、状态等。在虚拟现实中，视觉无疑是最主要和最常用的交互手段。因为观察点是在观察者的眼睛上，这样，观察者就可以得到与在真实世界中同样的感受。随着图像的变化，再配以适当的音响效果，就可以使人们有身临其境的感受。但是，当人们希望用手来触摸虚拟模型，或用手直接对虚拟模型进行操作时，只有视觉和听觉就无能为力了，因而需要研制和开发具有触觉功能的交互手段，也就是具有“力反馈”功能的装置。它可以对使用者的输入(如手势，语言命令)做出响应。比如你可以拿起虚拟的火炬并打开其开关，推动操纵杆，仿佛可以在里面漫游，甚至可以用虚拟的手感触到虚拟物体存在。在系统中，用户可以直接控制对象的各种参数，如运动方向、速度等，而系统也可以向用户反馈信息，如模拟驾驶系统中两车相撞，用户会感觉到震颤，车在抖动，经过不平路面时，汽车会颠簸。虚拟现实系统可以引发用户无限的想象力。

图 3-2 所示为一个简单的视景系统，该视景系统提供了上述感受。在系统中，可以通过鼠标或键盘的操作进行视景的漫游，达到置身其中的感受；同时，可以通过鼠标单击的方式点击视景中的对象，从而获知对象的属性和性质，即与系统进行充分交互。

3. 虚拟现实的类型

虚拟现实可分为仿真、超越、幻想三种类型。

① 仿真型虚拟现实：它根据现实世界的真实存在，由计算机将其模拟出来。它虽然现在并不存在，但一切都是符合客观规律的。仿真虚拟现实被广泛用于培训中，“虚拟飞机座舱”“轮机模拟器”“飞行模拟器”都属于此类。学员坐在座舱里便可获得和真实飞行中一样的感受。根据这种感受进行各种操作，并根据操作后出现的效果可判断这样操作是否正确。旅游业同样可以利用仿真虚拟现实招揽游客，让公众通过虚拟现实观赏到名山大川之雄伟、深谷小溪之清幽、名胜古迹之丰富、风土人情之多彩，必能激发其游兴，增加客源。

图 3-2 虚拟现实系统

② 超越型虚拟现实：它虽然也是根据真实存在进行模拟，但所模拟的对象或者用人的五官无法感觉到，或者在日常生活中无法接触到。超越型虚拟现实可以充分发挥人的认识和探索能力，揭示未知世界的奥秘。它以现实为基础，却可能创造出超越现实的情景。例如，可以模拟宇宙太空和原子世界发生的情况，把人带入浩瀚无比或纤细入微的世界里，对那里发生的一切取得感性认识。如美国宇航局把火星探测器发回的大量数据，经过整理制成火星模型，可以使人从感性上了解火星上的各种情况，宛如置身于火星上。

③ 幻想型虚拟现实：随心所欲地营造出现实世界不可能出现的情景。神话、童话、科学幻想在这个世界中可以轻而易举地化作“现实”。因此，幻想型虚拟现实给人带来广阔的想象时空，尽管有时是荒诞不经的，却促进了人类想象和创造力的发展；虽然完全是子虚乌有的，却可供人消遣娱乐。例如，模拟海底龙宫世界，可以置人于虾兵蟹将之中，欣赏各种奇珍异宝。最重要的，就是它是交互式的，也就是说随着人的反应不同，将出现不同的情景。这一点是目前现实生活中其他娱乐手段所做不到的。

4. 虚拟现实的构成

虚拟现实系统包含操作者、机器、软件及人机交互设备四个基本要素，其中机器是指安装了适当的软件程序，用来生成用户能与之交互的虚拟环境的计算机，内含存有大量图像和声音的数据库。人机交互设备则是指将虚拟环境与操作者连接起来的传感与控制装置。

人机交互设备将视觉、听觉、触觉、味觉、嗅觉等各种感官刺激传达给操作者，使人的意识进入虚拟世界。目前已经开发出来的，在视觉方面有头盔式立体显示仪等；听觉方面有立体音响；触觉、位置感方面有“数据手套”“数据服”等，以及一些语音识别、眼球运动检测等装置，未来还会开发出模拟味觉和嗅觉的设备，那时虚拟现实将更加真实。

头盔式显示器是与虚拟现实系统关系最密切的人机交互设备，这种设备是在头盔上安装显示器，利用特殊的光学设备来对图像进行处理，使图像看上去立体感更强。绝大多数头盔式显示器使用两个显示器，能够显示立体图像。从人类获取信息的方式看，视觉是最主要的，它占人们获取的信息量的70%，其次是听觉、触觉和味觉。为了实现逼真的效果，满足人的视觉和听觉习惯，虚拟环境的图像和声响应是三维立体的；为了达到实时性，图像至少应有60 Hz的帧频，还要随时响应人们的操纵信号，延迟不能超过0.1 s。虚拟现实系统利用头盔显示器把用户的视觉、听觉和其他感觉封装起来，产生一种身在虚拟环境中的错觉。头戴式显示器将观察者的头部位置及运动方向告诉计算机，计算机就可以调整观察者所看到的图景，使得呈现的图像更趋于真实感。

数据手套是虚拟现实系统中最常用的人机交互设备，它可测量出手的位置和形状从而实现环境中的虚拟手及其对虚拟物体的操纵。数据手套通过手指上的弯曲、扭曲传感器和手掌上的弯度、弧度传感器，确定手及关节的位置和方向。数据手套可能使你觉得你的手产生放在水中或者泥巴中的感觉。

数据服也是虚拟现实系统中用的人机交互设备。一件虚拟现实的数据紧身服可能使你有在水中或泥沼中游泳的感觉。

当人戴上头盔时，就把立体图像，由多媒体计算机从头盔的显示器显示给参观者。人戴上数据手套，你的手一动，有很多传感器就测出了你的动作（比如去开门）。计算机接到这一信息，就去控制图像，使门打开，你眼前就出现了室内的图像景物，并给出相应的声音及运动感觉。当你的妻子恰巧在房中，看到你的出现，她张开双臂愉快地向你飞奔而来，随之你的腰被紧紧地搂住。切记，此时仅是数据紧身服在收缩罢了，只是这一切来得那么自然，那么逼真，那么不露痕迹。

3.2 虚拟现实系统构建的技术基础

1. 场景组织管理技术

(1) 异步加载

三维场景中所有模型的加载方法中，最简单的是场景同步加载，即在场景中所有模型加载完毕之前，显示程序一直等待，而不会响应各种人机交互操作。如果用这种方法，新场景资源少尚没什么问题，如果资源量多，那在加载资源时三维系统容易卡死，直到新场景的资源全部加载完成才恢复，这种方式对用户体验显然是不好的。避免这种情况最传统的做法就是使用异步加载技术，在保持前端三维显示、人机交互的基础上，后台开启一个线程，用来专门处理复杂的数据加载，一旦数据加载完成，再统一修改前端虚拟场景中的三维状态信息，给予场景体验者各种提示。

(2) 对象池管理

一个三维虚拟系统中，场景每过一段时间都会进行对象的添加、删减以及其他更新，而系统频繁的创建、删除操作会导致电脑资源无法及时释放、占用率不断提高。这时，可通过对象池管理方式，重复使用这部分使用频繁、大量的三维对象。

对象池的概念可以理解为，将三维对象存储在一个池子中，当需要时再使用，而不是每次都实例画一个新的对象。池的最重要的特性，也就是对象池设计模式的本质是允许获取一个"新的"对象而不管它真的是一个新的对象还是循环使用的对象。

2. 大型场景优化技术

对于计算机处理而言，真实感和实时性这两方面是相互制约的。真实感程度的提高往往是以实时性的降低为代价的。如真实感程度越低，构成对象的几何模型包含的多边形数越少，则处理的过程就越短，实时性越高；反之，景象描绘得越细致，复杂性越高，人们就越满意，但实时性也就越差。通常情况下，这两者不可能得到兼顾。因此，可通过以下技术获得真实感和实时性的平衡。

(1) 层次细节技术(LOD)

传统图形学的绘制过程对所有模型的渲染都是一视同仁的，而不管其在屏幕上的实际显示的大小。事实上，对物体远离视点的那些模型，许多小的细节都可以完全可以被忽略，而不会影响最后的图形质量；因此，这些小的细节在模型中可以不被体现出来。也就是说，对于远离视点的物体，使用较为简单的模型进行绘制就足够了。

LOD 利用了人的这种视觉特性，它的基本思想是：通过对场景中每个物体的重要性进行分析，使得最重要的物体采用复杂度高的模型进行绘制，而不重要的物体则采用简化后的模型进行绘制，在保证固定实时的绘制速率的前提下，最大限度地提高视觉效果。

(2) 批渲染技术

不管在什么三维引擎中渲染操作都是一个非常耗费系统资源的过程，一个物体要渲染到屏幕上就必须经过一次渲染操作，假如场景中有上万个相同的对象，那么系统也会执行上万次的渲染操作，这样程序效率会非常慢，如果能将这些具有相同渲染状态的对象，用一次渲染操作都画出来，那么效率就会提升数倍。

批渲染是大部分三维引擎提高渲染效率的方法，基本原理就是通过将一些渲染状态一致的物体合成一个大物体，一次提交给图形处理器(GPU)进行绘制。如果不使用批渲染的话，就要提交很多次。

(3) 光源、光照效果

通过设置光源及光照效果，可以使得原本单调的平面在光源的衬托下显得有立体感和真实。如图 3-3 所示，三维场景的逼真度得到了较大提高。

(4) 纹理映射、材质映射技术

增加模型真实感时，并不依靠对模型的细节建模，而是依靠对指定的面加入纹理或设置其材质来实现，这样模型的数据量没有增加，而真实感大大增强。如图 3-4 所示，进一步贴入纹理，逼真程度更接近于现实系统。

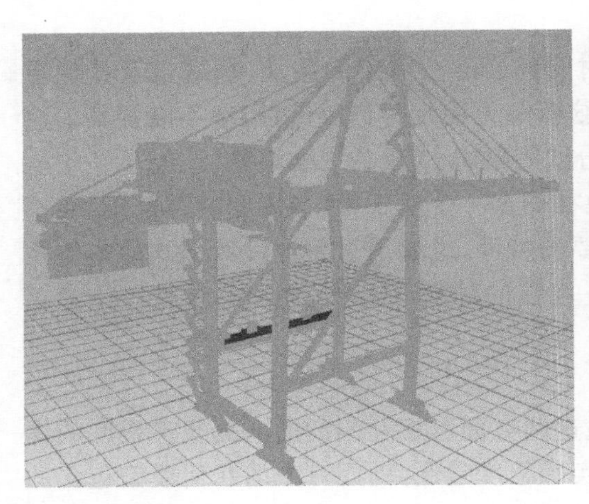

图 3-3　光照前后对比

图 3-4　场吊纹理化

3.3　虚拟现实技术的应用

随着科技的发展,越来越多的新技术渗入到生活中,虚拟现实一词逐渐进入人们的眼帘。2016 年是 VR 蓬勃发展的元年,在 VR 有关发展趋势报道中,越来越多的实质性 VR 产品和应用将开始出现。在不久的将来 VR 会涵盖娱乐、游戏、教育、医学[10-14]、旅游、城市规划等各大行业。VR 本身是一个科技,更是平台,虽然目前的 VR 在软件和硬件等各方面都尚未成熟,但它处于一个快速发展的上升期。伴随着越来越多的技术和研究进入 VR 领域,相信 VR 生态系统会更加完善。虚拟现实技术是仿真技术的一个重要方向,是仿真技术与计算机图形学人机接口技术、多媒体技术、传感技术、网络技术等多种技术的集合,是一门富有挑战性的交叉技术前沿学科和研究领域。虚拟现实技术主要包括模拟环境、感知、自然技能和传感设备等方面，其真实的存在性、交互性、自主性让人有种身临其境的感觉。虚拟现实是多种技术的综合，包括实时三维计算机图形技术，广角(宽视野)立体显示技术，对观察者头、眼和手的跟踪技术，以及触觉、力觉反馈、立体声、网络传输、语音输入输出技术等。未来，虚拟现实技术将在以下几个领域获得重大进展。

(1) 产品设计

虚拟现实技术可以帮助进行产品设计。设计人员用一个虚拟的产品来分析、研究、检查所设计的产品是否合理，有无故障，应如何修改。在对虚拟产品的品评和考查中，如发现问题，可再修改设计，使产品设计得更好，而不是在投产前先制造一个模型或样品。

在建筑设计中，要考虑结构、强度、采光、声音效果、通风等许多问题，而这些问题要预先估计出来是比较困难的。利用虚拟现实技术，虚拟出建筑物，可以让设计人员清楚地看到一座建筑物的内外景观，甚至可以“进入”建筑物中走走、看看、摸摸，对设计进行修改，在建筑设计竞赛投标时，评审人可进入建筑物进行考查。对于演讲厅、电影院的设计，则可用虚拟现实技术来考查声音效果，帮助设计人员改进设计。

(2) 教育培训[15-18]

利用虚拟现实技术，可以模拟显现抽象的或在现实中存在的，但在课堂教学环境下用别的方法很难做到或者要花费很大的代价才能显现的各种事物，供学生学习和探索。以机械课为例，当学生学习某种机械装置，如汽车发动机的结构原理和运行过程时，一般的教学方法都是利用图示或放录像的方式向学生展示，但这些方法难于使学生对这种机械装置的运行过程、状态及内部的各个部件在工作时的相互联系有一个明确的了解。这时，应用虚拟现实技术就可以充分显示出其优势。它不仅可以向学生展现出发动机的复杂构造、工作原理以及工作时各个零件的运行状态，而且还可以模仿出发动机在出现故障时的表现和原因等。这样就使学习内容非常直观地展现在学生的面前，大大提高学习效果。

虚拟现实在教育方面有它独特的作用。VR 教学平台可将任何场景融入课堂，实现沉浸式教学体验，如图 3－5 所示，对传统学习带来彻底的改变，让学生能够真实地感受

图 3－5　虚拟现实教学课堂

所学习到的东西。例如，当学生在学习到白垩纪的恐龙时，利用虚拟现实能让他们真实感受到恐龙是什么样子的；当学习到生物时，可以清楚地看到造血干细胞又是什么样子的。同时，学生不仅可以在平台上发布自己的VR作品，而且还能将作品转化成VR行业内容素材。VR让教育真正地做到了亲身感受，身临其境；而不再是纸上谈兵。

旧金山联合学区和佛罗里达州波克县公立学校的学生是第一批使用Nearpod VR教材的学生(图3-6)。戴上谷歌的Cardboard，这些学生可以到古埃及的金字塔、智利复活节岛的洞穴、澳大利亚大堡礁的海底生物群落、火星、迪拜塔和美国各地的地标建筑进行实地考察。VR虚拟现实的应用将是一个重大的变革，让很多曾经只可意会不可言传的知识呈现在学生面前，更加直观，更加容易理解。

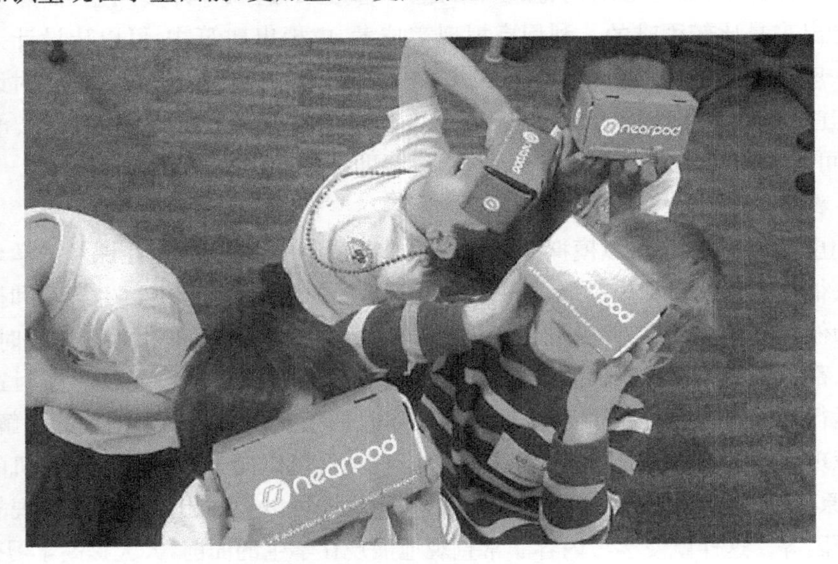

图3-6 使用Nearpod VR的学生

(3) 电子商务

真实感不强一直是制约消费者应用电子商务的主要因素之一。虚拟现实技术在电子商务上的应用，将能大大拉近买家与商家的距离，买家可以在网上立体地了解产品的外观、结构及功能，与商家进行实时交流，如买家对一台冰箱感兴趣，他不但可以从不同的侧面观看冰箱的外形，还可以通过鼠标操作将冰箱门打开，了解冰箱内部结构及性能，通过虚拟现实技术，买家甚至可以亲临产品生产厂家进行实地考察，对厂家的生产规模、设备配备进行全方位的了解。把这一技术应用于电子商务，将能突破真实感对电子商务发展的制约，吸引更多的消费者接受并积极参与电子商务，促进电子商务的发展。

(4) 军事航天

每个国家传统上习惯于通过举行实战演习来训练军事人员和士兵，但是这种实战演练，特别是大规模的军事演习，将耗费大量资金和军用物资，安全性差，而且还很难在实战演习条件下改变状态，需要反复进行各种战场态势下的战术和决策研究。建立虚拟战场环境训练军事人员，通过虚拟战场检验和评估武器系统的性能，使得军事演习与训练在概念上和方法上有了新的飞跃。在虚拟战场环境中，参与者可以看到在地面行进的坦克和装甲车，在空中飞行的直升机、歼击机和导弹，在水面和水下游弋的舰艇；可以看到坦克行进时后面扬起的尘土和被击中坦克的燃烧浓烟；可以听到飞机或坦克的隆隆声由远而近，从声音辨别目标来向和速度；参战双方同处其中，根据虚拟环境中的各种情况及其变化，“调兵遣将”“斗智斗勇”，实施“真实的”对抗演习，在人员训练、武器系统研制、概念研究等方面显示出明显的优势和效益。

航天产业乃当代最尖端、最复杂的领域，在安全性、可靠性、维护性等要求上更是严苛，美国航空航天局(NASA)的科学家们都有一个艰巨的任务：寻找其他星球上的生命。这也是他们希望用前沿的虚拟现实技术来控制火星上的机器人的主要原因，另一方面也减轻宇航员的压力。在美国航空航天局喷气推进实验室，研究人员把 Oculus Rift 虚拟现实眼镜、Kinect 2 的运动捕捉设备，以及 Xbox One 游戏主机连接起来练习控制机械臂，再结合一直在火星表面工作的好奇号漫步者拍摄的火星照片，人们就能通过佩戴 Oculus Rift 眼镜看到火星表面的景象，宛如身处火星一样体验到在火星上漫步的感受。NASA 甚至还添加了地势的元素，可让受测者使用 Xbox 360 手柄进行走向的控制，如图 3－7 所示。

图 3－7　虚拟火星漫步

新型飞机、舰艇等大型装备制造前，可以首先用虚拟现实技术建立一个逼真的三维虚拟模型，设计师带上头盔显示进入模型能审视设计的合理性，可以在模型上反复修改设计、工序，大大节约制造经费，加快研制进度。

(5) 艺术娱乐

虚拟现实技术所具有的临场参与感与交互能力可以将静态的艺术(如油画、雕刻等)转化为动态的，可以使观赏者更好地欣赏作者的思想艺术。另外，虚拟现实技术提高了艺术表现能力，如一个虚拟的音乐家可以演奏各种各样的乐器，手足不便的人或远在外地的人可以在他生活的居室中去虚拟的音乐厅欣赏音乐会。

所谓虚拟现实技术娱乐方式就是用先进的虚拟现实技术来改变我们的娱乐生活，让我们获得更多的快乐[19]。如果你是一个喜欢泡酒吧的人，又不具备天天泡酒吧的经济实力，那就在家里实现你的愿望吧。家中的电脑设备采用了虚拟现实技术，完全能模拟出酒吧里的浪漫情调。如果你是个赶时髦的姑娘，那你没必要顶着太阳去逛服装市场，你可以在电脑上随心所欲地设计中意的款式，再在电脑上模拟自己的身影走上几步，看看自己设计的款式魅力如何。

2015 年年底，国内顶尖 VR 内容制作商兰亭数字出品了国内第一部 VR 短片《活到最后》，如图 3-8 所示。与以往的科幻大片不同的是，观众无须戴上 3D 眼镜，在普通电脑屏上就能观看到 360°全方位的全景视频，并且带有交互性，观众自主旋转视角就可以看到不同的内容，同时戴上 VR 头盔沉浸感会明显增强。拍摄场景时只有中央一个机位，可以避免给观众带来的晕眩感，也颠覆了以往机位的选择、移动轨迹的布局、传统的构图方法等思想。由于硬件限制，无论是分辨率、眩晕程度、刷新率包括重量、透气性等，导致观众不能观看太久，因此整个电影时长为 12 min。该影片分辨率为 8 K，放在平台的片子压缩到 4 K，头盔最大分辨率支持 2.5 K，因此也是目前硬件存在的“硬伤”；目前，影视行业将尝试 360° 3D 镜头和 3D 音效，以增加观众的舒适度。

图 3-8　虚拟电影

(6) 旅游休闲

虚拟现实技术在旅游中应用有如下几种方式：第一种方式的虚拟旅游是针对现有旅游景观的虚拟旅游，通过这种方式的虚拟旅游，不仅可以起到预先宣传、扩大影响力和吸引游客的作用，而且还能够在一定程度上满足一些没有到过该旅游景点或是没有能力到该旅游景点的游客的需求，例如故宫虚拟旅游、黄山虚拟旅游、西安古城墙虚拟旅游、异国风情游等；第二种方式的虚拟旅游是针对现在已经不存在的旅游景观或是即将不复存在的旅游景观而展开的，对于重现这些旅游景观，满足一些人们某种好奇的心理，甚至给人们怀旧心理以某种程度上的抚慰，起到十分有益的作用，例如对于原三峡风景区的虚拟旅游，通过虚拟现实技术，利用原先所有的从航片、卫片得到的数据和实测数据建成地形地貌模型库，再复加以人文景观信息，这样不仅能够在三峡坝区建成之后，通过虚拟现实技术使得原有雄壮美丽的库区自然、人文景观得以另一种方式的保存，而且使后人能够在其已不复存在的岁月里，通过虚拟旅游的方式能够重新游览这一奇异旅游景观，去亲身认识瞿塘峡的雄壮、巫峡的秀丽、西陵峡的险要，去亲身体验“两岸猿声啼不住，轻舟已过万重山”的美好感觉；第三种方式的虚拟旅游乃是针对规划建设的旅游景点和正在建设但尚未建成的旅游景点而言的，这种方式的虚拟旅游同第一种方式的虚拟旅游一样，主要是起到一种先期宣传和吸引游客的作用，待这些景点建成后，再正式接待游客的游览观光；第四种方式的虚拟旅游是针对目前人类还不太可能达到的地方而言的，例如到达月球的太空旅游以及探测火星的星际旅游等。

2015 年的圣诞，可口可乐在波兰创造了一场华丽的虚拟雪橇旅程。通过使用 Oculus Rift，人们可以沉浸在虚拟现实的世界里扮演一天的圣诞老人。在这次虚拟雪橇体验中，体验者可以像真正的圣诞老人一样驾驶雪橇车穿越波兰拜访各个村庄，如图 3－9 所示。

图 3－9 虚拟雪橇之旅

此次虚拟雪橇旅程主要是利用 Oculus Rift，Oculus Rift 具有两个目镜，每个目镜的分辨率为 640×800 像素，双眼的视觉合并之后拥有 1 280×800 像素的分辨率，并且具有陀螺仪控制的视角。用户的两只眼睛看到的不同图像是分别产生的，显示在不同的显示器上，这样就有了双目立体视觉。声音采用立体声效果，立体声效果就是靠左右耳听到在不同位置录制的不同声音来实现的，所以会有一种方向感。通过这种视觉、听觉的效果就可以让人有一种身临其境的感觉，才会拥有这场完美的圣诞雪橇之旅。

为了全面展示老君山景区形象，更好地服务游客，老君山景区利用航拍全景、地面全景技术以及 VR 虚拟现实技术，推出了“老君山景区 720VR 全景虚拟旅游体验”系统，如图 3－10 所示。游客不管在哪里，只要有网络，就可以通过移动端感受到旅游新体验。该系统通过航拍全景和地面全景技术，将景区全貌风光、经典景观等从游客无法体验的视角进行展示。将景区的全景以 3D 立体的形式展现在游客面前，同时又将先进的 VR 实景展示技术，在移动客户端进行完美展示，让游客体验一场特殊的“老君山之旅”。

图 3-10　虚拟老君山之旅

(7) 虚拟现实驾驶测试

虚拟现实驾驶是一件非常有意义的事，著名汽车厂商 Volvo 在发布其最新的 XC90SUV 时就提供了一个相应的虚拟现实体验 APP。通过这个 APP，使用者就好像真的坐在 XC90SUV 的驾驶席里体验新车的驾驶乐趣。此次虚拟现实驾驶利用了虚拟现实设备 Cardboard，其实 Cardboard 就相当于 3D 眼镜，智能手机就相当于一款小型显示设备，通过透镜给不同的眼睛送去不同的图像，从而产生了立体的效果。主要就是通过光学结构造成虚拟距离，手机是个平面，离体验者很近，通过计算把手机的画面预扭曲再通过凸透镜恢复变形，然后就产生了虚拟焦距。利用这些技术，可以虚拟出道路上的环境及驾驶员在应对不同的交通状况时采取的不同驾驶技术，最后呈现出完美的虚拟现实驾驶过程。

图 3-11　虚拟驾驶

3.4　增强现实技术简介

1. 增强现实的概念

增强现实(Augmented Reality，AR)是指将计算机生成的虚拟元素(如文本信息、图像、虚拟3D模型、视频、声音等)有机融合到用户所感知到的现实环境中,并支持用户对虚拟元素的交互。AR实现了对现实环境信息的增强,提高用户对现实世界的感知能力。与VR一样,AR技术也代表了下一代更易使用的人机界面的发展趋势[20]。

AR与VR的区别主要是两者的目标不同,正如两者名称字面上所表达的:VR是对现实的虚拟或称模拟,而AR是对现实的增强。用户通过VR技术感知到的不是当前所处的现实环境,而是计算机生成的虚拟环境,VR所要达到的是让用户完全沉浸在虚拟环境中的效果。用户通过AR技术感知到的主要还是周围的现实环境,但额外还有计算机生成并叠加到现实环境中的虚拟元素。这些虚拟元素提供了比现实环境更多的信息,即产生了所谓对现实的增强,所以AR的目的是增强用户对现实环境的感知。

2. 增强现实技术的历史

AR技术有比较长的历史,从广义上讲,凡是在现实环境的影像上附加额外信息的应用都算AR。除了近几年出现的类似hololens那样在实时影像上叠加虚拟3D物件以外,已经实用系统如车载倒车视频中实时叠加的车道线,辅助生产系统中头盔显示器里显示的指示箭头等,都可以称为AR。通常认为,AR起源于1966年哈佛大学Ivan Sutherland教授发明的光学透射式头盔显示器(STHMD),该设备使得虚实结合成为可能。20世纪90年代初,波音公司的研究员Thomas P. Caudell首先提出了增强现实这个术语。1992年,哥伦比亚大学的S. Feiner等人提出了KARMA机械师修理帮助系统,美国空军的Louis Rosenberg等人开发了Virtual Fixtures虚拟帮助系统,这两个系统被认为是AR早期的原型系统。

早期的AR系统应用范围比较局限,普通大众了解不多,主要应用在少数工业制造维修或类似场景中。由于当时的计算能力和计算资源的限制,以及相关的AR算法还不成熟,当时的AR系统对于现在而言显得笨重且画质粗糙。随着计算机软硬件技术的迅猛发展,并且移动数字影像设备开始普及到普通用户,近年来AR的应用和研究有了长足的进步。尤其值得一提的是,2000年Bruce Thomas等研发的ARQuake系统将AR推向了移动可穿戴领域,而2008年推出的Wikitude将AR直接落户到了手机端。最近几年陆续出现的Google glass,Microsoft Hololens和Magic Leap等AR设备,更是将业界对AR的关注引向了前所未有的高度,为AR向普通消费者和广大应用领域扩展开辟了光明前景。

2013年,谷歌计划推出谷歌眼镜,引发市场对AR技术的关注。2016年7月,一款Pokemon GO的AR+LBS游戏再次引爆市场。机构甚至因此调高了AR市场预期;巨头看好AR市场,纷纷提前布局底层技术,加速了AR市场教育。与此同时,国内增强现实初创厂商纷纷入场,先行布局AR市场,期望在巨大的AR市场中分得一杯羹。

3. 增强现实技术的应用

AR技术综合了计算机图形、多媒体、实时跟踪及注册、融合显示等多门学科,在医学、教育、文化遗产保护、媒体等领域都有着广泛的应用前景。

在文化遗产保护的应用中,北京理工大学开展了运用增强现实技术数字化重建圆明园计划；也可将增强现实技术应用于博物馆展览中，采用虚实结合的方式，将被动式的参观方式转变为互动式的多感官参观方式，使得博物馆展览更直观形象，充分发挥其存在的作用。

教育培训中，通过移动设备扫描纸质课本上的图片，显示器上就能呈现多姿多彩的动态图，方便对抽象事物的理解，提升真实感和互动体验，同时增强现实技术也是课件制作或辅助教材实验的全新手段。

在其他方面，如工业医疗中，通过各种硬件设备的辅助功能能够将机器不易看到的部分显示给用户，包括机器的内部结构、零件图等。同样，医生可以利用增强现实技术，准确地进行手术部位的定位。在军事演习中运用增强现实技术实现模拟战场环境可以节省大量的人力、物力和财力。

增强现实技术经过最近十几年的快速发展，正在充分发挥其重要作用，虽然尚有许多亟待解决的技术问题，比如如何实现虚实物体精准实时叠加，但是随着技术的不断发展，这些问题终将会被逐一解决，增强现实将会为人类的智能扩展提供强有力的手段，对生产方式和社会生活产生深远影响。

可见，虚拟现实与增强现实技术已经渗透到了各行业，关于物流领域系统的开发与应用情况将在本书后面章节加以阐述。

第4章

地理信息系统数据建模

本书前面部分介绍了物流可视化的基本概念和技术。本章开始将结合 GIS 软件 MapInfo 展开讲解，在实用层面讲述软件的使用及实现可视化的方法。

4.1 地理信息系统的图层特征

1. 地理信息系统建模的入手点

(1) 引导练习

在学习地理信息系统知识之前，为了了解地理信息系统的相关概念和知识，首先通过引导练习来引出地理信息系统的基本特点。

首先，打开 MapInfo 软件，点击“文件”菜单中的“新建表”子菜单，或者点击工具栏中的“ ”按钮。出现如图 4－1 所示的对话框，该对话框说明了几个知识点：其一是在地理信息系统中，以 MapInfo 为代表的信息在两种窗口中显示，一种称为地图窗口，一种称为浏览窗口；其二是新建表时，可以使用原有的表结构；其三是新建表时可以在已有的地图窗口之上。

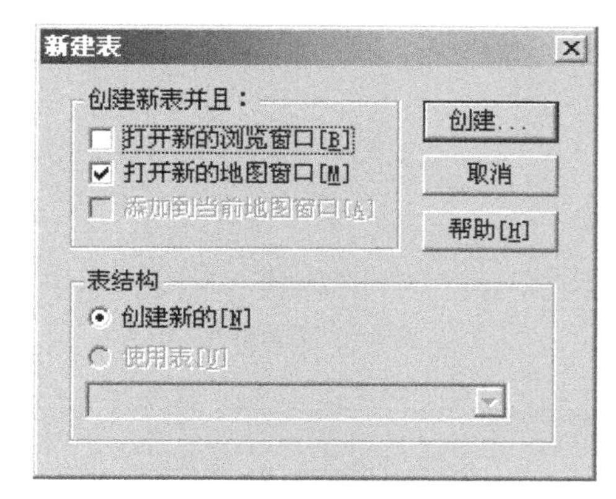

图 4－1 “新建表”窗口

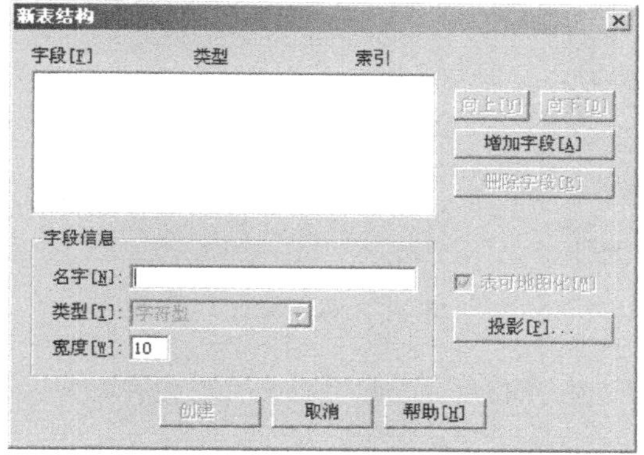

图 4－2 “新表结构”窗口

在图 4－1 中，点击“创建”按钮，出现如图 4－2 所示的“新表结构”对话框，顾名思义，该对话框的功能是定义新表的表结构，此处体现了地理信息的特点，在人们的意识中地图是由地物组成，但是在新建表时要定义表结构，说明地理信息系统的表中不仅有空间地物，也具有像普通表一样的特征，这些特征赋予了空间地物充分的内涵。

在该窗口中，点击“增加字段”按钮，出现如图 4－3 所示的窗口，系统默认为“字段1”，字段的名字是一种属性的体现，这里将其改为“no”，如图 4－4 所示。

修改字段名后，点击“创建”按钮，出现如图 4－5 所示的保存对话框，该对话框保存表的名字，默认为“无标题”，此处改为“test”，如图 4－6 所示，点击“保存”按钮，出现如图 4－7 所示的窗口，该窗口即为之前新建表时默认的打开的表的地图窗口。

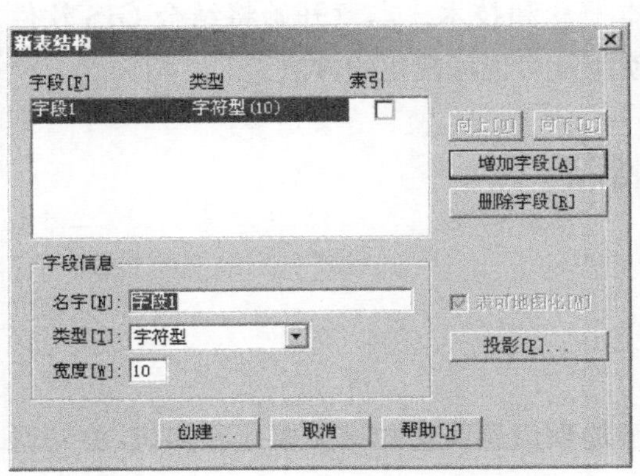

图 4－3　增加字段

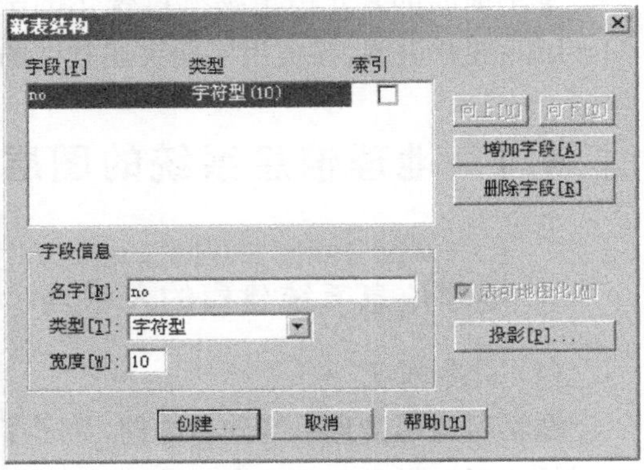

图 4－4　修改字段名字

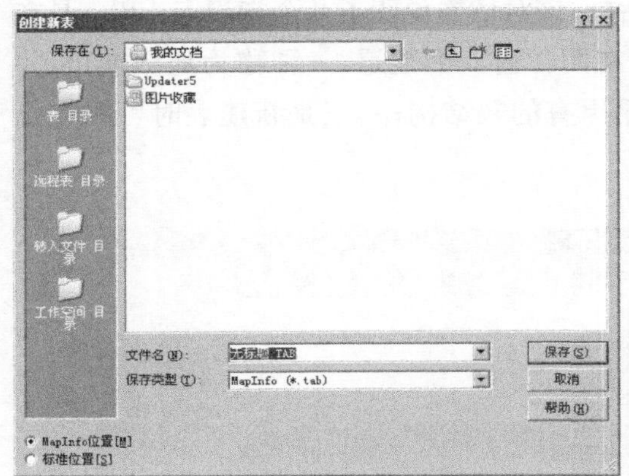

图 4－5　保存表

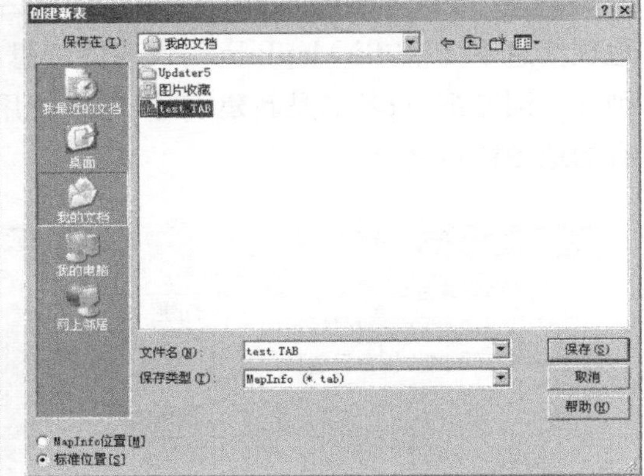

图 4－6　修改表名

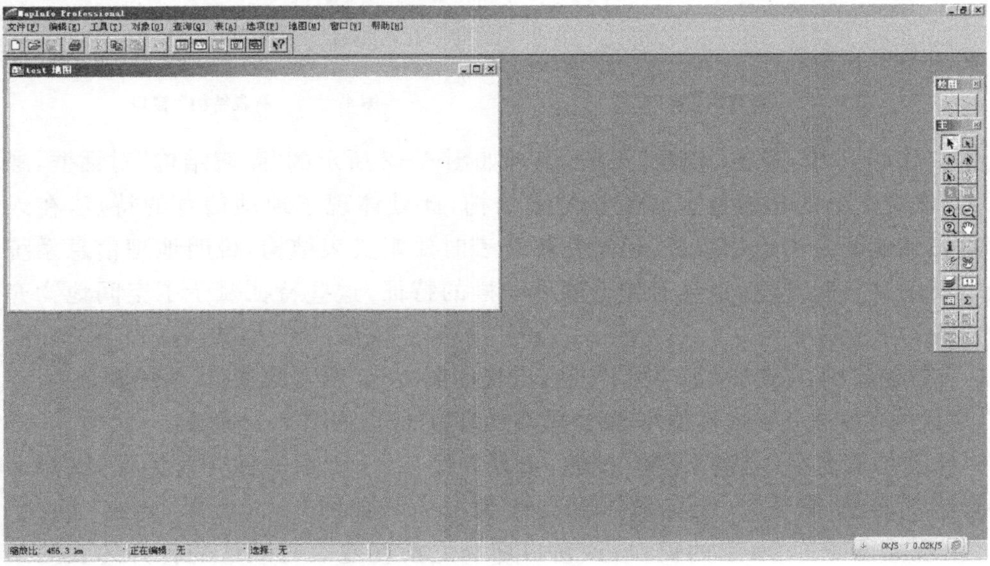

图 4－7　创建表后的地图窗口

(2) 数据类型与窗口类型

进一步,点击“窗口”菜单中的“新建浏览窗口”子菜单,如图 4-8 所示。出现浏览窗口,如图 4-9 中右侧所示。图 4-9 的左边为已打开的地图窗口。

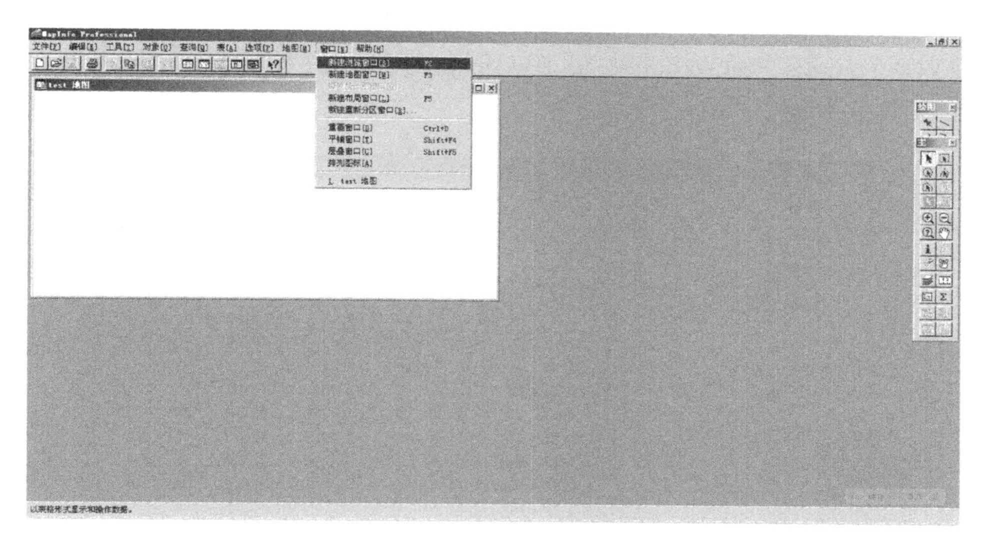

图 4-8　新建浏览窗口菜单

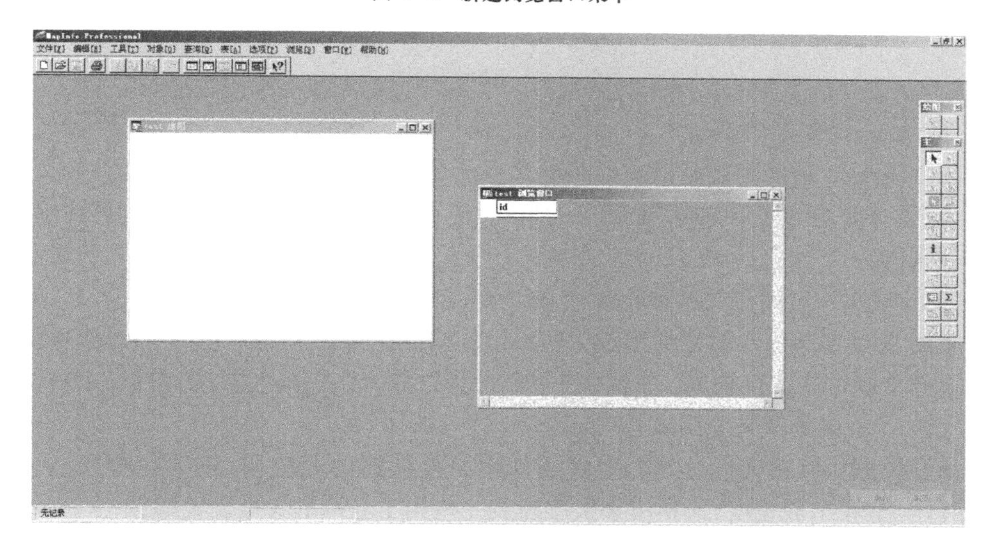

图 4-9　创建表后的浏览窗口

在创建表的过程中,需要认识 MapInfo 的两种窗口与地理信息系统两种数据的对应关系,窗口是数据的一种表现形式,或称为载体,总结如表 4-1 所示。

表 4-1　数据类型对应的窗口载体

数据类型(GIS 的基本数据)	窗口类型(MapInfo 中)
空间数据	地图窗口
属性数据	浏览窗口

2. 图层的特征及文件构成

至此,完成了新表的创建过程。值得一提的是,此时可以回到存储文件的文件夹中查看上述操作带来的变化。回到“我的文档”文件夹中,上述操作步骤共建立了四个文件,分别是 test. dat、test. tab、test. id、test. map。这四个文件是 MapInfo 表的基本组成,如图 4-10 所示。

名称	大小	类型	修改日期	属性
Updater5		文件夹	2011-7-21 12:08	
图片收藏		文件夹	2012-9-14 15:19	R
新建 文本文档.pdf	36 KB	Adobe Acrobat D...	2011-7-21 12:00	A
mapinfo界面.bmp	2,783 KB	BMP 图像	2012-9-14 15:18	A
new.bmp	3 KB	BMP 图像	2012-9-14 15:18	A
test.DAT	1 KB	DAT 文件	2012-9-14 16:19	A
test.TAB	1 KB	MapInfo Table	2012-9-14 16:19	A
test.ID	0 KB	MapInfo Table File	2012-9-14 16:19	A
test.MAP	1 KB	MapInfo Table File	2012-9-14 16:19	A
.mdi	13 KB	Microsoft Offic...	2011-7-19 16:21	
0001.mdi	17 KB	Microsoft Offic...	2011-7-21 11:08	
RESUME.XLW	1 KB	Microsoft Offic...	2012-3-3 16:03	A

图 4-10　表的文件组成

图 4-10 说明了以下信息:

① MapInfo 中的图层是以文件的形式存储的,凡是在图层中的信息可以被文件保存下来(这主要是为了后文与“非图层的事物”进行区别,后者是无法通过上述图层文件保存下来的);

② 各种文件之间存在某种相关性,具有各自的功能。

下面说明 MapInfo 的文件组成。MapInfo 按照图层来管理地图,一个普通图层均由以下四个基本的文件构成:属性数据表结构文件(. tab)、属性数据文件(. dat)、空间数据文件(. map)和交叉索引文件(. id)。

属性数据表结构文件(. tab)定义了地图属性数据的表结构,包括字段数、字段名称、字段类型和字段宽度,还指出索引字段及一些用于显示的参数设置等。

属性数据文件(. dat)存放完整的地图属性数据。在文件头之后,为表结构描述(含各字段的名称、类型、长度),其后紧跟着各条具体的属性数据记录。

空间数据文件(. map)具体包括各类地图对象的空间数据;空间数据包括空间对象的几何类型、坐标信息和颜色信息。

交叉索引文件(. id)用于连接数据和对象,记录地图中每一个空间对象在空间数据文件(. map)中的位置指针。每 4 个字节构成一个指针。指针排列的顺序与属性数据(. dat)中属性数据记录存放的顺序一致。交叉索引文件实际是一个空间对象的定位表,四种文件之间的关系如图 4-11 所示。

综上可知 MapInfo 地理信息系统中,属性数据与空间数据是分开存储的。属性数

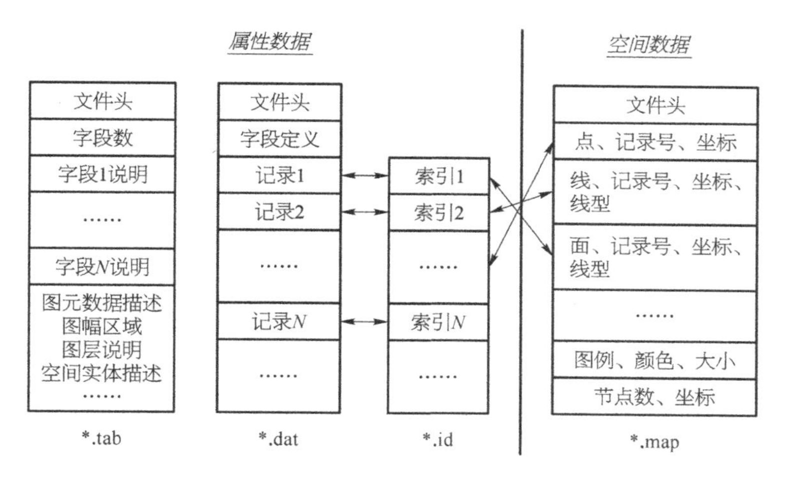

图 4 - 11　MapInfo 中文件之间的关系示意图

据以数据库的形式表现为一张表，存储于. tab 及. dat 文件中，而空间数据则以 MapInfo 自己定义的格式保存于. map 文件中。两者之间通过一定的关联机制联系起来，通过. id 文件中的定义将空间对象定位到相应的属性数据表中。

所谓关联，就是为空间数据和属性数据之间建立联系，使得使用者对地图进行操作的时候就对空间对象对应的属性数据进行了操作。MapInfo 数据索引机制是指 MapInfo 系统中的空间对象和属性数据之间相互关联的方法。索引过程的基本原理如下。

① 当从属性信息查询空间信息时，MapInfo 先要在属性数据文件中找到相应的数据库记录，如记录号是 N，则在交叉索引文件中找到第 N 个指针，该指针所指向的地图对象就是与数据库记录相对应的空间对象。

② 当从空间信息查询属性信息时，如果已经从地图上查到某一空间对象，MapInfo 系统可以从空间数据中读出空间信息和与之相对应的数据库记录号，根据数据库记录号就可以在属性数据文件中查到该地图对象的属性信息。

GIS 系统正是依靠地图空间数据提供了可视化的地图，并且通过 GIS 自身的对应机制将地图空间数据和地图属性数据结合，实现了 GIS 的强大操作功能。

4.2　布局窗口和统计图窗口

1. 布局窗口的建立

打开“泉州”文件夹中的“泉州. Wor”文件，如图 4 - 12 所示。

根据可视化的需要，更改图层控制里的“设置”。右键点击地图窗口，点击“图层控制”菜单即可打开图层控制对话框，如图 4 - 13 所示。

在图层控制对话框中有四个图标，第一个图标表示是否显示该图层，第二个图标表示该图层是否编辑，第三个图标表示该图层是否可选，最后一个图标则可以决定该图层里的各种标注是否显示出来。

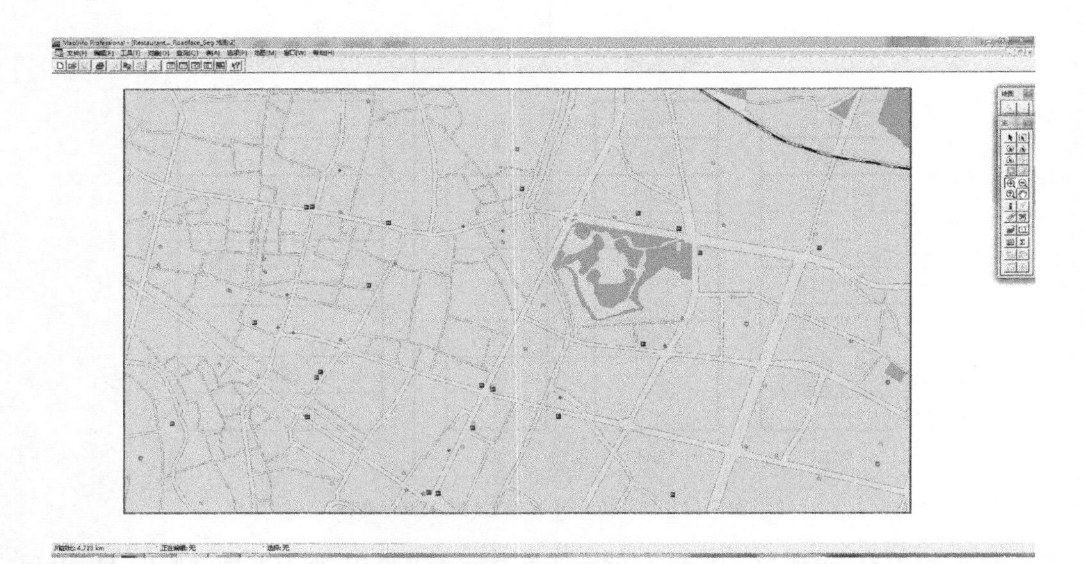

图 4-12　泉州地图初图

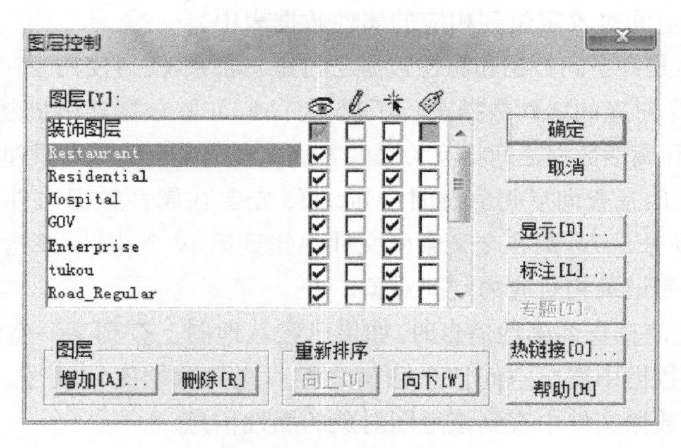

图 4-13　图层控制图

通过勾选图层控制中所有的标注，可使地图信息显示更加丰富，如图 4-14 所示。

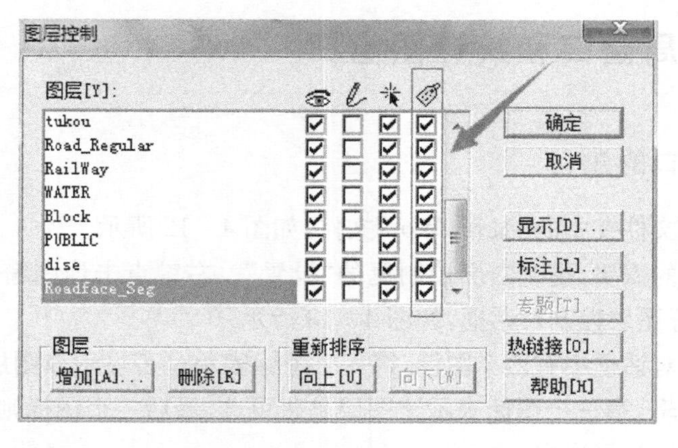

图 4-14　图层控制标注勾选图

点击“确定”按钮即可得到包含标注的信息量更为丰富的泉州地图，如图 4 - 15 所示。

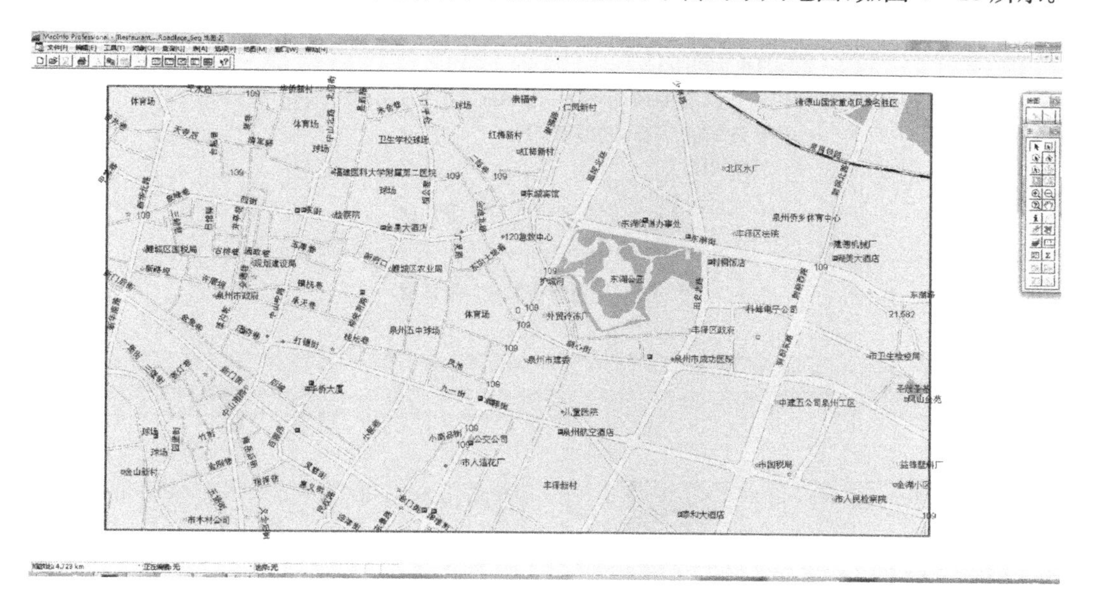

图 4 - 15　标注后的泉州地图

此时新建布局窗口，先选中地图并将地图最大化，然后点击“窗口”菜单中的“新建布局窗口”子菜单，如图 4 - 16 所示。默认选择“一个窗口的框架”，如图 4 - 17 所示，点击“确定”按钮后即创建了布局窗口，如图 4 - 18 所示。

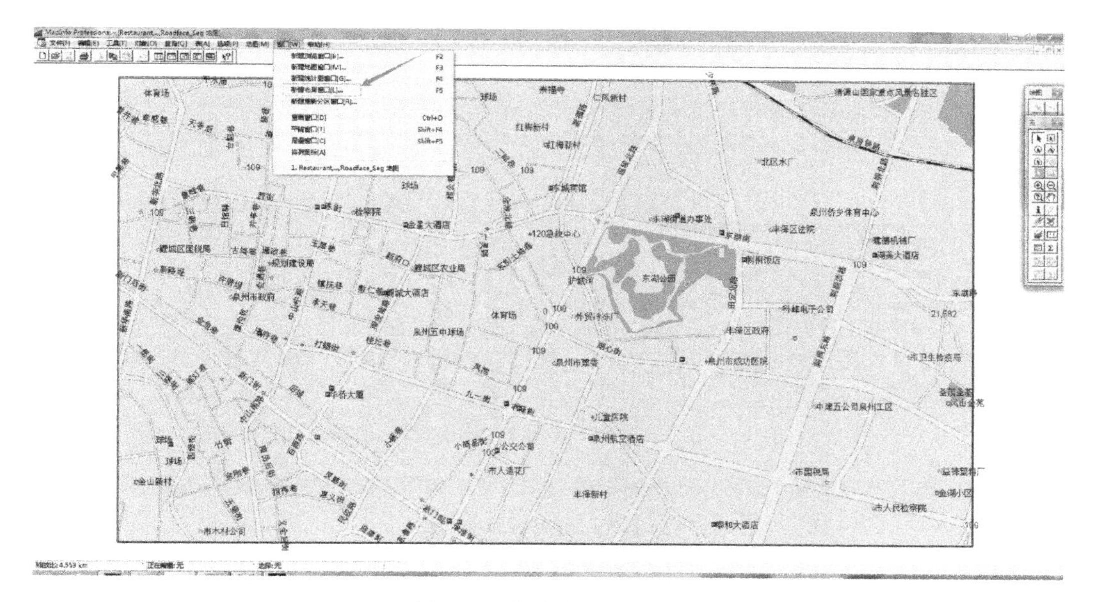

图 4 - 16　新建布局窗口菜单

为了保存现有的显示状态，点击工具栏中的“文件”选项，再选中“保存工作空间”，如图 4 - 19 所示，出现如图 4 - 20 所示的对话框，将上述结果另存为泉州 1. Wor 文件。

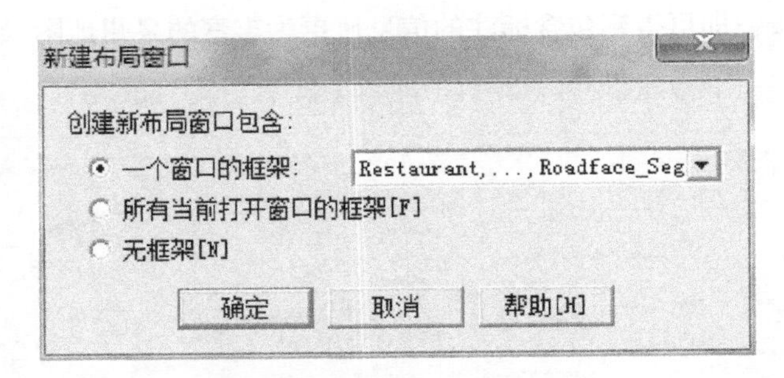

图 4-17　新建布局窗口对话框

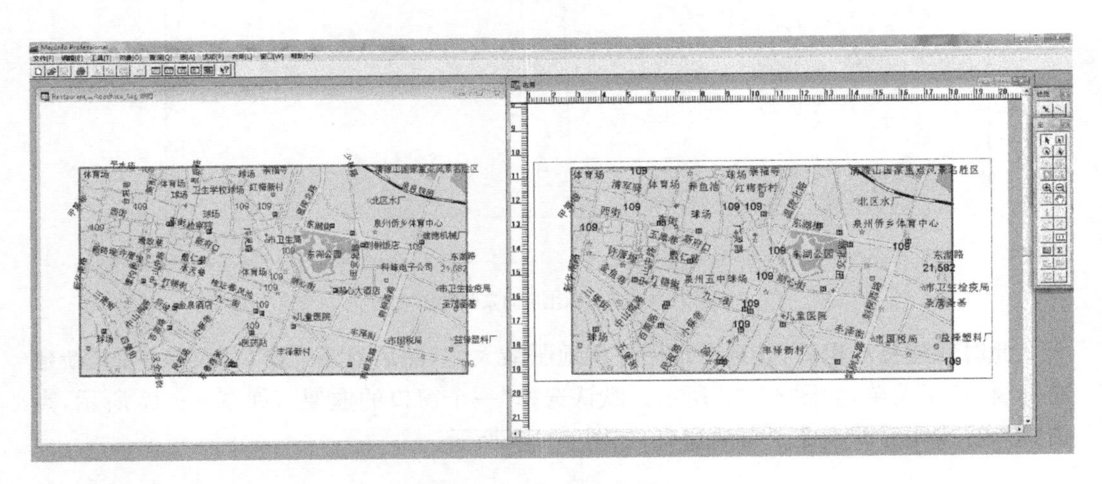

图 4-18　布局窗口的展示

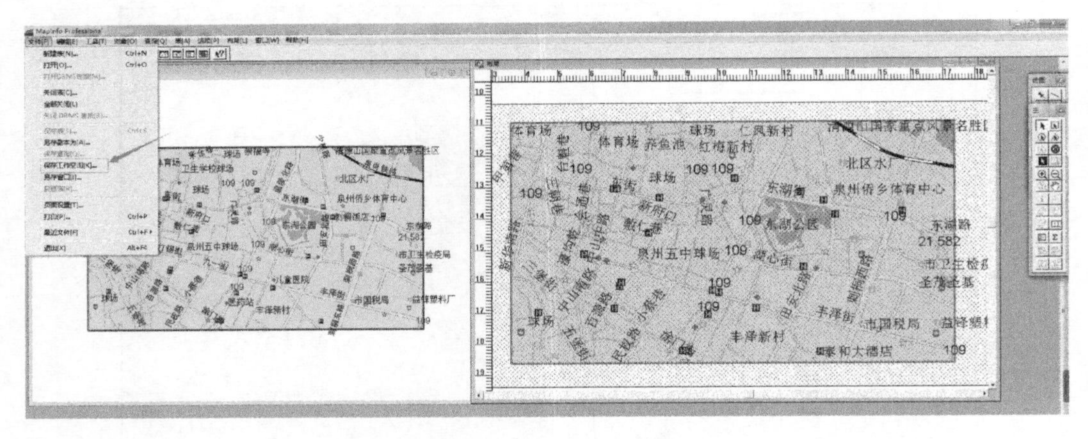

图 4-19　工作空间保存图

文件重命名后，点击“保存”按钮即可保存当前的工作空间。再次打开“泉州 1. Wor”文件，观察后关闭，然后打开“泉州. Wor”文件，Wor 文件提供了同样图层组织下的不同表现形式。

上述过程完成了对布局窗口的创建，布局窗口相当于对已有图层或窗口的组织。

此处的重点在于说明工作空间的存在使得同一个对象形成不同的表现形式，并把

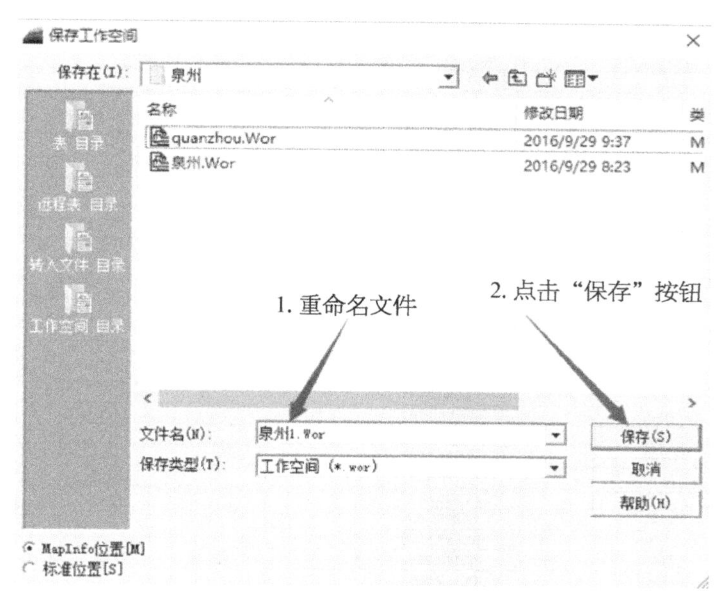

图 4-20　工作空间重命名文件保存图

这种表现形式储存下来。Wor 文件是工作空间文件,是前面讲述的图层文件之外的另一种文件。不难看出,布局窗口提供的是原有图层或窗口不同组织下的表现形式,而并未建立新的图层信息;因此,布局窗口建立后,为了将该结果得到保存,有两种方法:

① 保存工作空间,利用 Wor 类型的文件进行保存;

② 将结果输出为图片文件,选择“文件”菜单中的“另存窗口”,可将结果输出为某一图片格式的图片,即利用图片对文件进行保存。

凡是未能通过图层文件保存下来的信息,均应通过工作空间进行保存。

2. 统计图窗口的建立

首先打开“中国”文件夹中的“中国局部. tab”文件。

浏览窗口所包含的信息对于创建统计图起着决定性的作用。打开“窗口”中的“新建浏览窗口 ”,查看中国地图的属性信息,如图 4-21 所示。

打开浏览窗口后,右键点击浏览窗口,点击“选取字段”,如图 4-22 所示,即可开始“选取字段”对话框,如图 4-23 所示。

将多余的“字段 3”和“字段 4”删除。首先点击“浏览窗口中的列”中的“字段 3”,然后按住 Ctrl 键再选中“字段 4”,最后点击“删除”即可移除两个字段,点击“确定”按钮完成操作,如图 4-24 所示。完成后的浏览窗口如图 4-25 所示,只保留了“NAME”“人口”两个字段。

针对“选取字段”对话框,它改变了呈现在浏览窗口中显示的字段,即默认状态下,浏览窗口是把所有的字段都显示出来的,通过该对话框可以设定哪些字段显示在浏览窗口,哪些不显示。但是,这并未改变表本身的结构,也就是这些字段仍旧是该图层的属性之一。如果试图改变表的字段,应该修改“表结构”,下文会有阐述。

MapInfo Professional - [中国局部 浏览窗口]

文件[F] 编辑[E] 工具[T] 对象[O] 查询[Q] 表[A] 选项[P] 浏览[B] 窗口[W] 帮助[H]

NAME	人口	字段3	字段4
黑龙江省	38,160,000		
内蒙古自治区	23,850,000		
新疆维吾尔自治区	19,630,000		
吉林省	27,080,000		
辽宁省	42,280,000		
甘肃省	26,190,000		
北京市	15,380,000		
山西省	33,350,000		
天津市	10,460,000		
宁夏回族自治区	6,020,000		
青海省	5,900,000		
山东省	92,840,000		
西藏自治区	2,740,000		
河南省	97,170,000		
江苏省	74,320,000		
安徽省	62,280,000		
四川省	86,500,000		
湖北省	60,310,000		
重庆市	27,740,000		
上海市	15,380,000		
浙江省	47,200,000		
湖南省	61,640,000		
江西省	42,170,000		
云南省	44,150,000		
贵州省	39,040,000		
福建省	35,112,000		
广西壮族自治区	48,500,000		
台湾省	46,000,000		
海南省	7,280,000		
广东省	88,890,000		
陕西省	37,050,000		
河北省	68,690,000		

图 4－21　浏览窗口图

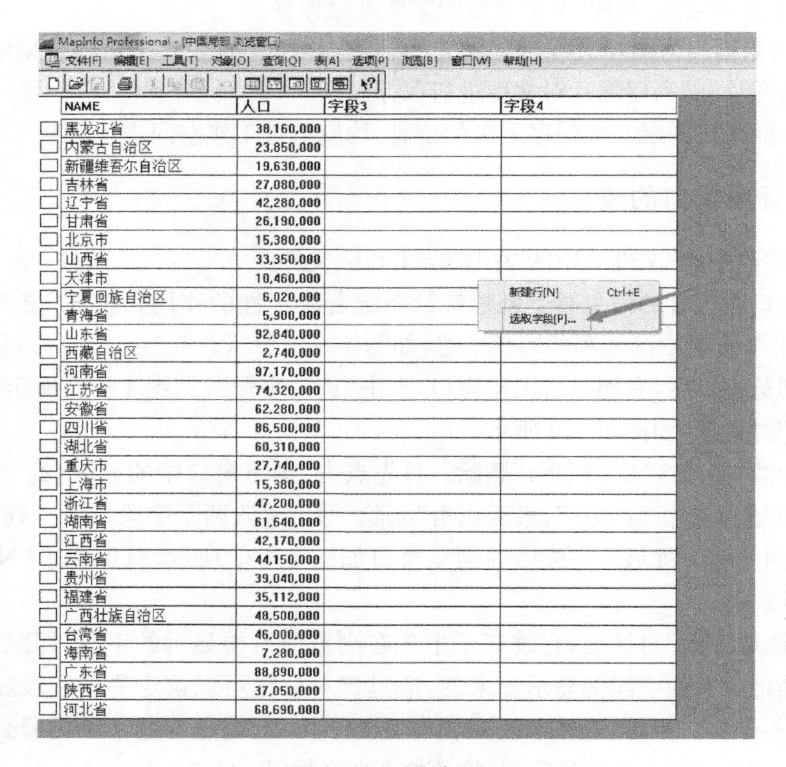
MapInfo Professional - [中国局部 浏览窗口]

文件[F] 编辑[E] 工具[T] 对象[O] 查询[Q] 表[A] 选项[P] 浏览[B] 窗口[W] 帮助[H]

NAME	人口	字段3	字段4
黑龙江省	38,160,000		
内蒙古自治区	23,850,000		
新疆维吾尔自治区	19,630,000		
吉林省	27,080,000		
辽宁省	42,280,000		
甘肃省	26,190,000		
北京市	15,380,000		
山西省	33,350,000		
天津市	10,460,000		
宁夏回族自治区	6,020,000		
青海省	5,900,000		
山东省	92,840,000		
西藏自治区	2,740,000		
河南省	97,170,000		
江苏省	74,320,000		
安徽省	62,280,000		
四川省	86,500,000		
湖北省	60,310,000		
重庆市	27,740,000		
上海市	15,380,000		
浙江省	47,200,000		
湖南省	61,640,000		
江西省	42,170,000		
云南省	44,150,000		
贵州省	39,040,000		
福建省	35,112,000		
广西壮族自治区	48,500,000		
台湾省	46,000,000		
海南省	7,280,000		
广东省	88,890,000		
陕西省	37,050,000		
河北省	68,690,000		

图 4－22　选取字段图

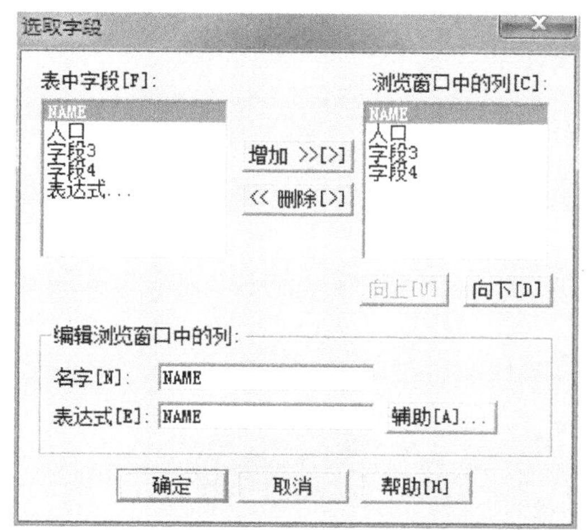

图 4-23 选取字段窗口

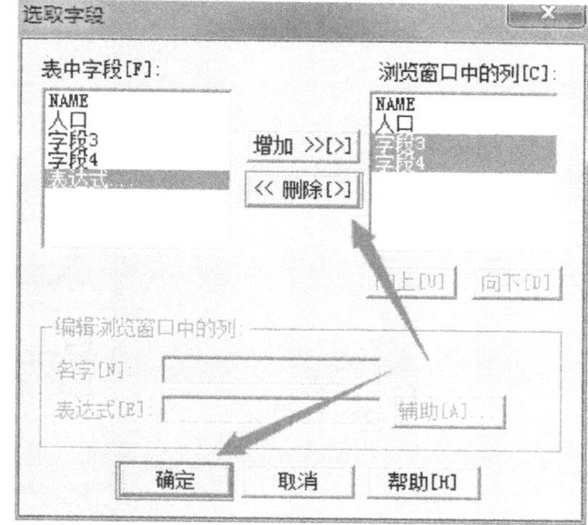

图 4-24 选取字段窗口图

图 4-25 修改后的浏览窗口

接下来根据浏览窗口的信息制作统计图窗口。点击“窗口”菜单中的“新建统计图窗口”子菜单，即可开始创建统计图窗口。

进入创建统计图，首先点击“图类型”中的“条形”，再选中“模板”中的“族”，最后点击“下一步”即可，如图 4-26 所示。

从表中选中“人口”字段，点击“增加”按钮，如图 4-27 所示。

最后点击“确定”按钮即可新建一个统计图窗口，如图 4-28、图 4-29 所示。

统计图窗口建立后，MapInfo 界面可生成完整的地图，这时软件内的窗口包括地图窗口、浏览窗口、统计图窗口，这些窗口共同为中国地图的可视化服务。

由于统计图窗口与布局窗口一样，仅仅是数据的一种呈现形式而不是图层上的新信息，因此，为了保存这类信息，应点击 “文件”菜单的“保存工作空间”子菜单。

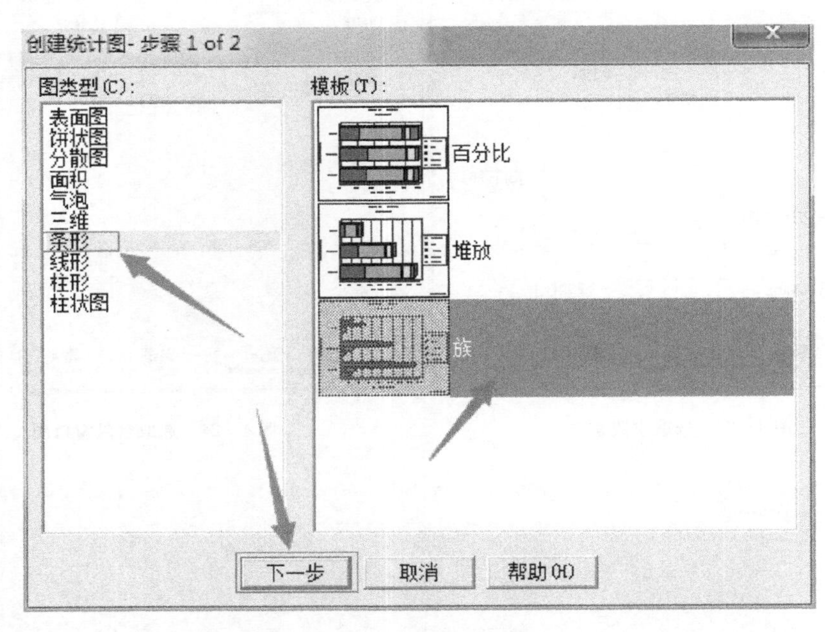

图 4－26　选择图表类型

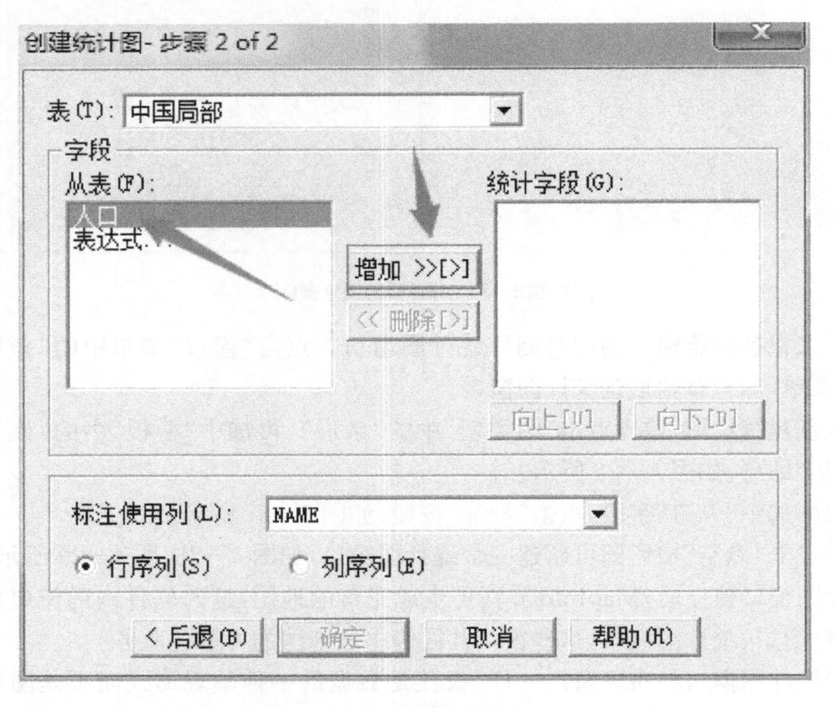

图 4－27　构建表的字段

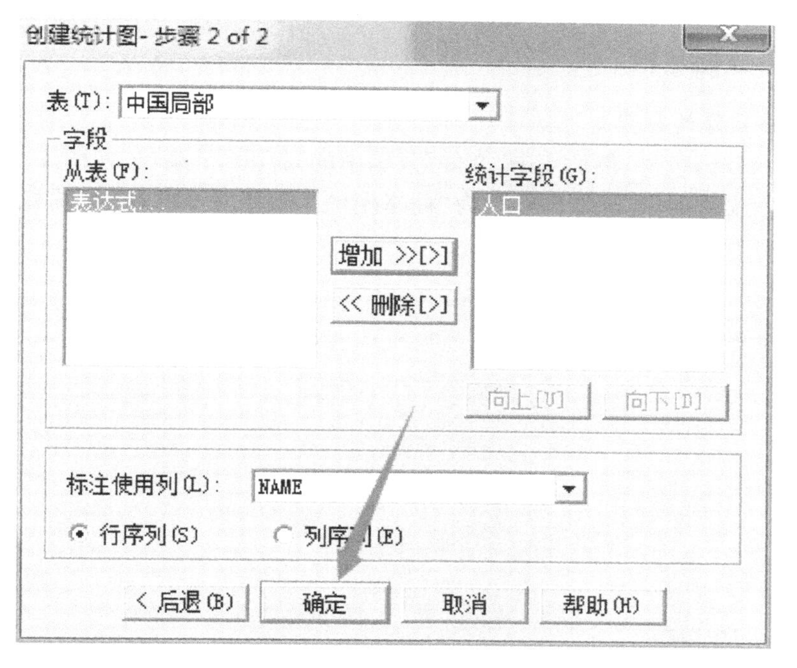

图 4-28 创建统计图确认

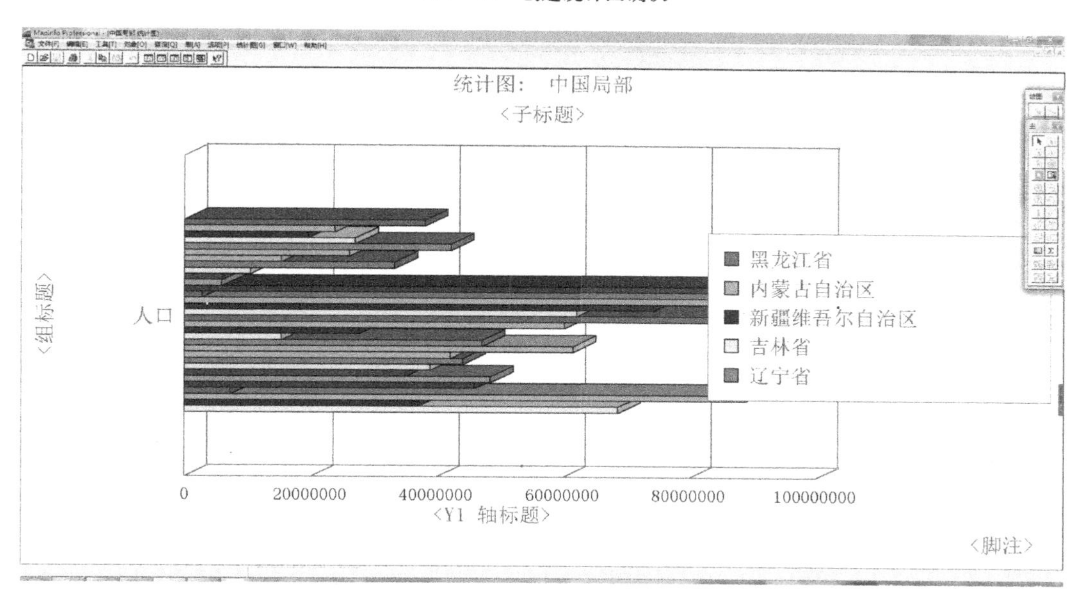

图 4-29 新建的统计图窗口

4.3 地图空间数据建模

MapInfo 作为矢量型地理信息系统软件，其空间数据是由图形来构建的，但是栅格图像具有丰富的信息内容和生动的形式，可以作为图形建模之外的有效补充。本节将说明栅格数据和矢量数据的建模过程。

1. 栅格数据建模

(1) 栅格图像的打开

打开 MapInfo 软件，然后点击“文件”菜单中的“打开”子菜单，如图 4－30 所示；选中地图所在的文件夹，更改文件类型为“栅格图像”，如图 4－31 所示；选择所需要的图像，点击“打开”按钮，如图 4－32 所示。

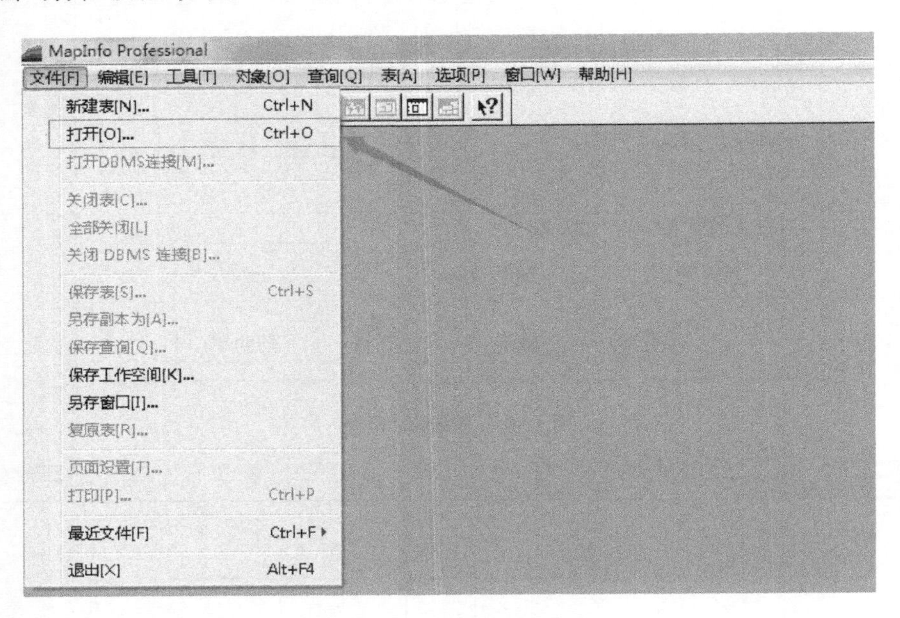

图 4－30　文件打开菜单

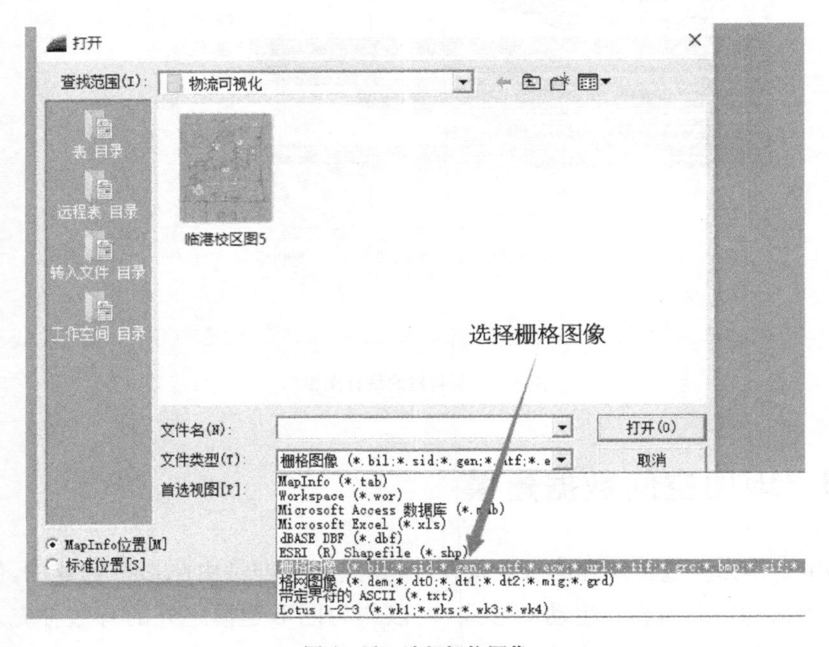

图 4－31　选择栅格图像

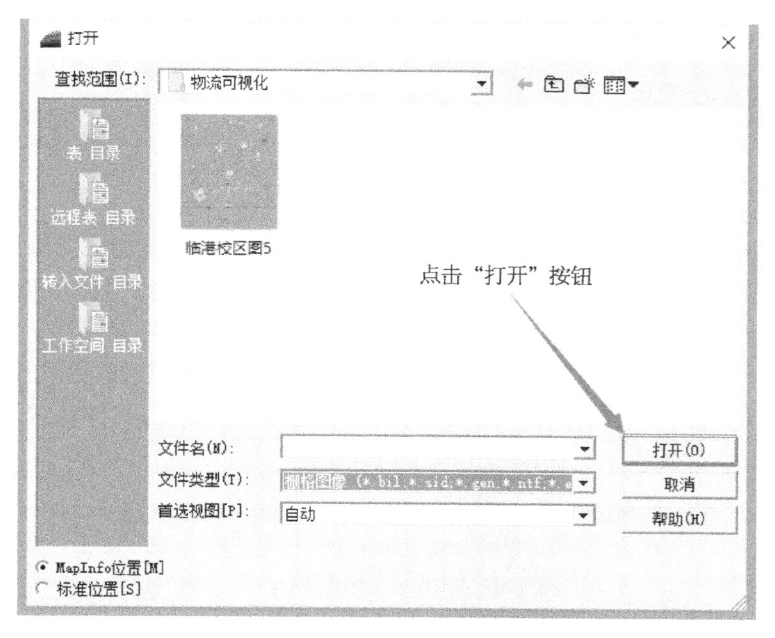

图 4-32　打开栅格图像

在 MapInfo 对话框中点击“显示”按钮，如图 4-33 所示，即可在 MapInfo 软件中打开图像，如图 4-34 所示。

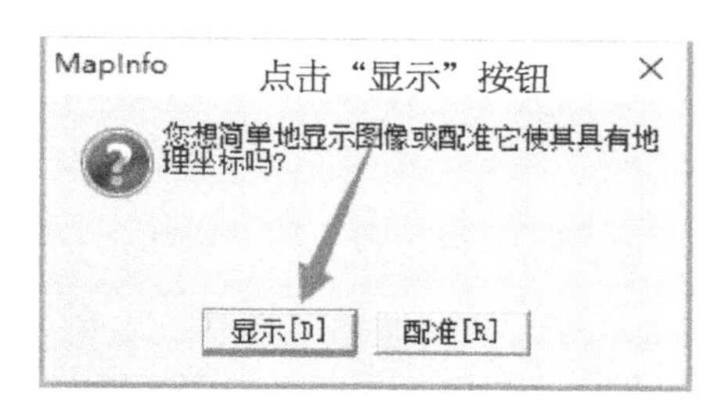

图 4-33　显示栅格图像

(2) 栅格图层的特征

在 MapInfo 中打开栅格图像的同时，意味着栅格图层也被建立起来了。回到电脑存储文件的位置，出现了与图片名同名的 MapInfo 表文件，如图 4-35 所示。

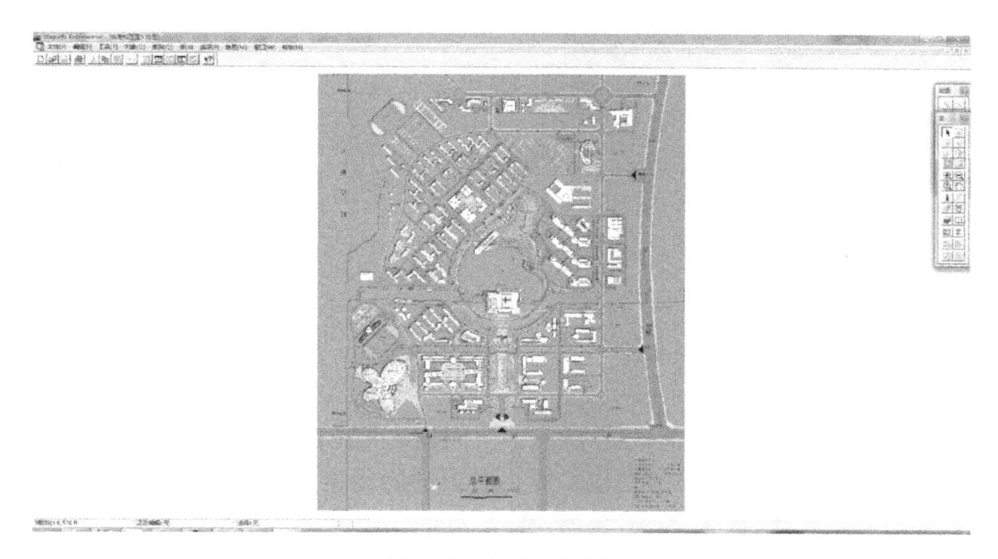

图 4-34　打开栅格图像

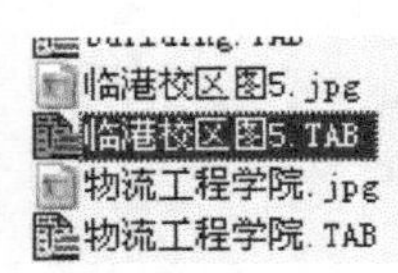

图 4－35　栅格图层的文件

右键点击地图，打开图层控制对话框，如图 4－36 所示。观察该图层的特征，在四个图层属性中，只能修改栅格图层的“可视”特征，其他特征均为灰色不可编辑。这意味着栅格图层只能控制其可见与否，但是不能编辑，不能选择，也不能标注。究其原因，栅格图层仅仅是一张图片将其显示出来，但是该图像不具备属性数据，因此没有地物可供选择或修改，也就谈不上被标注。所以，与前文所述普通图层的文件构成不同的是，该图层仅用.tab 文件来表示。栅格图层属于特殊图层。

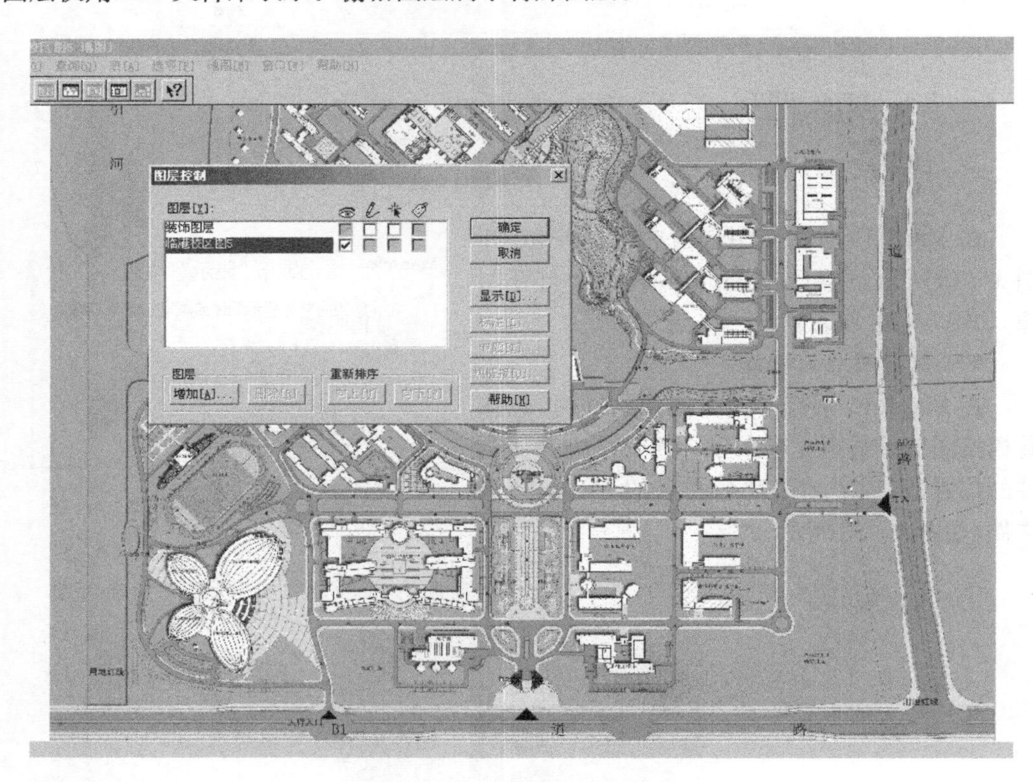

图 4－36　栅格图层的特殊性

2. 矢量数据建模

(1) 规则图形的绘制

作为矢量型地理信息系统软件，所有的空间地物都是由矢量图形表达的，因此，图形绘制是空间建模中最重要的工作。规则图形的绘制指地图提供的规则图形，如图 4－37 所示，包括直线、折线、圆弧、矩形、圆形、圆角矩形等。

上述规则图形的绘制只要选择绘图工具中相应的工具即可。大多数的地物空间是非规则的；因此，多边形工具绘图是空间建模中最常用的功能。

(2) 非规则图形的绘制

① 多边形工具。

这里以栅格图层中的图文信息中心为例，讲解多边形工具的使用。

在绘图工具栏中点击 即可开始绘制多边形；但是，多边形的绘制很难做到一次成功，而是需要不断修正。因此，工具栏中的 和 常与多边形工具配合使用。 可使多边形进入点编辑状态， 可使多边形在点编辑状态下增加点，从而更好地修正图形。

点击 ，多边形的控制点呈现出来，如图 4-38 所示。点击 ，可按照需要在原有多边形控制点的基础上增加控制点，即在之前绘制的多边形边线上的任何一点上添加一个可活动的点，如图 4-39 所示。

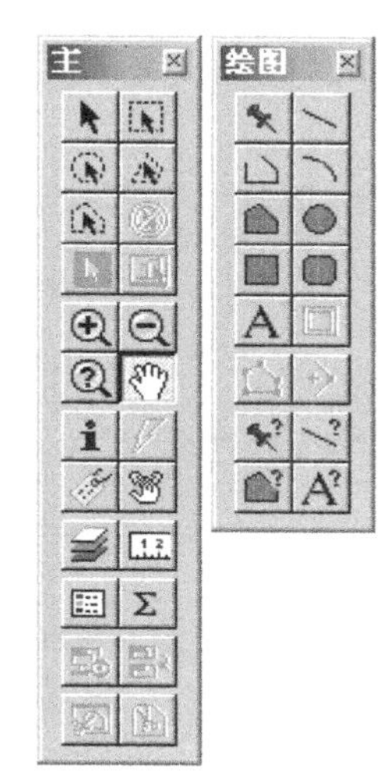

图 4-37　主工具条和绘图工具条

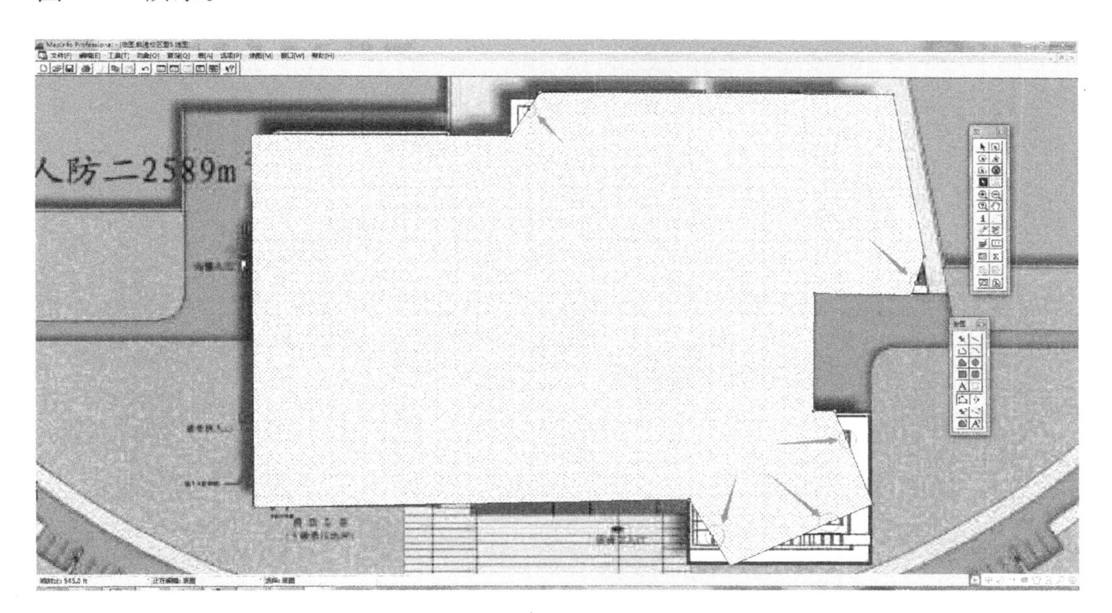

图 4-38　多边形编辑状态

② 合并工具。

除了上述方法外，复杂的图形还可以通过对象合并的方法来绘制。点击绘图工具栏中的 以及 ，将图文信息中心分别绘制成如图 4-40 所示的 4 个区域，随后使用主工具栏中的 将上述 4 个区域选中，如图 4-41 所示，最后点击“对象”菜单中“合并”子菜单，如图 4-42 所示。

点击“数据聚合”对话框中的“确定”按钮，如图 4-43 所示，4 个分散区域被合并起来，如图 4-44 所示。以此类推，其他的各种地物均可以用上述两种方法绘制出来。

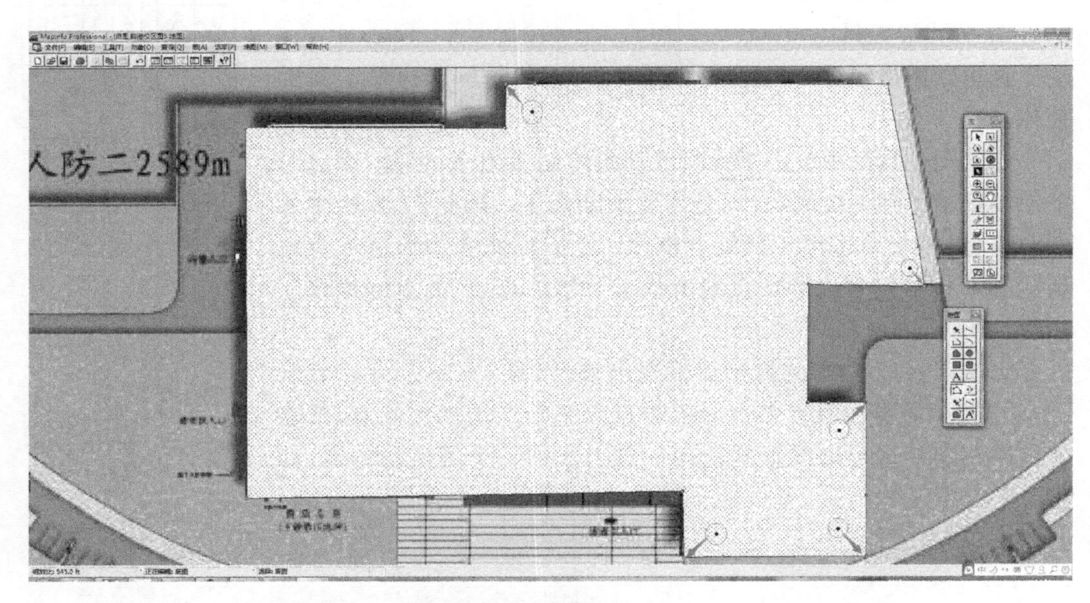

图 4-39　追加控制点

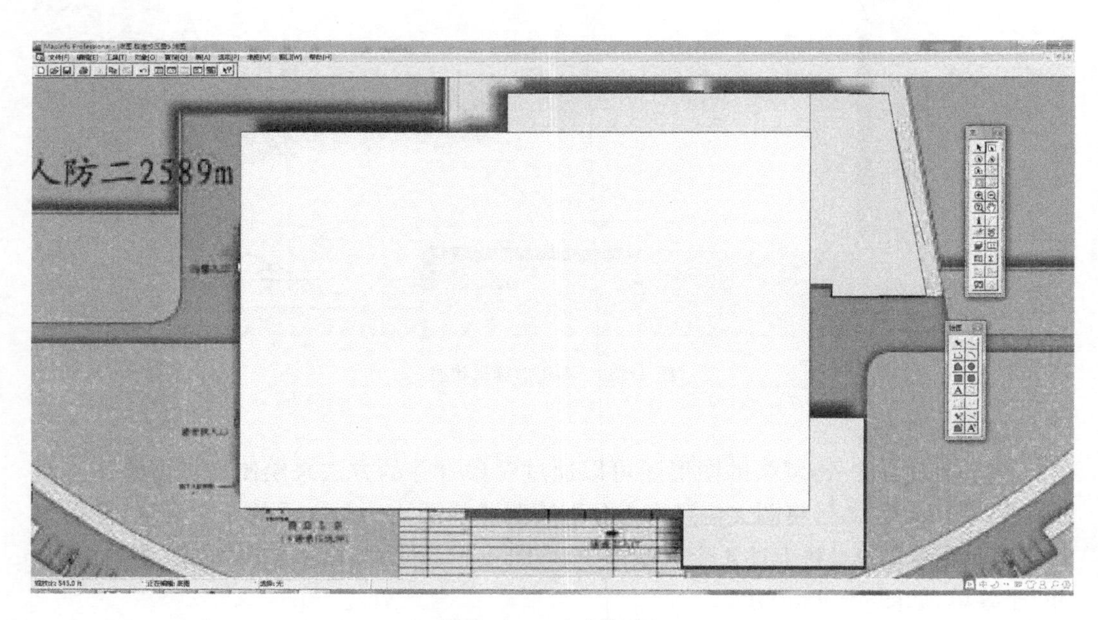

图 4-40　4 个分散区域

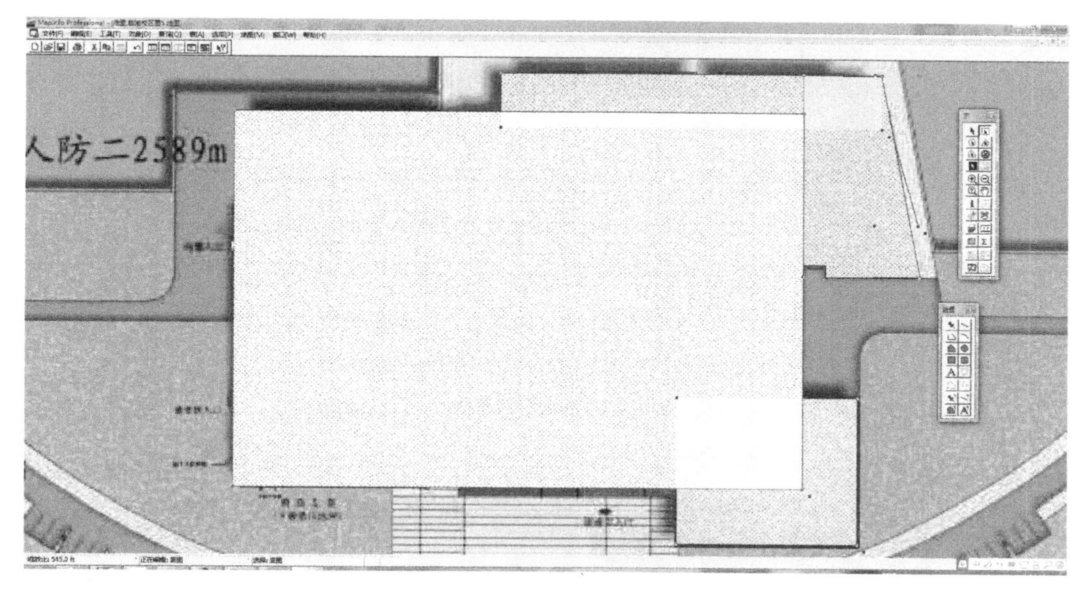

图 4-41 选中 4 个分散区域

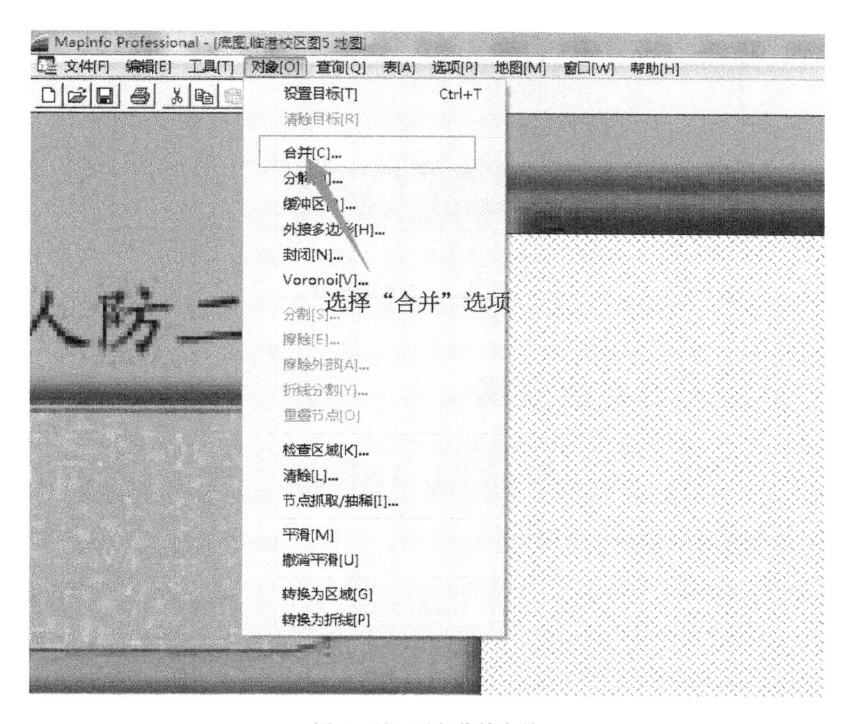

图 4-42 对象菜单合并

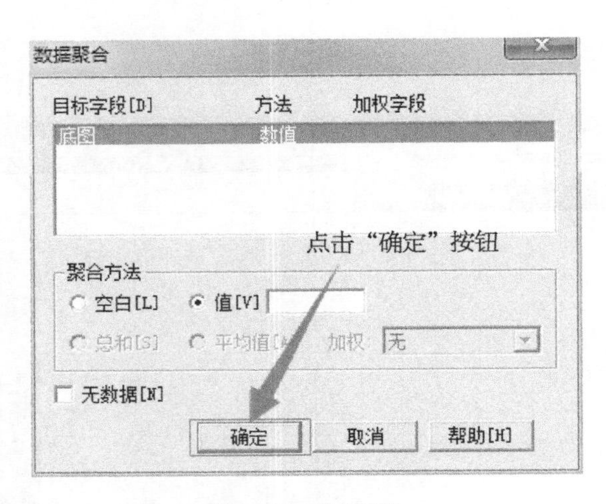

图 4-43 数据聚合

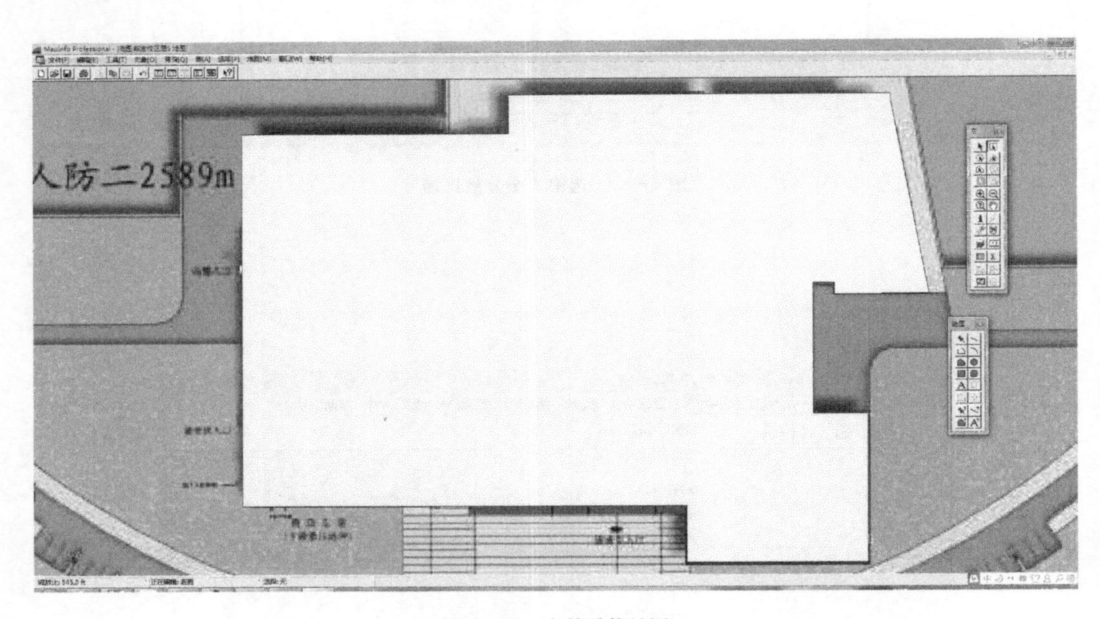

图 4-44 合并后的地图

4.4 地图属性数据建模

地图的属性数据包括属性数据的结构以及属性数据的内容。

1. 地图属性数据的结构维护

上文讲解新建图层的步骤，总结为，新建图层的第一步是构建了地图属性数据的结构，也即构建若干字段，用若干字段来表示一个空间地物，因此属性数据的结构随着新建图层被首次构建。

然而，属性数据的结构很难在建模之初被完整构建，往往随着系统的开发和深入会有新的需求，这时需要不断调整属性数据的结构。属性数据是用表来呈现的，因此，调整属性数据的结构就是要改变表结构。这里介绍通用的修改表结构的方法。

点击菜单中"表"选项下的"维护"再转到"表结构"中便可打开"修改表结构"对话框，如图 4-45 所示。在对话框中可以点击"增加字段"来添加所需的属性，并编辑"名字"处，如图 4-46 所示，最后点击"确定"按钮就可以成功添加所需要的表属性，如图 4-47 所示。

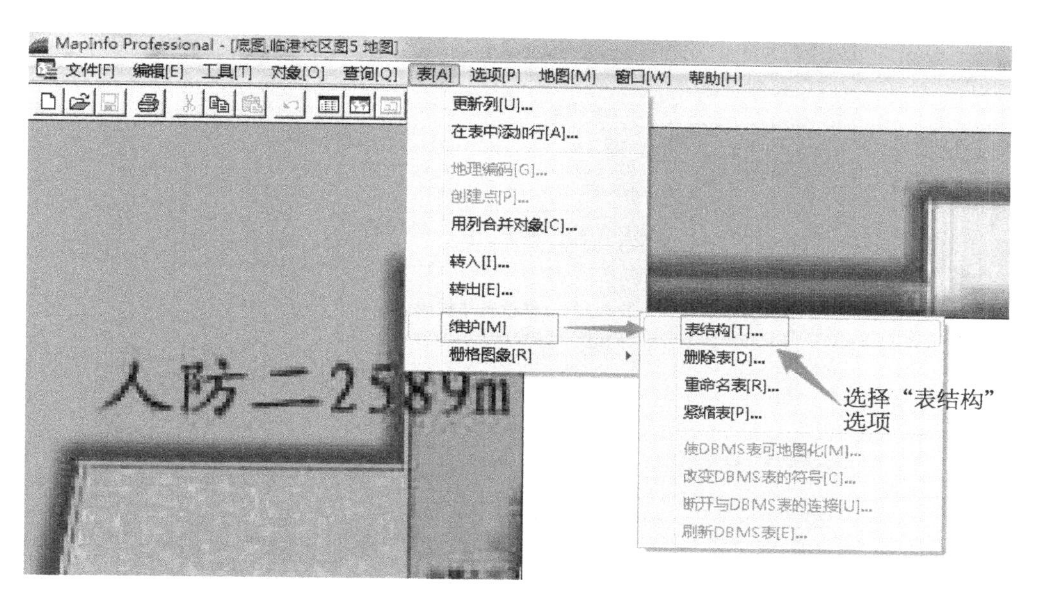

图 4-45　**表维护及表结构**

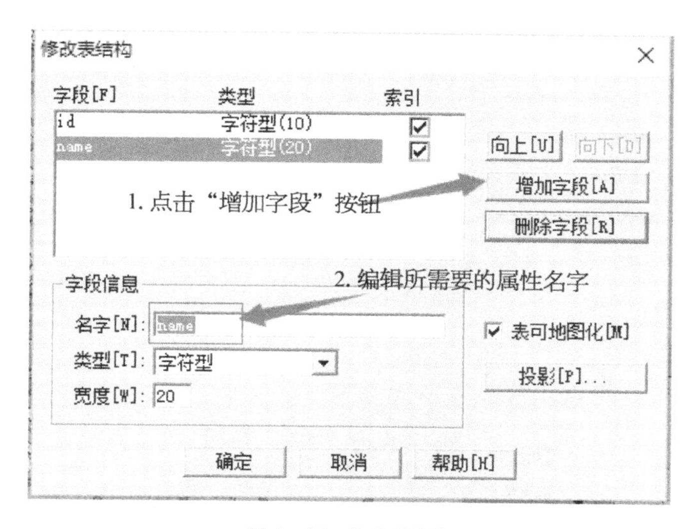

图 4-46　**修改表结构**

在修改了表结构以后，之前编辑属性所在的图层便会重置并且在图层中消失，需要将它重新添加到图层当中。点击右键打开"图层控制"对话框，点击"增加"按钮，增加之前编辑的"底图"图层，如图 4-48—图 4-50 所示。

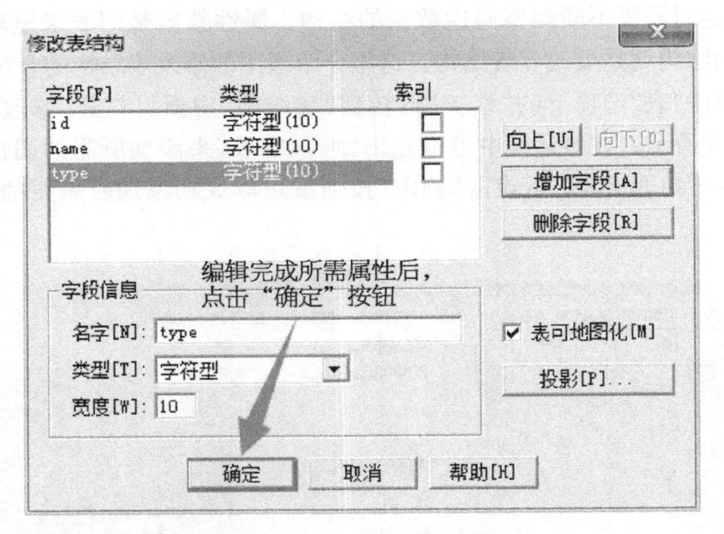

图 4－47　修改表结构确认

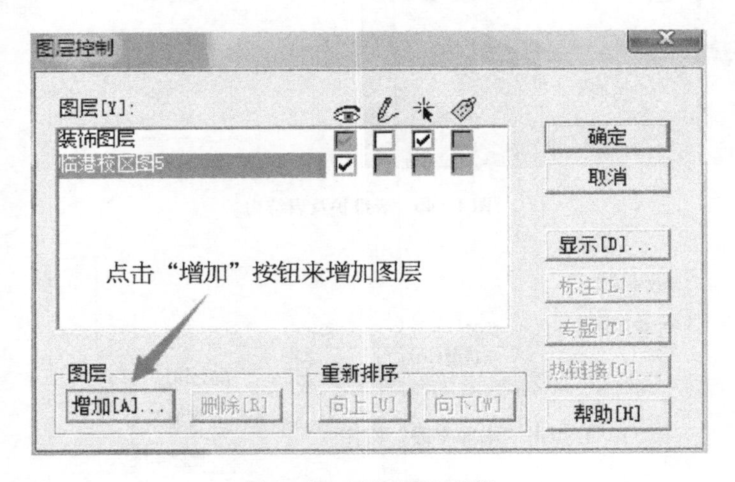

图 4－48　图层控制对话框

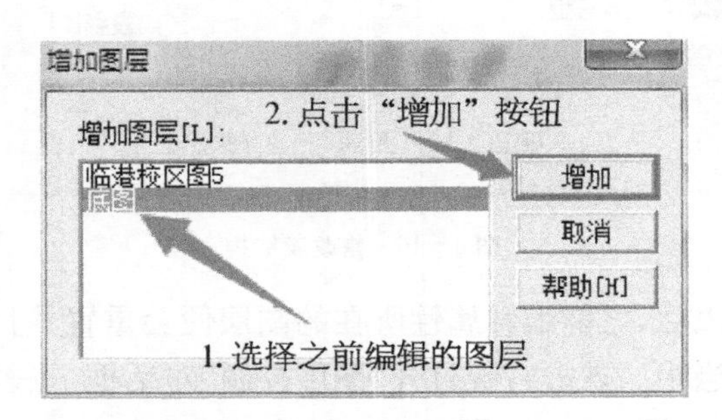

图 4－49　增加图层对话框

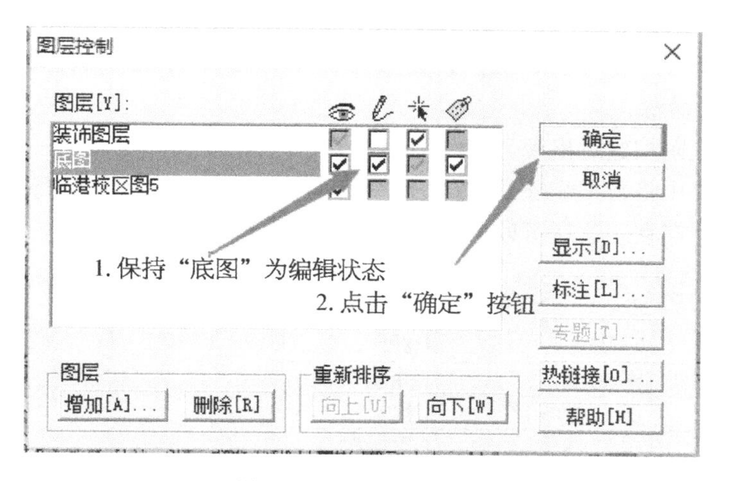

图 4-50　图层控制对话框

2. 地图属性数据的内容建立

(1) 通过“信息”按钮

在编辑完表属性之后，可对属性数据的内容进行添加。点击主工具栏中的 i (信息工具)，再点击所需要添加数据的空间地物，便可对属性数据进行添加或修改，如图 4-51 所示。

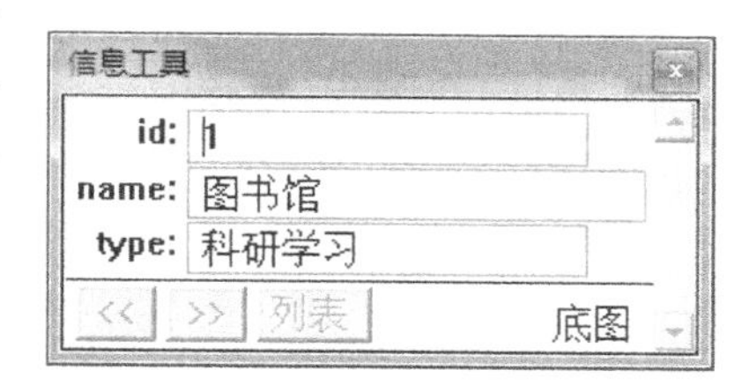

图 4-51　信息工具对话框

(2) 通过浏览窗口

编辑属性数据的方法还有浏览窗口修改法。点击“窗口”菜单中的“新建浏览窗口”子菜单，选择所需要新建的浏览窗口，点击确定，便可创建一个新的浏览窗口。在浏览窗口中可以任意修改属性信息，如图 4-52 所示。

底图 浏览窗口

id	name	type
1	图书馆	科研学习
10	第三教学区	教学楼
9	第二教学区	教学楼
8	第一教学区	教学楼
3	外国语学院	学院楼
4	法学院	学院楼
5	交通运输学院	学院楼
6	经济管理学院	学院楼
2	商船学院	学院楼
7	科研楼	科研学习
11	行政楼	科研与学习

图 4-52　浏览窗口属性信息修改图

可对浏览窗口的字段内容进行修改，如某行的 id、name、type 的取值。也可以选中某行，按键盘“Delete”键，对数据进行“删除”操作，删除操作后出现灰色行。

(3) 紧缩表功能

由于空间地图构建时出现了多绘制的现象，导致浏览窗口中多出一些无用的行列，或是在浏览窗口中将数据删除，这都会使得表中出现灰色行，表征该行数据已被删除，但其删除痕迹还存在。这时可以通过紧缩表的方式将它们消除。

底图 浏览窗口

id	name	type
1	图书馆	科研学习
10	第三教学区	教学楼
9	第二教学区	教学楼
8	第一教学区	教学楼
3	外国语学院	学院楼
4	法学院	学院楼
5	交通运输学院	学院楼
6	经济管理学院	学院楼
2	商船学院	学院楼
7	科研楼	科研学习
11	行政楼	科研与学习

图 4-53　浏览窗口灰色行

选中菜单栏“表”下的“维护”选项中的“紧缩表”，选中所需要紧缩的表，点击“确定”按钮即可，重新打开浏览窗口便可得到修整后的浏览窗口，如图 4-54—图 4-57 所示。

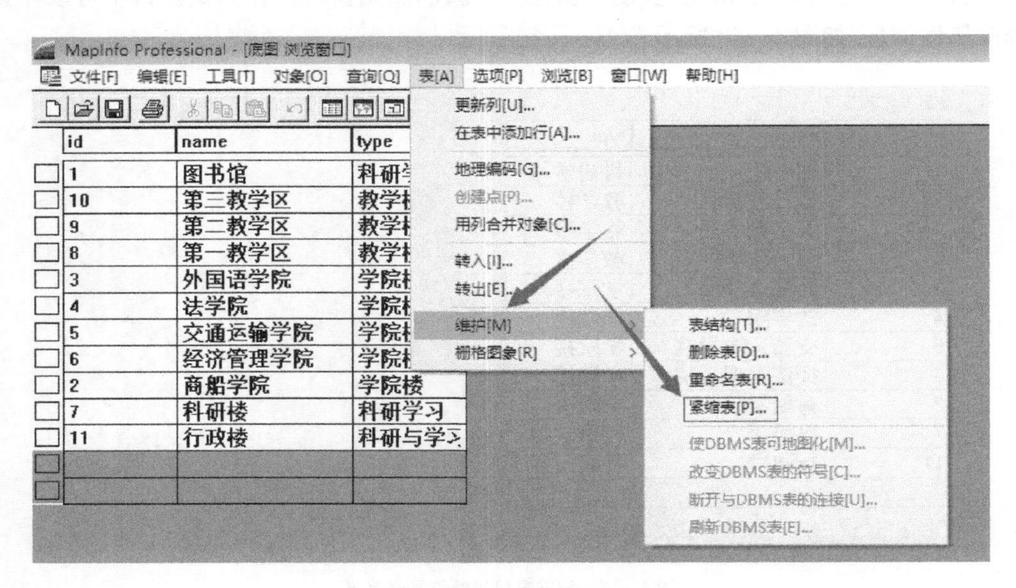

图 4-54　表维护及紧缩表

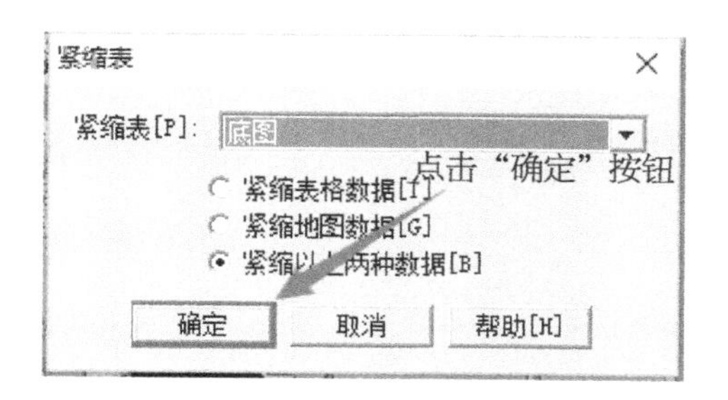

图 4－55　紧缩表对话框

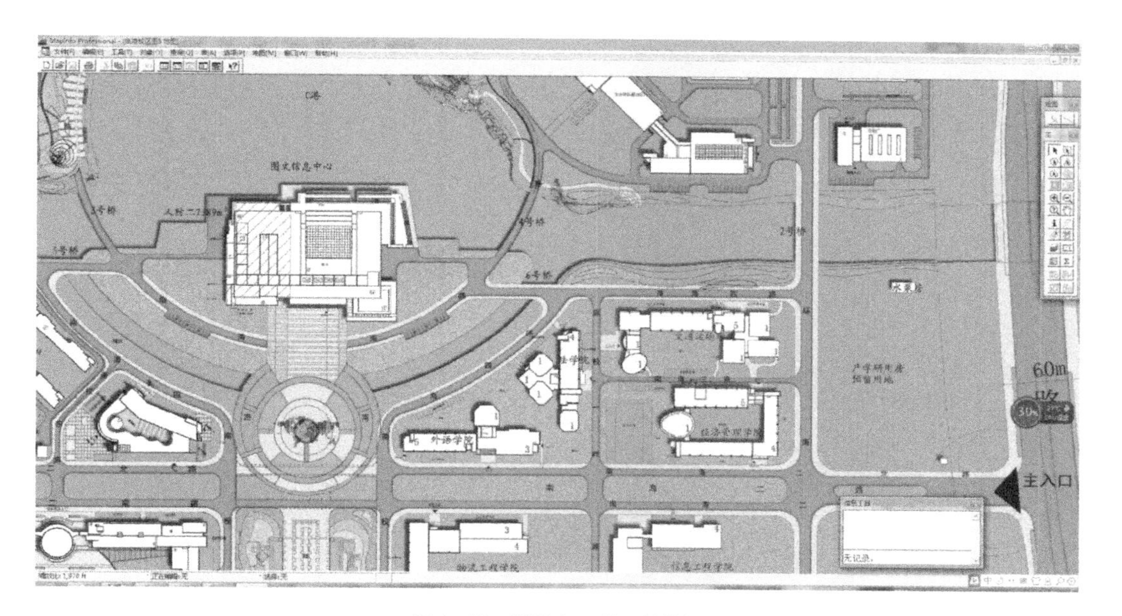

图 4－56　浏览窗口重置并关闭

底图 浏览窗口

id	name	type
1	图书馆	科研学习
10	第三教学区	教学楼
9	第二教学区	教学楼
8	第一教学区	教学楼
3	外国语学院	学院楼
4	法学院	学院楼
5	交通运输学院	学院楼
6	经济管理学院	学院楼
2	商船学院	学院楼
7	科研楼	科研学习
11	行政楼	科研与学习

图 4－57　紧缩后的浏览窗口

第5章

标注与专题地图

本章地理信息系统中对可视化起到促进作用的方法并加以阐述，从而为建立系统可视化功能的构建提供思路，这些方法对大部分的可视化对象具有普适性。本章讲解如何通过标注与专题地图来进行可视化的思路与方法。

5.1 图层标注字段的选择

1. 缺省的标注字段

经过前文所述方法的构建，地图的空间数据和属性数据已经初步成型。打开地图后如图 5－1 所示，由图可见地物的突出特征。然而，地物的内在特征并未有效表达出来，“标注”正是能够将属性数据附加在空间数据上同步显示出来的方法。

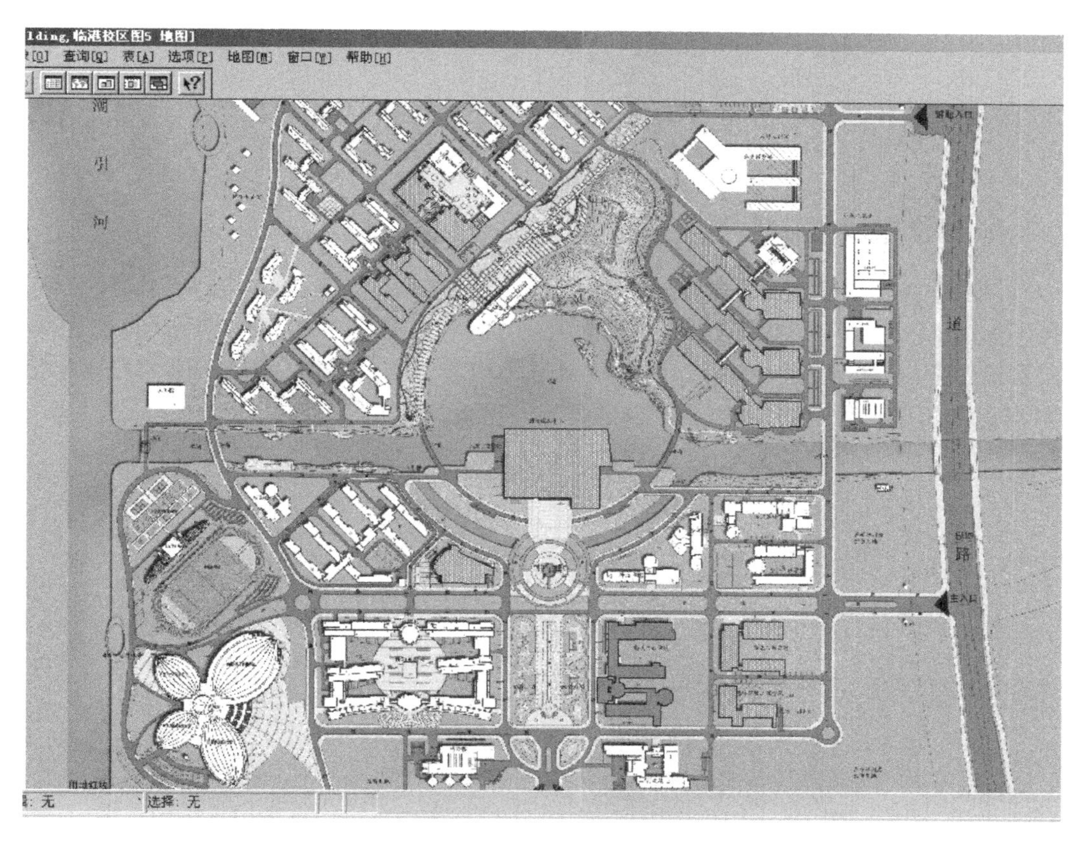

图 5－1　初步地图模型

点击主工具栏中 ，打开“图层控制”对话框，选中“底图”图层，选中该图层所在行的最后一个复选框——“标注”复选框，点击“确定”按钮后，出现如图 5－2 所示的标注界面，按照 id 字段进行了标注。由图可知，该图默认按照属性数据定义中第一个字段进行标注，这显然无法满足大多数情况，比如房屋的“id”号传递的信息并没有“name”字段传递的信息直观。因此，标注字段应该按照需要做适当的设定。

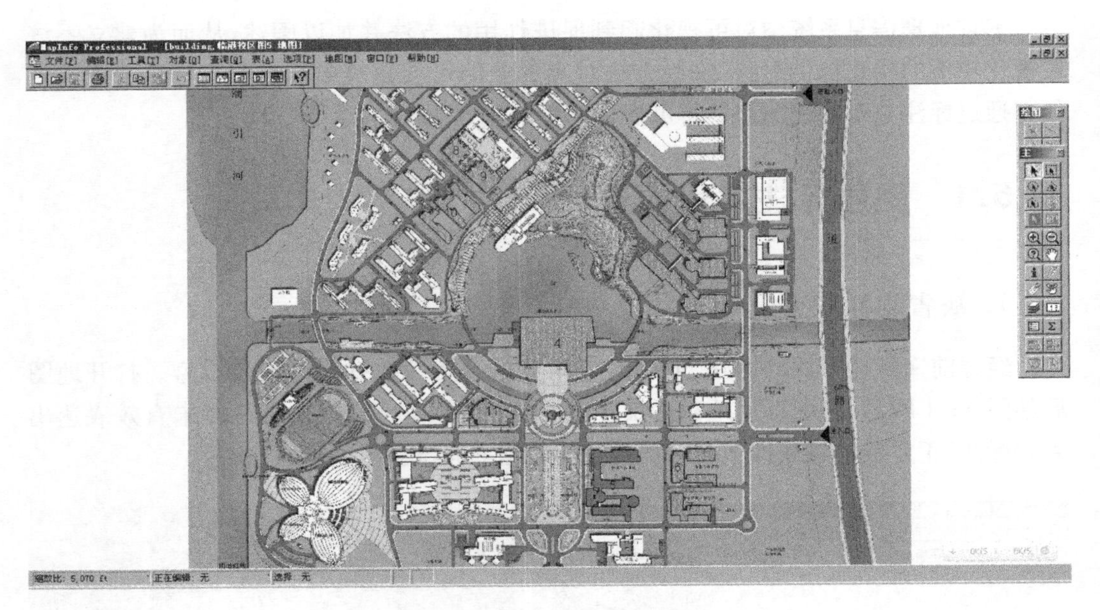

图 5-2　图层标注的初始界面

2. 标注字段的选择

再次进入图层控制对话框，选中“底图”图层后，如图 5-3 所示，选中“标注”按钮，打开如图 5-4 所示的对话框，在“标注选项”中切换，选择 name 字段。点击“确定”按钮回到地图窗口，如图 5-5 所示。该图显示了每栋建筑物的名称，相较于刚才标注字段为 id 时的房屋代号，此时的可视化效果要更加明显。

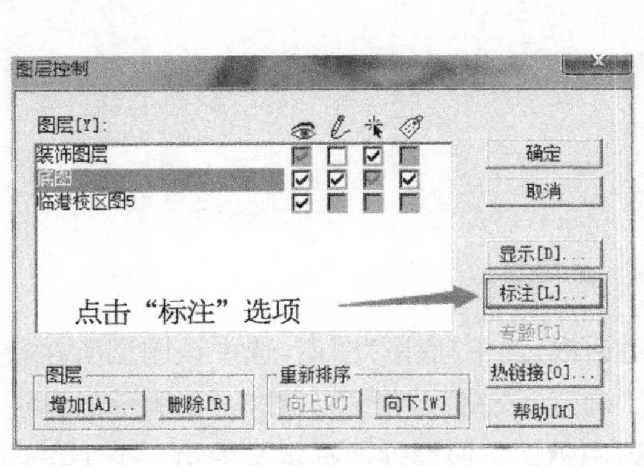

图 5-3　图层控制对话框“标注”按钮

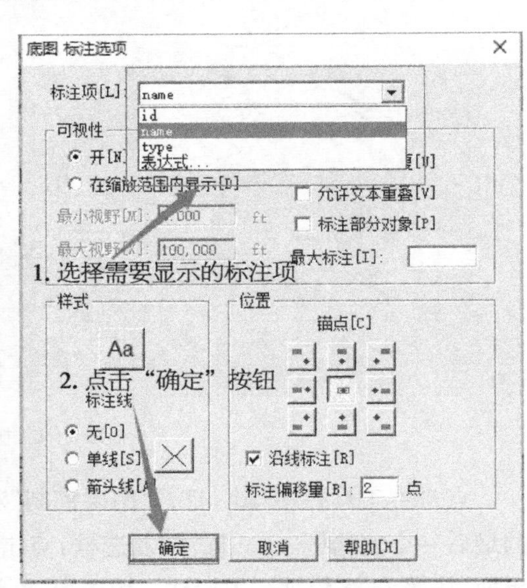

图 5-4　标注字段的选择

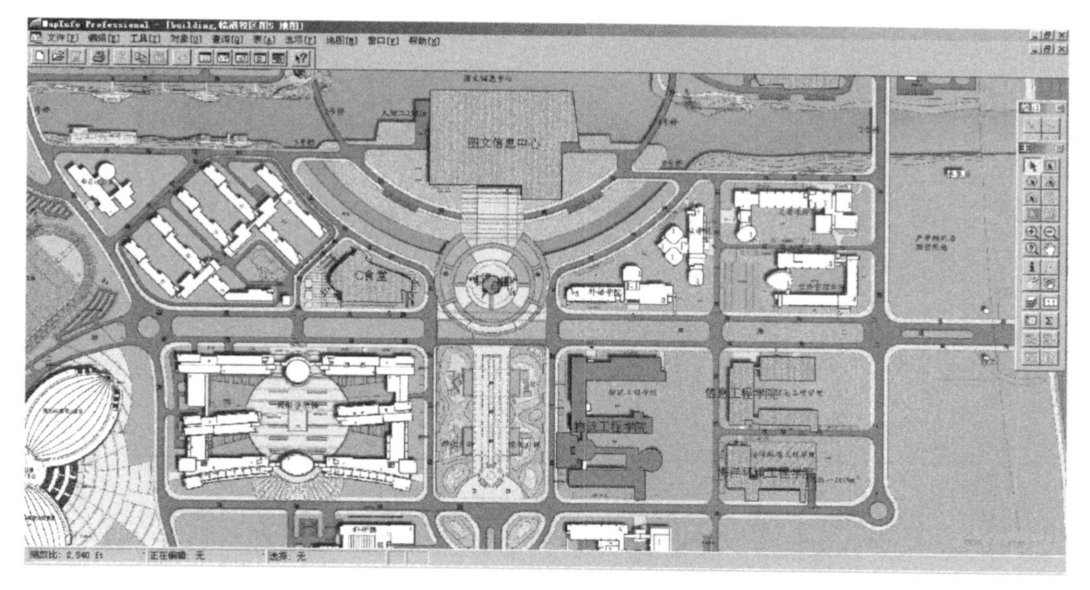

图 5－5　切换字段后的标注

5.2　动态标注的实现

1. 动态标注的必要性

人们观察地图，随着地图的缩放，表示用户视点正在发生变化。当地图越来越放大，意味着视点离地图的距离越近，反之亦然。

地物的标注本身字体不发生变化，因此，当地图越来越小，标注的字体依旧很大，即使到地图地物已经观察不到时，标注仍旧显示出来。这一现象说明，随着地图越来越小，视点已经很大时，可以关掉标注的显示，当地图增大到一定程度时再开启标注的显示，这解决了标注显示必要性的问题。

2. 动态标注的设置

使用鼠标滚动滑轮，滚到最大视野处，记录下左下角的"缩放比"，如图 5－6 所示，视点如果再大，标注无须显示出来。随后打开"图层控制"对话框，点击"底图"，点击"标注"按钮，如图 5－7 所示。

进入如图 5－8 所示的对话框，在该对话框中，"可视性"中有三个选择，分别是开、关、在缩放范围内显示。这表明标注除了看见、不看见之外还有第三个选择，即在一定范围内看见。

选择第三个单选框，最小视野处保持缺省值，最大视野处将刚才的缩放比填入。点击"确定"按钮即可完成动态标注。回到地图中，当地图再缩小时，超出了视点的最大范围，标注将不再显示。

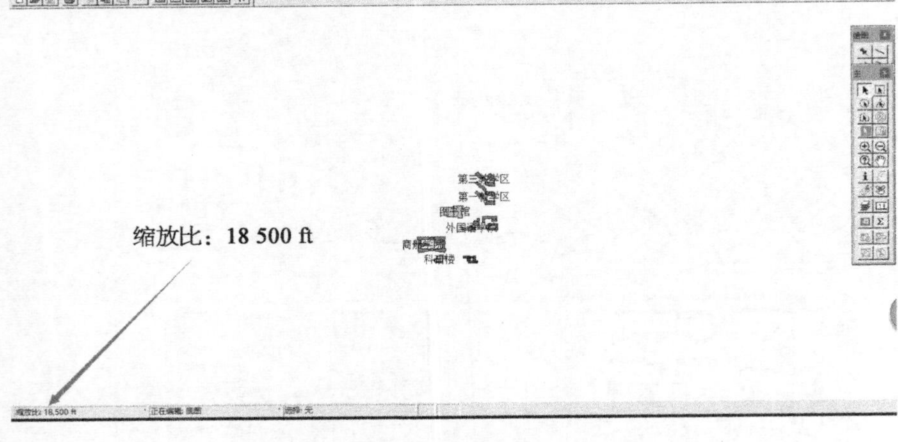

图 5－6　最大缩放比

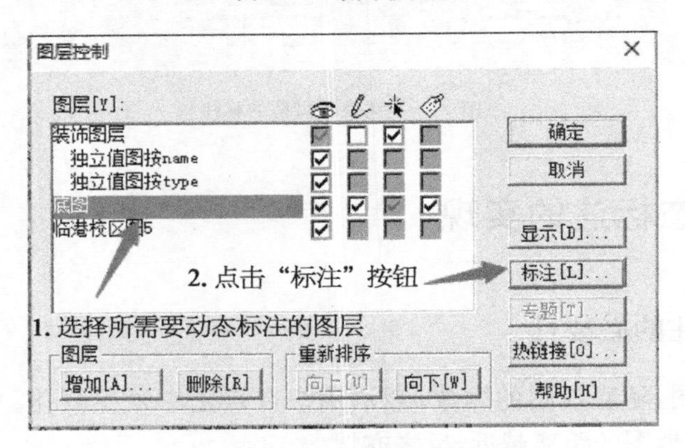

图 5－7　图层控制对话框

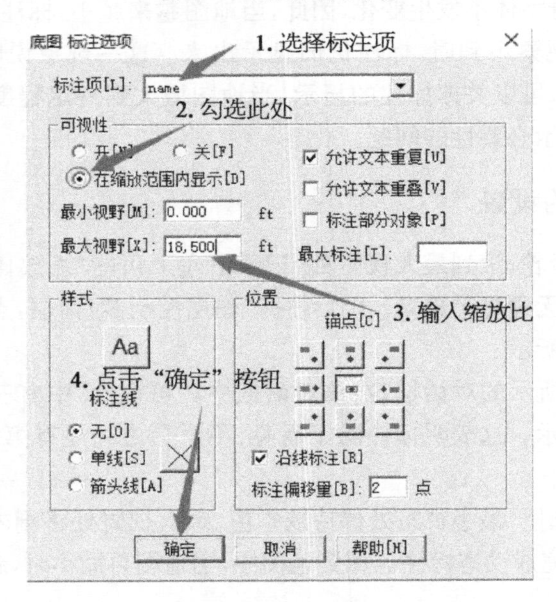

图 5－8　标注选项对话框

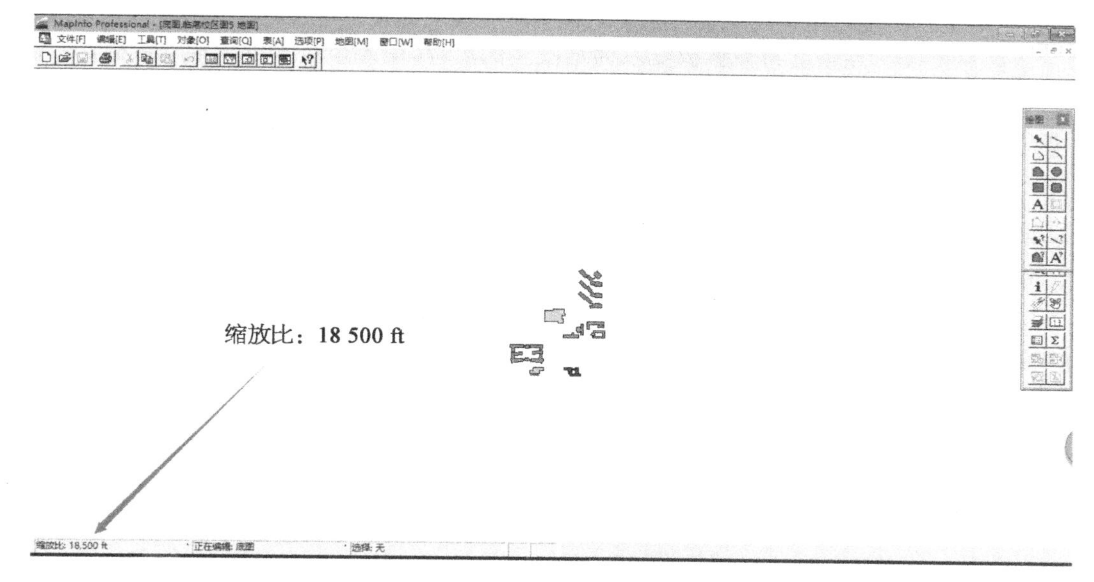

图 5－9　动态标注效果图

5.3　专题地图及类型

接下来讲解另一个可视化方法，即建立专题地图。该方法可以按照数据特征选择专题地图的类型，并按要求使不同特征的地物呈现不同的面貌。

1. 专题地图概念

专题地图是指使用图形、颜色或填充模式将地图的基础信息进行区分的一类地图。利用专题地图可将图层中表所含的数据进行渲染，赋予不同颜色、图案和符号以达到直观、形象地将数据图像化显示在地图上的目的。

2. 专题地图类型

① 饼图。饼图专题地图以饼图形式显示表中各记录的专题变量，饼图可包含多个变量。在地图上使用饼图可一次分析多个变量，比较每个图中饼扇的大小可考察表中某条记录，比较所有饼图中某一个饼扇可考察所有记录中某个变量的变化，比较各饼图的直径可考察整张表。

② 格网。格网专题地图以栅格表格形式显示表中各记录的专题变量。栅格格网由点数据内插产生，MapInfo 从表中获取数据列或表达式，并将其形心和数据值传递给插值器，由插值器生成一个栅格格网文件形式显示在地图窗口中。格网专题地图适合于测绘领域的地形图等高线生成的专题图。

③ 范围值。范围专题地图就是按照设置的范围显示数据，对范围用颜色和图案进行渲染，该专题地图能够通过点、线和区域来说明数值。范围专题图适合于创建能反映数值

和地理区域的关系(如销售数字或家庭收入)或显示比率信息(如人口密度)的专题图。

④ 点密度。点密度将数据值显示为地图上的点,其中每个点等价于某个数据,该数字乘以该区域的总点数即该区域的数据值。点密度专题图适合于检查原始的数据,创建人口、收入、车流量、容积率等方面的专题图。

⑤ 独立值。独立值是使用不同的颜色、符号或线型来显示不同的数据。根据独立值渲染地图可以表达多个变量,但独立值专题地图强调的是数据中的类型差异,而不能显示数量信息。

⑥ 直方图。直方图是使用不同大小方条显示不同数据,用以说明一个或多个信息的属性值。可根据统计图中方条的大小来获取表中记录的信息,或通过比较所有直方图中某个方条得到整个表的相关信息;此外,方条还可以反方向延伸以表示负值。

⑦ 等级符号。等级符号以特定的数值来显示数据点,根据不同数据值对应不同符号及大小的加以区分,用以阐明定量信息(如由高到低依次变化),可用以显示不同区域的年销售额或查看各个地区的人口分布情况。

5.4 专题地图的创建

1. 专题地图的创建

点击“地图”菜单中的“创建专题地图”子菜单,见图 5-10,随后选择“独立值”选项,点击“下一步”,如图 5-11 所示,进入如图 5-12 所示的对话框,即可点击“下一步”得到如图 5-13 所示的对话框,点击“确定”按钮,即可得到专题地图如图 5-14 所示。

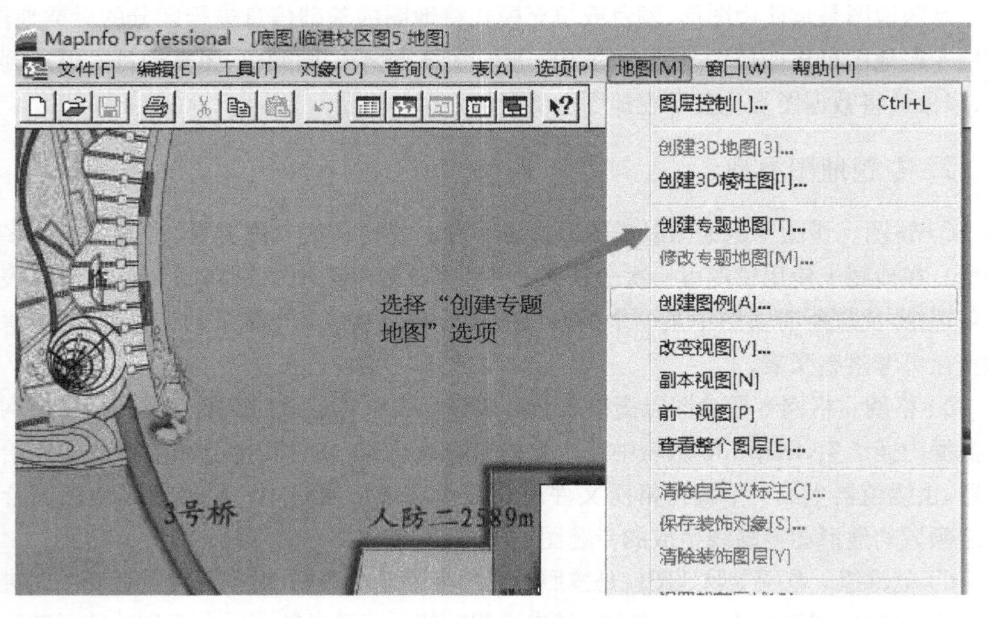

图 5-10 创建专题地图

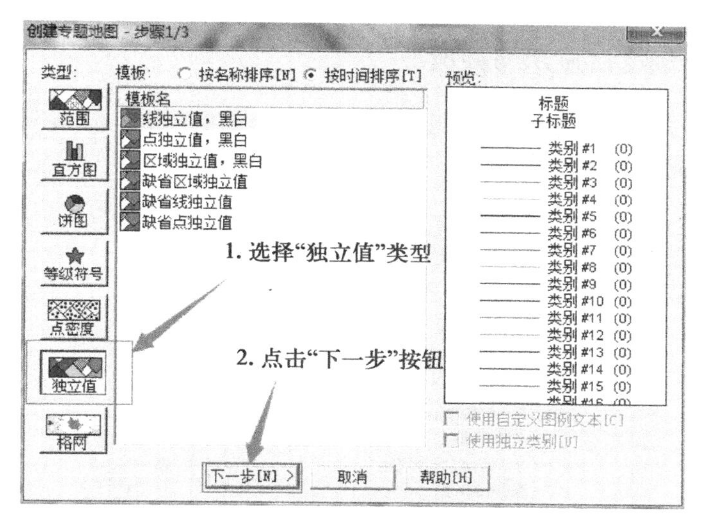

图 5-11 创建专题地图步骤 1

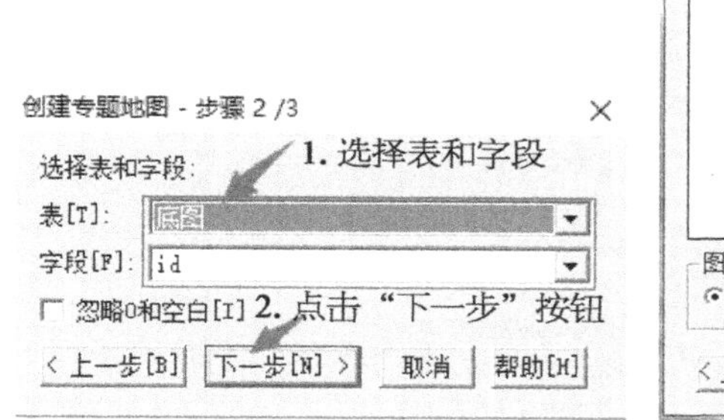

图 5-12 创建专题地图步骤 2

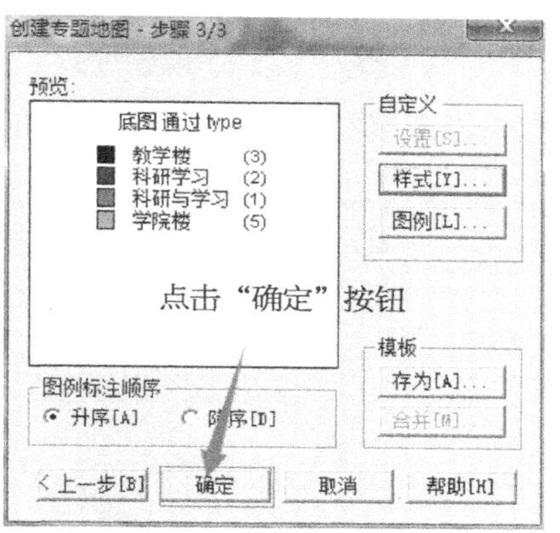

图 5-13 创建专题地图步骤 3

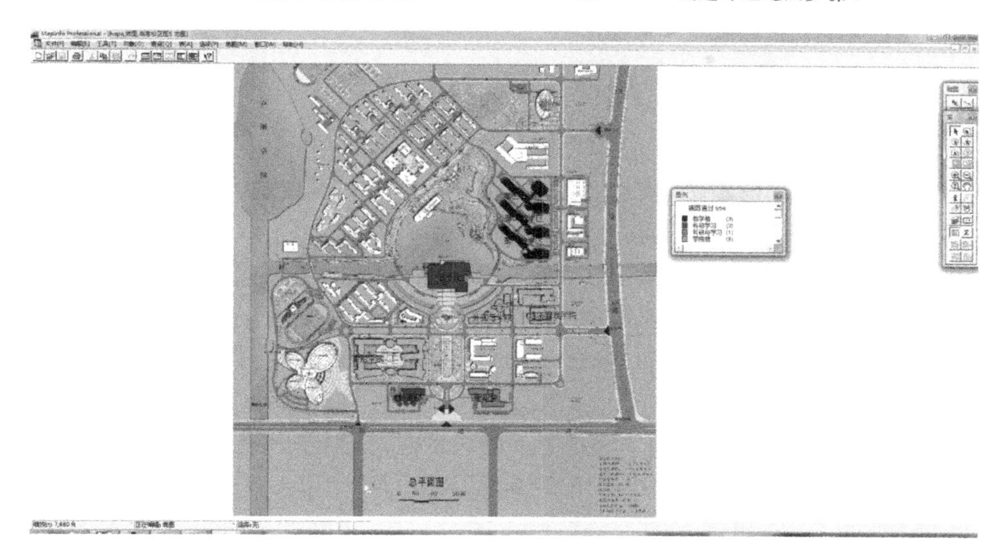

图 5-14 专题地图结果

2. 专题图例窗口显示与修改

点击“选项”菜单中的“显示专题图例窗口”子菜单，如图 5－15 所示，出现如图 5－16 所示的专题图例窗口。

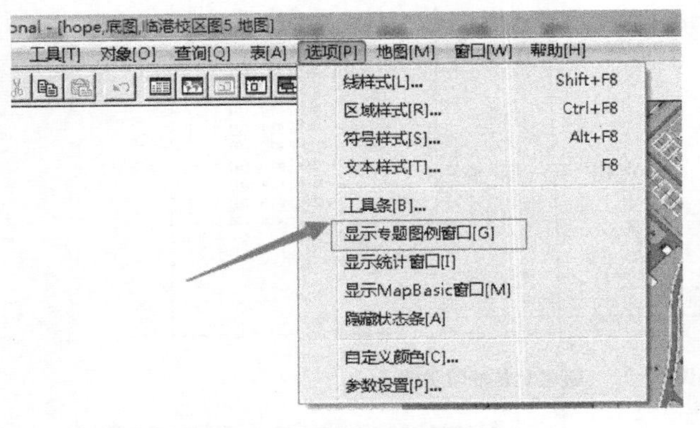

图 5－15　专题图例的显示

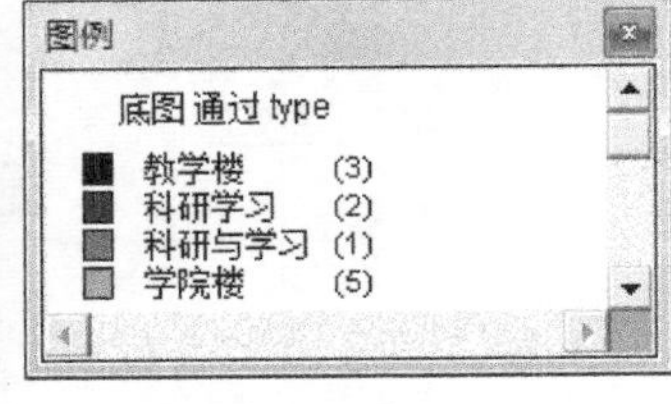

图 5－16　专题图例窗口

同时，可点击“隐藏专题图例窗口”，如图 5－17 所示，将图例隐藏。

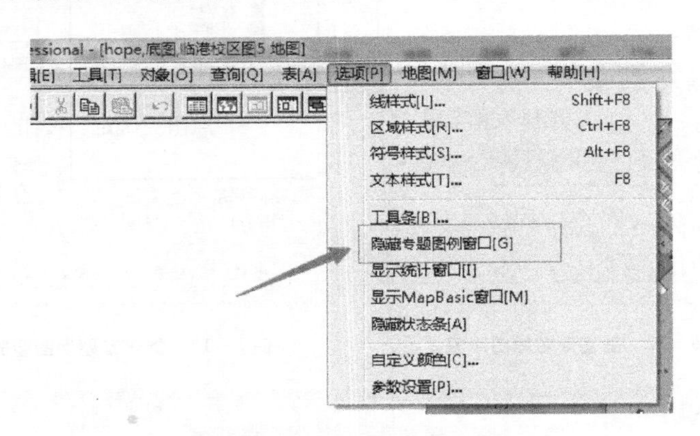

图 5－17　专题图例的隐藏

经观察，图 5－16 所示的专题地图图例存在以下问题：

① 颜色的配置不够清晰，较难做到对地物类别的良好区分；

② 图例窗口名字的表达不够直观反映对象。

可见，图例窗口应该被继续完善。点击“地图”菜单中的“修改专题地图”子菜单，如图 5－18 所示。随后选择需要修改的专题地图，点击“修改”按钮，如图 5－19 所示。

可得到“修改专题地图”窗口，如图 5－20 所示，可以通过点击“自定义”中的“样式”和“图例”按钮修改专题地图。

点击“样式”按钮，出现如图 5－21 所示的对话框，分别选中某个独立值后，选择“样式”进行颜色的修改。

点击“图例”按钮，出现如图 5－22 所示的对话框，可在此处进一步设置图例的标题、独立值对应的显示值等，然后点击 5－23 中的“确定”按钮。

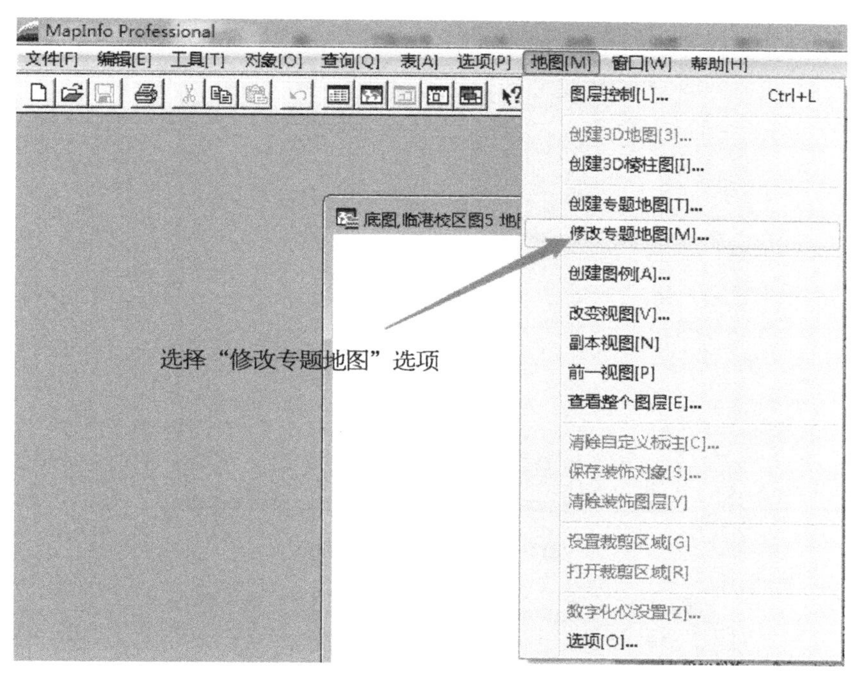

图 5－18 **修改专题地图**

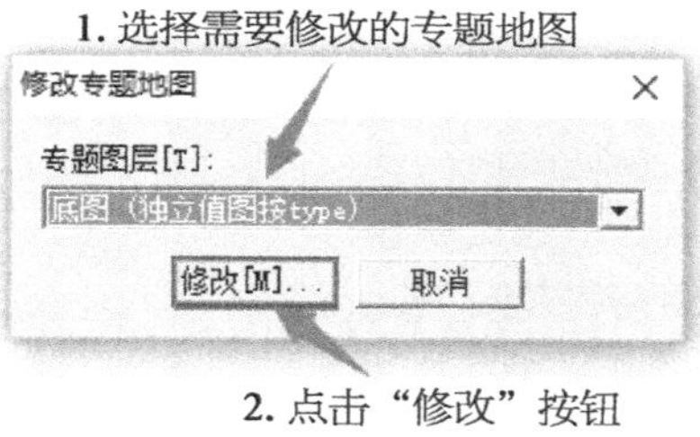

1. 选择需要修改的专题地图

修改专题地图

专题图层[T]:

底图（独立值图按type）

修改[M]... 取消

2. 点击“修改”按钮

图 5－19 **选择专题地图**

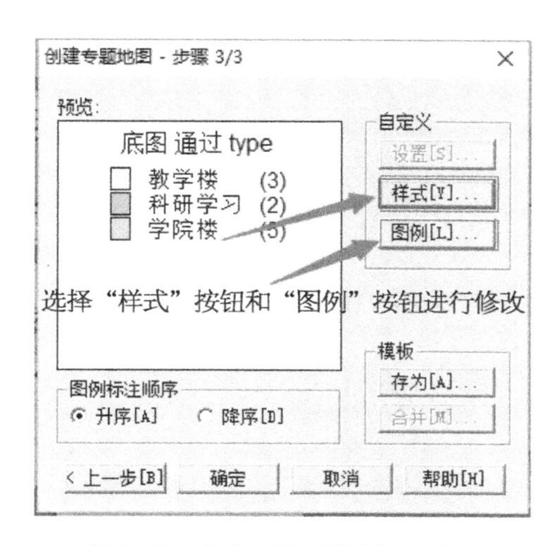

图 5－20 **修改专题地图的样式和图例**

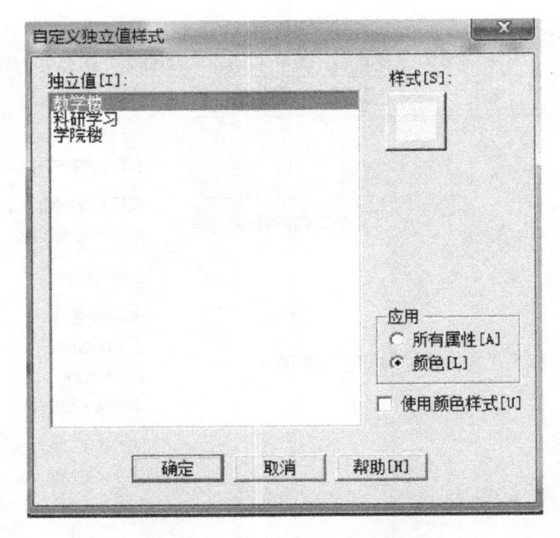

图 5-21 专题地图样式修改

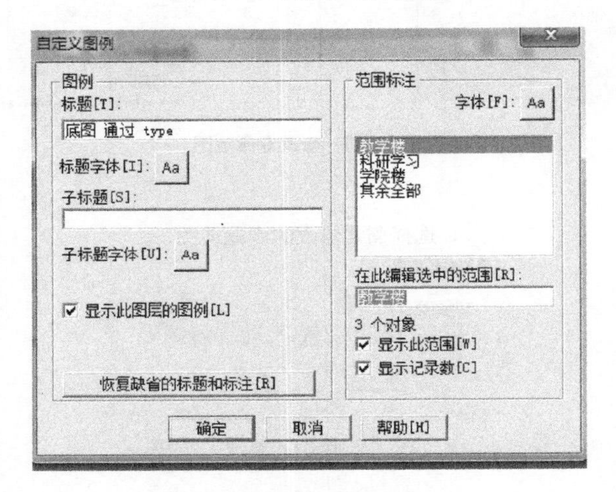

图 5-22 专题地图图例修改

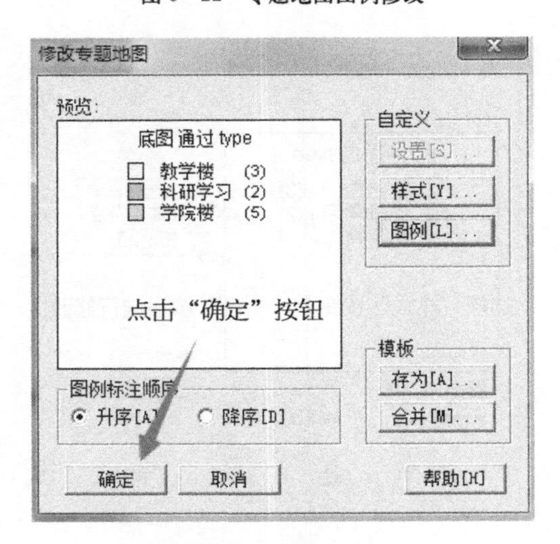

图 5-23 确定专题地图修改

专题地图修改成功，修正后的图例窗口如图 5－24 所示，地图窗口如图 5－25 所示。可见，该图的可视化效果得到了提升。用户可以通过观察地图的颜色，配合图例窗口的使用，从而了解地物对象内在的特征。

专题地图构建完成后，点击右键打开图层控制对话框，如图 5－26 所示。

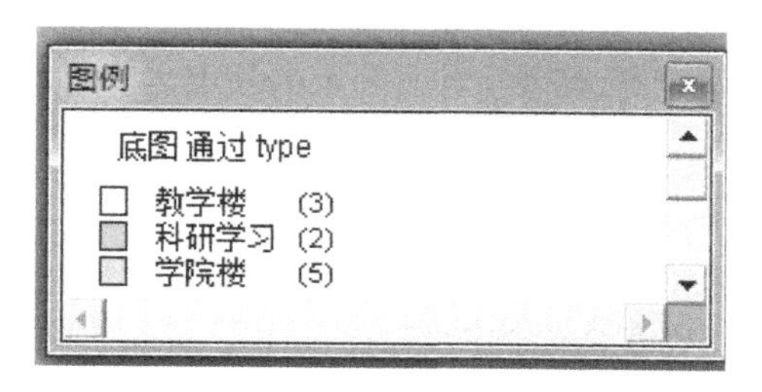

图 5－24　专题地图图例

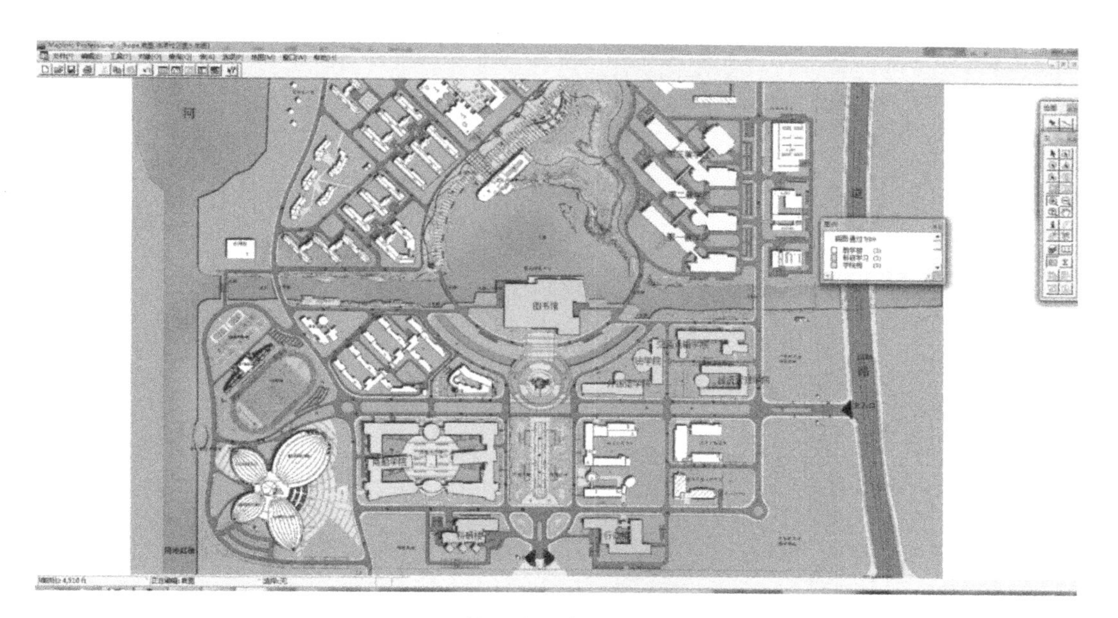

图 5－25　专题地图

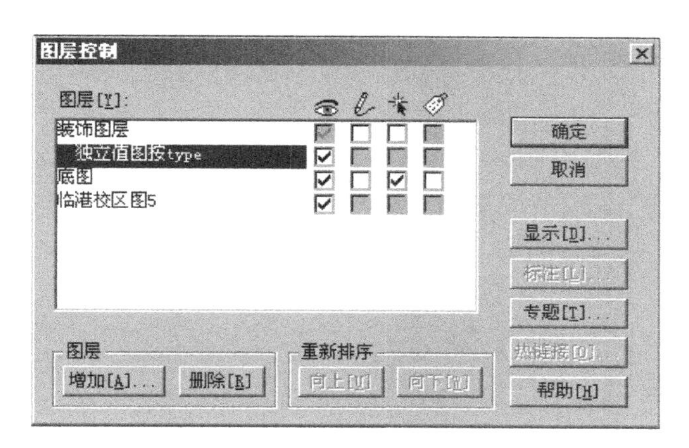

图 5－26　图层组织的变化

在图层的上方新增了图层“独立值图按 type”，这意味着专题地图的建立等同于追加了一个图层。

这一变化带来几种思考。

① 这个新图层是否有保存的介质。观察图层所在的文件存储位置，并无文件的新增来记录专题地图，这意味着依旧要存储工作空间文件。

② 专题地图依赖专题变量；因此，当该变量的长度、类型发生变化，专题地图很可能被自动关闭。

③ 某图层发生自动关闭的问题，则相应的专题图消失。

因此，专题图的建立有两点需要注意：一是养成保存工作空间的好习惯；二是为了专题地图的建立不会受到后续建模的影响，比如由于属性数据表结构发生变化，导致图层关闭连累专题地图消失，专题地图可在最后一步建立。

第6章

地理编码与创建点

6.1 地理编码表

1. 地理编码

地理编码是指根据各数据点的地理坐标或空间地址(如省、市、街区等),将数据库中数据与其在地图上相对应的图形元素一一对应,也就是给每个数据赋予 X、Y 坐标值,从而确定该数据标在地图上位置的过程,称为地理编码。

通过自己寻找地物的 X、Y 坐标,然后在该位置创建标志,这是一个人工的过程,本章则是借助 MapInfo 的地理编码功能实现上述要求。

MapInfo 中的地理编码功能是一个引导大家寻找地物的过程。为了找到地物,需要给定地物的特征,即告知要给哪些地物进行编码。这些需要被编码的地物被集结在一张称为"地理编码表"的表中,地理编码的功能也就从建立该"地理编码表"开始。

地理编码的特点在于完成属性数据和图形库的匹配,将数据放在地图上,查看数据的地理分布,从而做出决策。

2. 地理编码表的创建

新建一个地理编码表,在创建之前,需要确定该地理编码表试图与原来"底图"空间地物的哪个字段做对应,如打算与原表"底图"中的"name"字段对应,则该新建表的字段应与"name"字段在类型、宽度方面相似,如图 6-1 所示。命名该地理编码表,如图 6-2 所示。

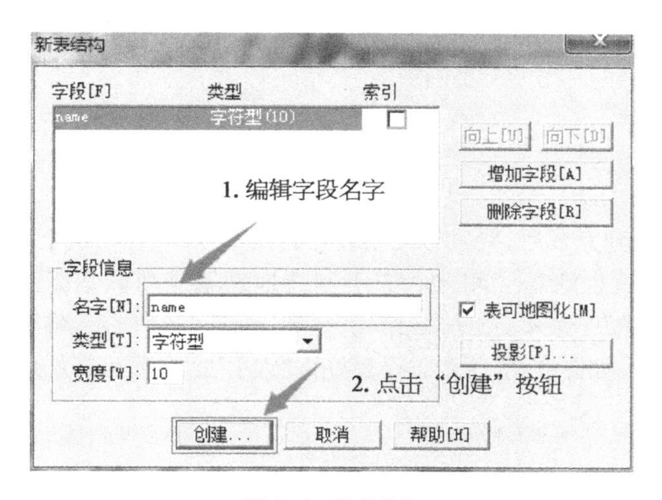

图 6-1 新表结构

3. 地理编码的前提

点击"表"下拉菜单,显示"地理编码"为灰色,如图 6-3 所示,说明此时的地理编码功能不能使用。因此,这里涉及了一个地理编码使用前提的问题。

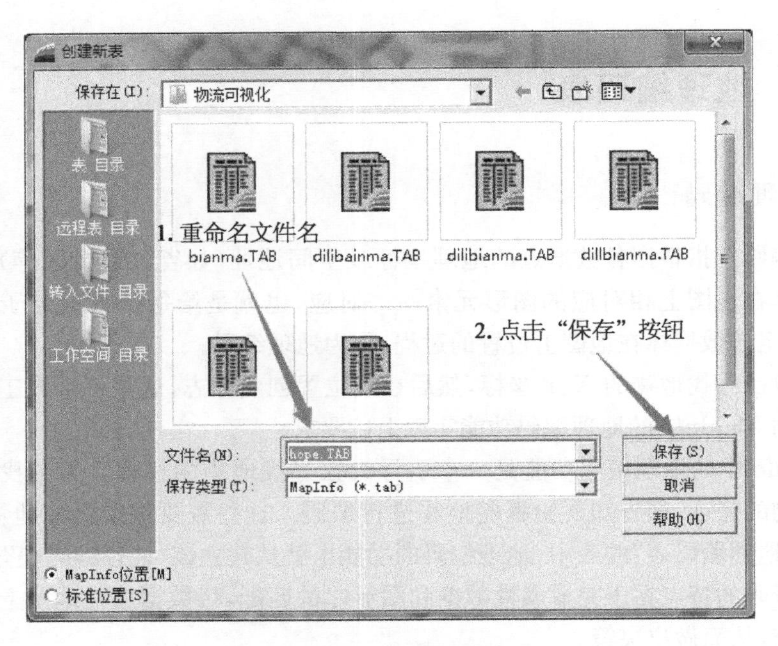

图 6-2　创建地理编码表

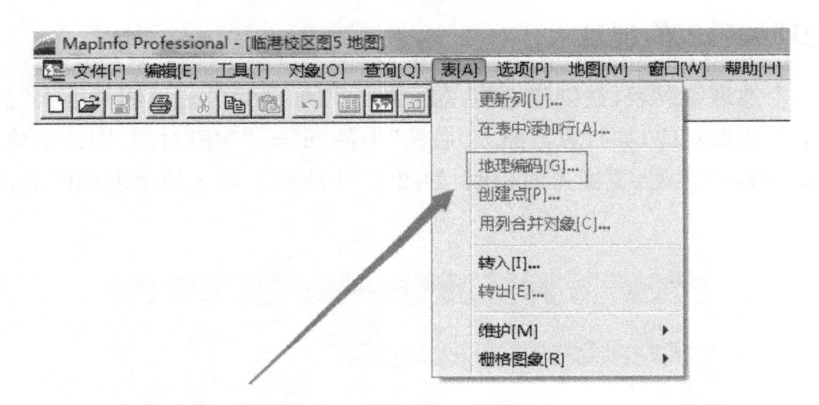

图 6-3　无法创建地理编码

地理编码表创建完成后，要去寻找原表中的某字段。然而，这个原表中的某字段必须是“索引”字段，这也解释了刚才状态下创建地理编码功能不能使用的原因。点击“表”菜单中的“维护”子菜单，点击“表结构”按钮，如图 6-4 所示，将“底图”的“name”字段勾选为索引字段，如图 6-5 所示。设置好该“索引”之后便可开始地理编码。

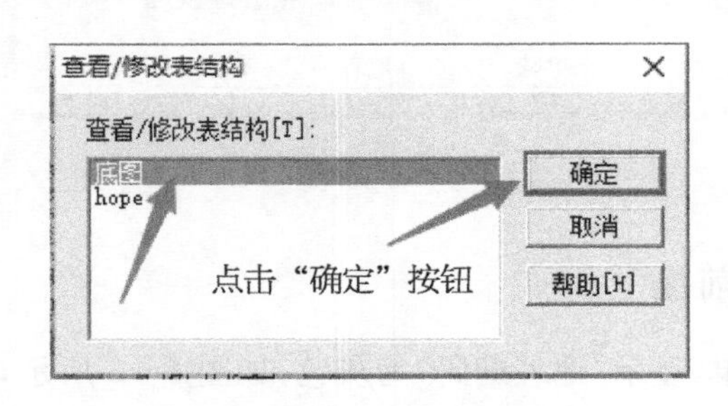

图 6-4　选择“底图”表结构

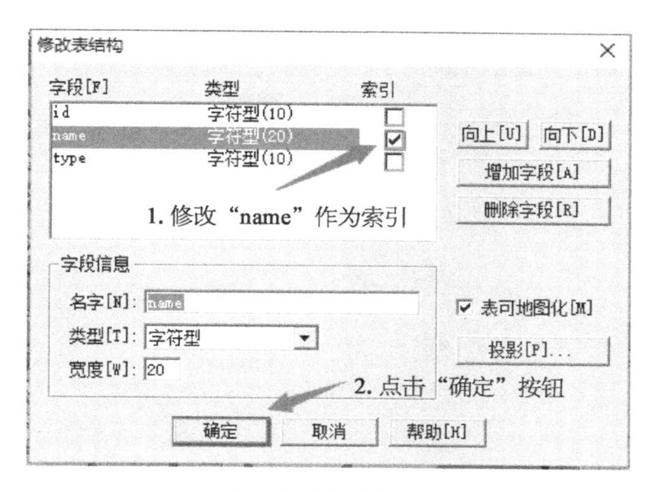

图 6－5 设置字段索引

6.2 地理编码

1. 地理编码表属性编辑

为创建的地理编码表添加属性，进入 hope 表的浏览窗口，右键菜单选择“新建行”，如图 6－6 所示。输入希望地理编码的地物名称，应与“底图”图层“name”字段的内容相对应，如图 6－7 所示。

图 6－6 浏览窗口新建行

图 6－7 添加地物名称

2. 地理编码功能实现

点击“表”菜单下的“地理编码”子菜单，如图 6－8 所示。

(1)“自动”模式

在打开的“地理编码”对话框中默认选择“地理编码表”中的“自动”模式，按照图 6－9所示进行设置，在“地理编码表”中选择上一节建立的地理编码表“hope”，“使用列”处选择默认值，在“搜索表”中选择“底图”图层，“查找对象所在列”处会自动列出刚才被设置为索引的字段，如果此处无字段，就是索引字段的设置问题。点击“确定”按钮，即

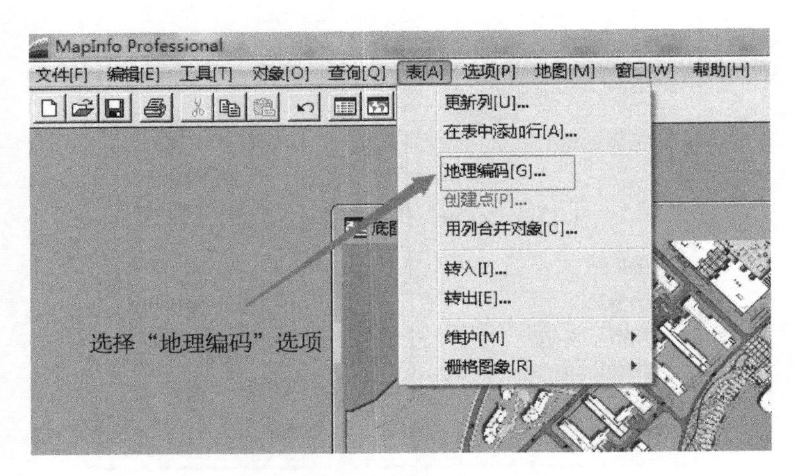

图 6-8　地理编码

可完成地理编码，出现如图 6-10 所示的地理编码反馈结果，图中显示 3 个地物被地理编码。与地理编码表的记录数 3 对应，这表明全部的记录被地理编码，也即地理编码表的 3 行记录都在“底图”图层中找到了编码的地物。

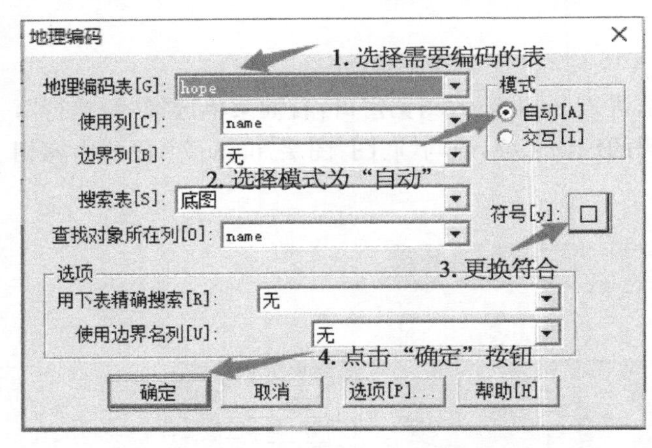

图 6-9　地理编码对话框

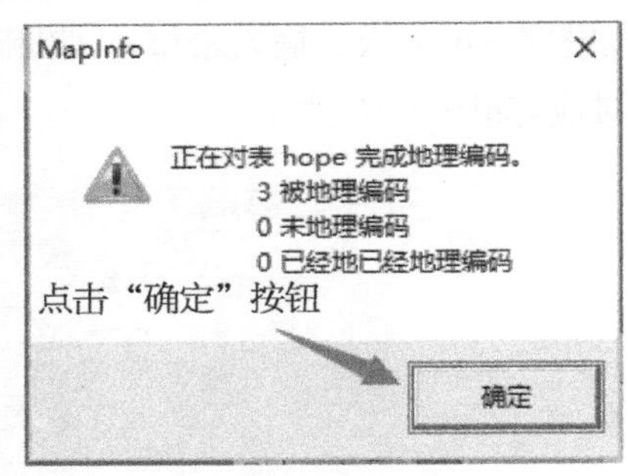

图 6-10　地理编码成功

打开图层控制对话框，点击图层中的“增加”按钮，将“hope”图层加载于“底图”的上方，如图 6-11 所示，地理编码相当于对 3 个地物设置了标记。

回顾地理编码的过程，在新建表时创建了 3 个数据行，这代表属性数据的建立；而通过 MapInfo 的地理编码功能自动找到 3 个数据行对应的“底图”空间后，打上了特殊标记，这个过程通过“地理编码”的人机交互界面来实现，结果是建立了 3 个标志，这 3 个标志是与刚才属性数据对应的空间数据。因此，该功能的使用也是一种特殊的图层创建过程，传统图层的创建多见于先绘制空间数据再追加属性数据，这里是先创建属性数据，通过“地理编码”自动创建空间数据。对这种区别的梳理，将更有助于对图层的理解。

(2) “交互”模式

重新创建一个浏览窗口名为“nt”，编辑必要的属性信息，如图 6-12 所示。打开

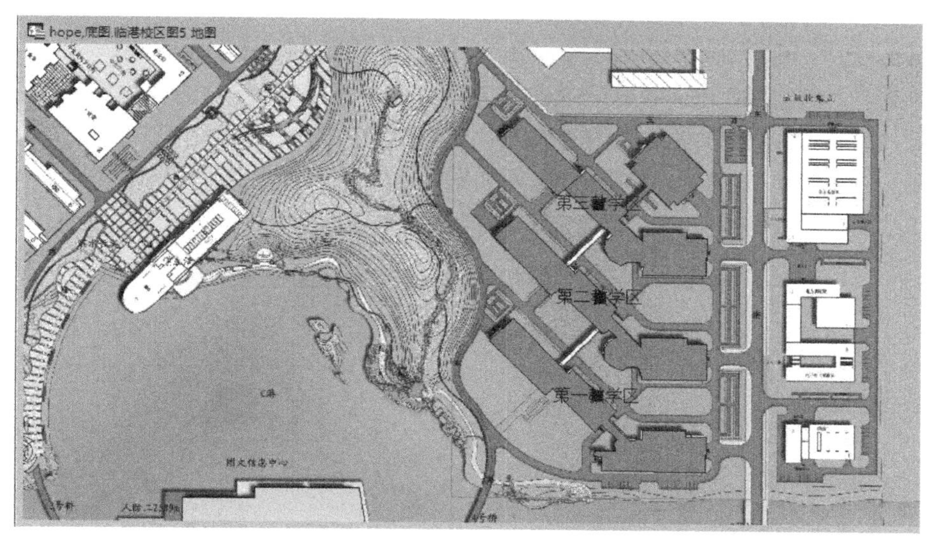

图 6－11　地理编码空间对象的显示

“表”菜单中的“维护”子菜单，点击“表结构”按钮，将“底图”的“type”勾选为索引，再打开“表”中的“地理编码”，如图 6－13 所示，将模式改为“交互”式并且点击“确定”按钮。

nt 浏览窗口

	type
□	教学楼
□	教学楼
□	教学楼

图 6－12　地理编码表

地理编码
1. 将模式换为“交互”
地理编码表[G]: nt
使用列[C]: type
边界列[B]: 无
模式
自动[A]
交互[I]
搜索表[S]: 底图
查找对象所在列[O]: type
符号[y]:
选项
2. 点击“确定”按钮
用下表精确搜索[R]: 无
使用边界名列[U]: 无
确定　取消　选项[P]...　帮助[H]

图 6－13　“交互”模式的选择

在使用“交互”之前，先理解此处为何需要交互。上一种自动模式中，地理编码表中的记录在“底图”中都能被一一对应地找到，因此不需任何干预，地理编码可以自动完成。但是，如果地理编码表中的记录在“底图”图层中无法一对一找到，比如存在一对多的情况，那么就需要提供额外的信息去确认要对哪个地物编码，这时就用到了“交互”。

图 6－13 中点击“确认”按钮后，出现如图 6－14 所示的对话框，利用该界面可以依次寻找试图标记的地物，点击“确定”按钮；编码结果如图 6－15 所示。

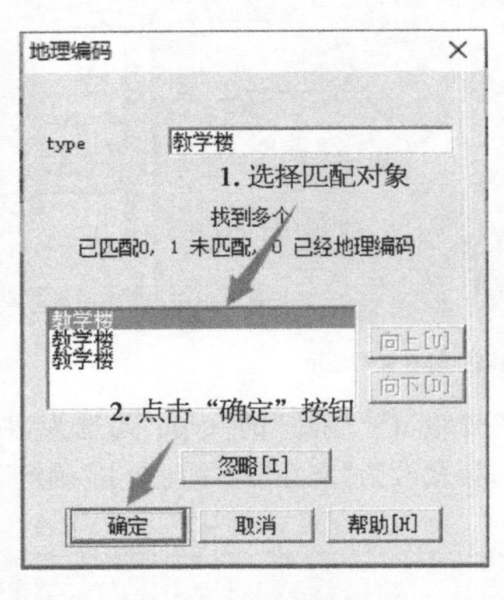

图 6－14　交互过程

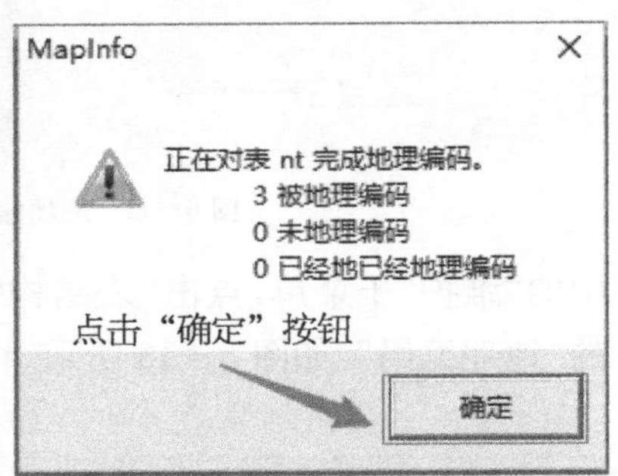

图 6－15　地理编码反馈结果

6.3　创建点的准备

1. 数据源的建立

为了将 MapInfo 的点数据输出出来，需要构建 MapInfo 到数据库的连接通道。这种通道有两种手段，一是针对 Oracle 数据库，MapInfo 专门提供了 Oracle Spatial 接口；除了 Oracle 之外，与其他数据库的通道均使用 ODBC。本书选择 Access 数据库作为 MapInfo 需要关联的数据库。

首先在地图所在文件夹建立一个 Access 文件进行自定义命名，如图 6－16 所示。随后进入电脑的“控制面板”—“管理工具”—“ODBC 数据源(32 位)”，如图 6－17、图 6－18 所示。

点击“添加”按钮，如图 6－19 所示，选择安装数据源的驱动程序为“Microsoft Access Drive(＊. mdb，＊. accdb)”格式，如图 6－20 所示，点击“完成”按钮后，在图 6－21 所示的对话框中输入数据源名称，点击“选择”按钮，在图 6－22 所示的对话框中选择新建的 Access 数据库文件。点击“确定”按钮，数据源建立完成，如图 6－23 所示。

通过数据源的建立，将数据源与数据库文件对应起来。当 MapInfo 需要连接数据库时，可以将该数据源作为一个通道。

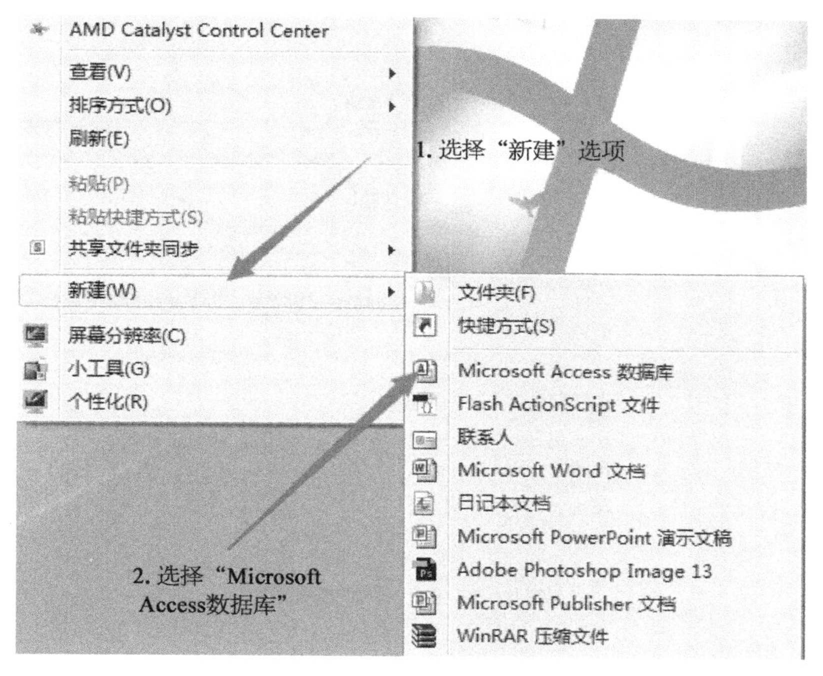

图 6-16　新建 Access 文件

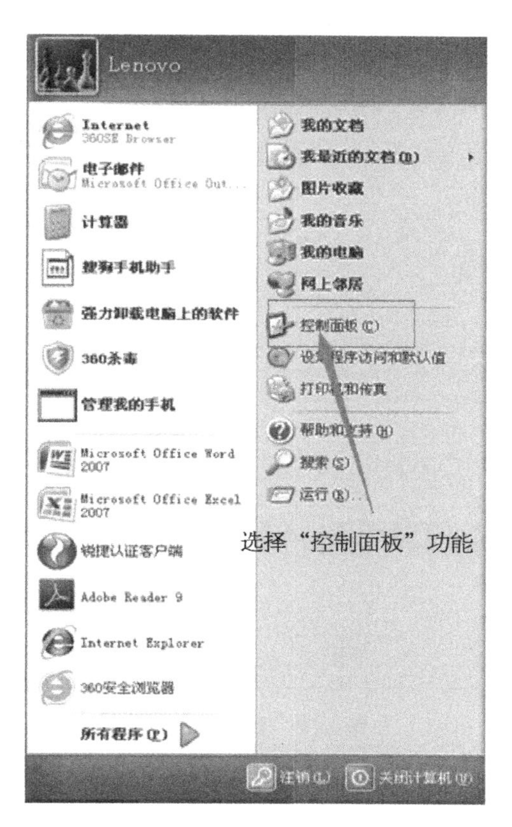

图 6-17　打开“控制面板”对话框

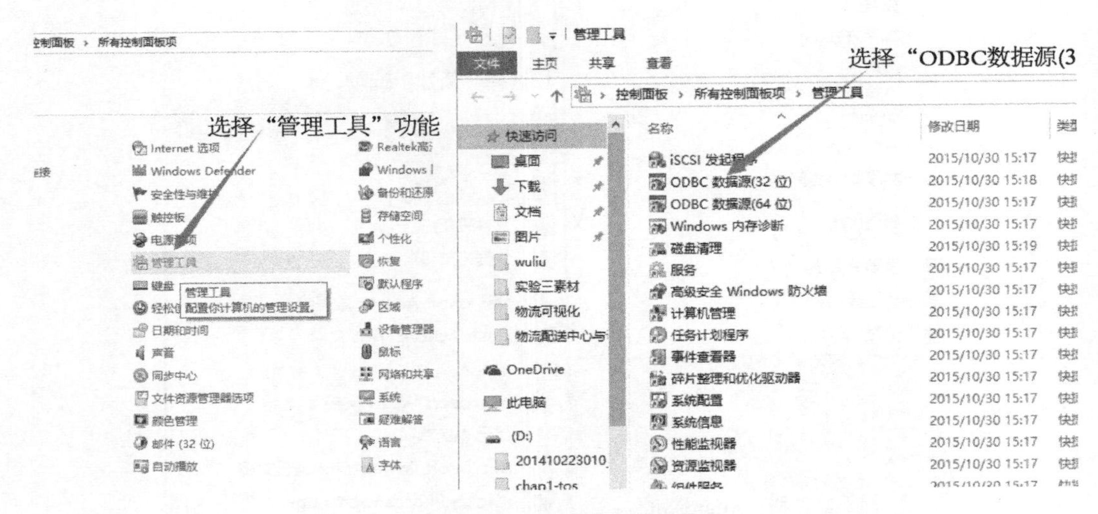

图 6-18　建立 ODBC 数据源

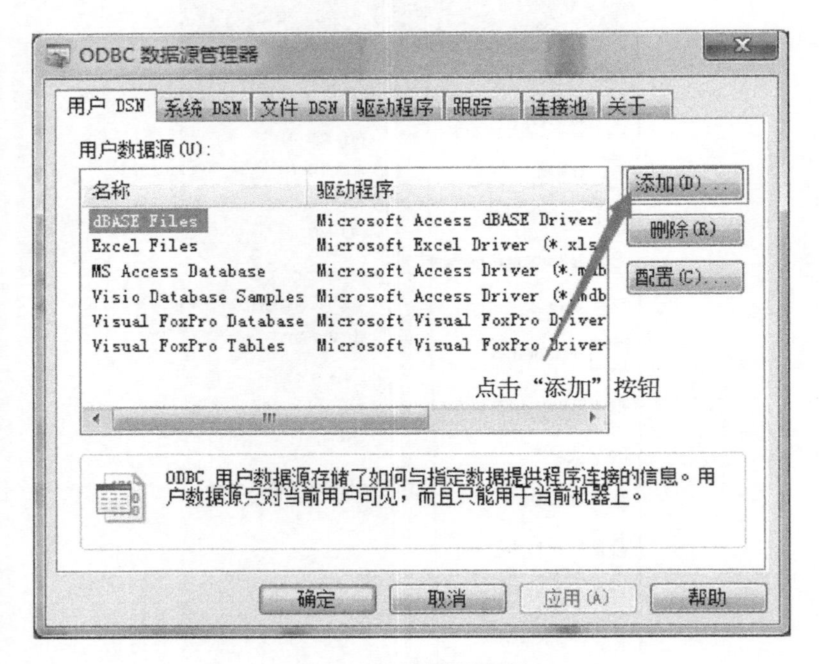

图 6-19　添加新数据源

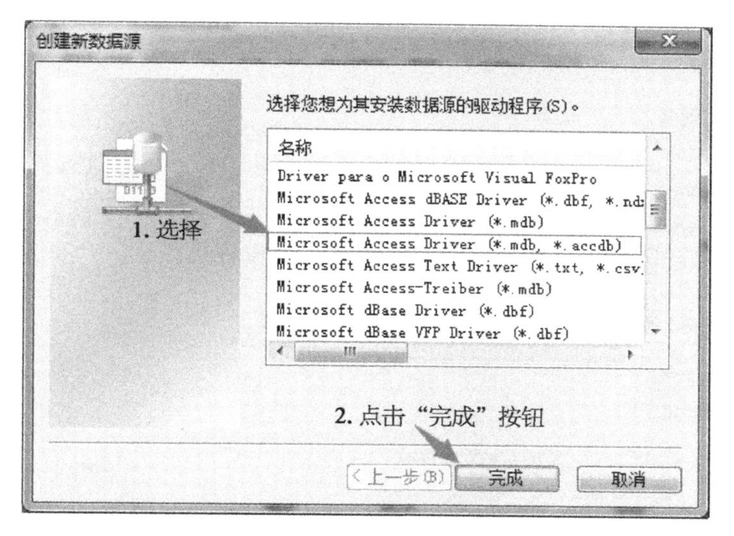

图 6-20　选择数据源类型

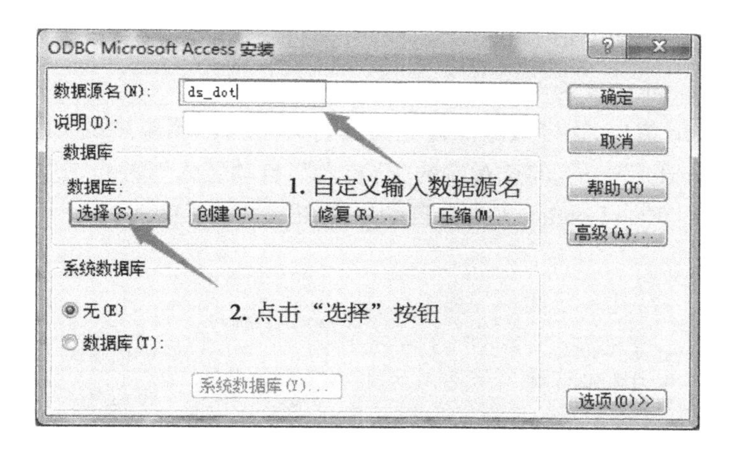

图 6-21　自定义数据源名

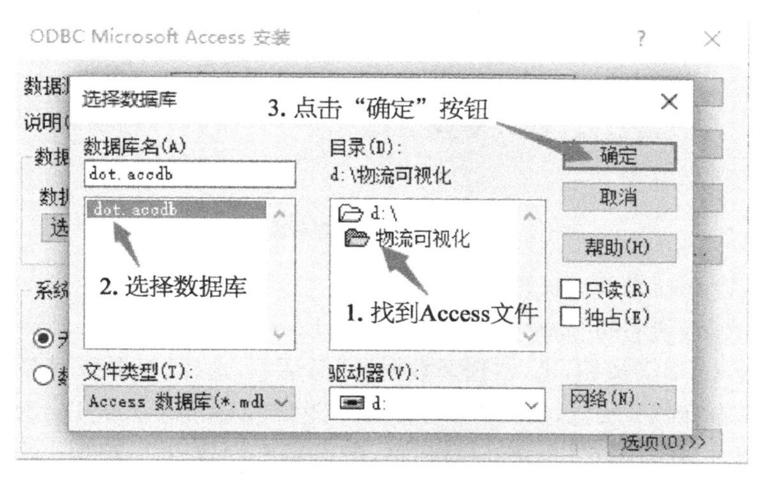

图 6-22　选择数据库

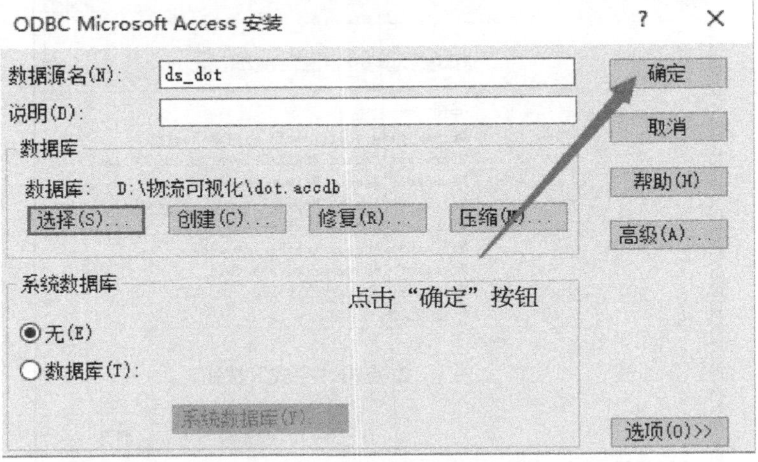

图 6 - 23　成功建立新数据源

2. EasyLoader 工具

(1) EasyLoader 工具的加载

打开 MapInfo 窗口，连接数据源首先需要打开“工具”菜单中的“工具管理器”子菜单，找到“EasyLoader”工具，勾选对应的“已装入”“自动装入”，并点击“确定”按钮，如图 6 - 24 所示。这时 EasyLoader 工具会自动出现在“工具”菜单下。

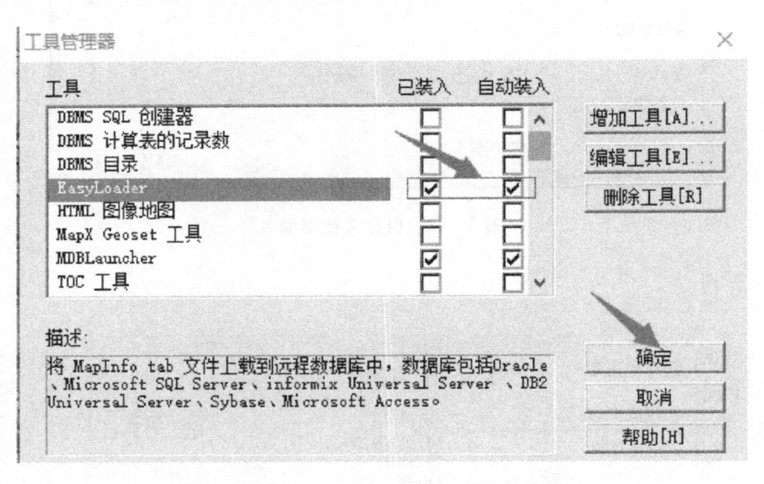

图 6 - 24　工具管理器对话框

(2) EasyLoader 工具的使用

点击“工具”选项下的“EasyLoader”—“EasyLoader...”，在“MapInfo EasyLoader”对话框中点击“ODBC”按钮，进入“选择数据源”对话框，选择“机器数据源”名下创建的数据源并且点击“确定”按钮，如图 6 - 25 所示。返回“MapInfo EasyLoader”对话框，点击“源表”按钮，打开如图 6 - 26 所示对话框，勾选需要创建点所在的图层并且点击“打开”按钮，如图 6 - 27 所示。

选择数据源
文件数据源
机器数据源
数据源名称
类型
描述
dBASE Files
ds-dot
用户
1. 选择“机器数据源”
2. 选择“数据源名称”
新建(N)...
机器数据源为此机器专用，不能共享。“用户”数据源为此机器上的某个用户专用。“系统”数据源可以被这台机器的所有用户或系统级服务使用。
确定
取消
帮助

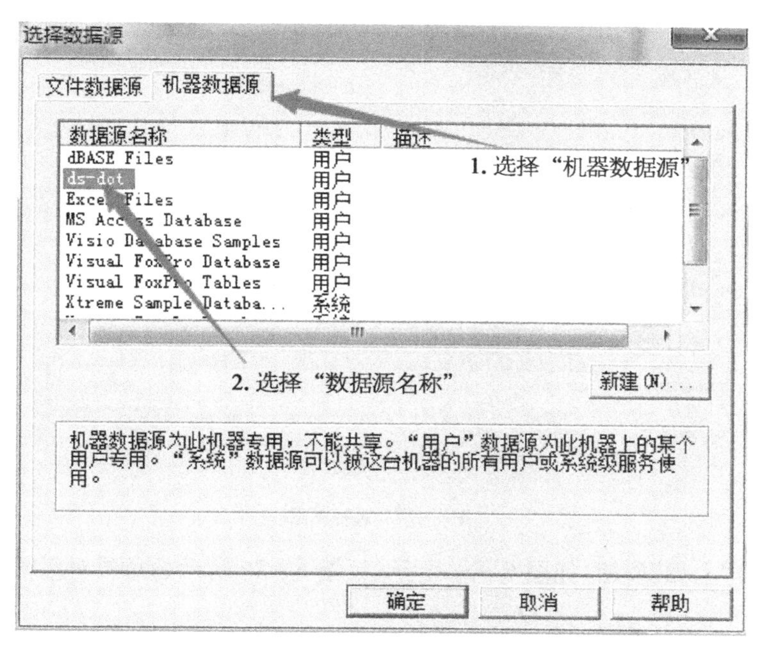

图 6-25　**连接数据源**

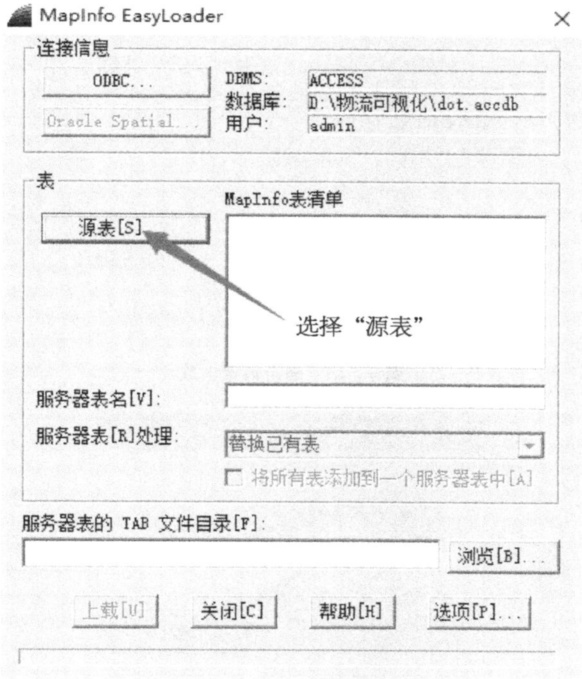

MapInfo EasyLoader
连接信息
ODBC...
Oracle Spatial...
DBMS:
ACCESS
数据库:
D:\物流可视化\dot.accdb
用户:
admin
表
MapInfo表清单
源表[S]
选择“源表”
服务器表名[V]:
服务器表[R]处理:
替换已有表
将所有表添加到一个服务器表中[A]
服务器表的 TAB 文件目录[F]:
浏览[B]...
上载[U]
关闭[C]
帮助[H]
选项[P]...

图 6-26　**查看图层中建立的表**

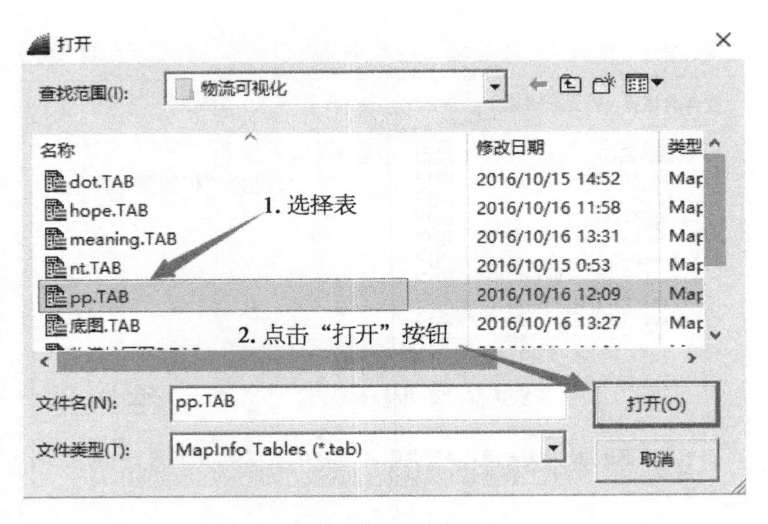

图 6-27　选择图层

随后点击"上载"按钮，如图 6-28 所示，反馈 6-29 所示的结果对话框。

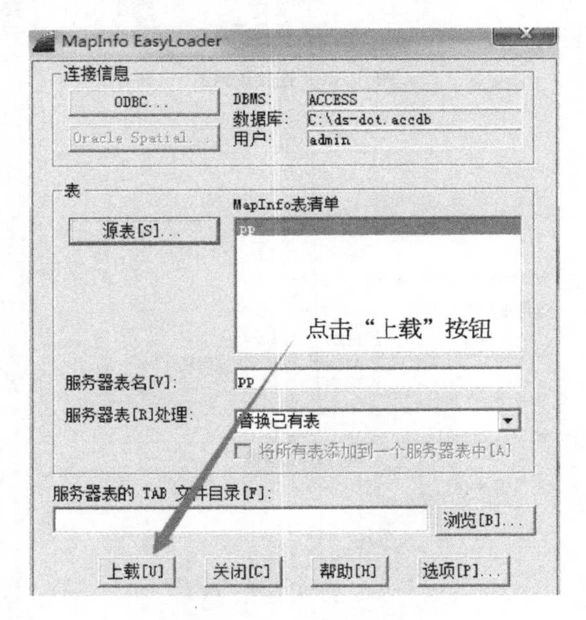

图 6-28　确定数据上载

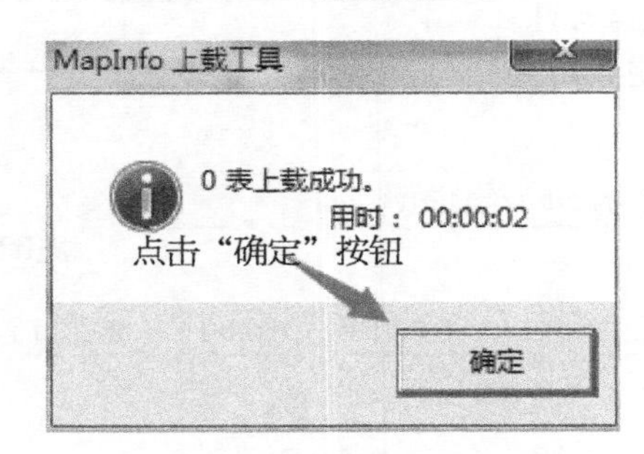

图 6-29　数据连接成功

经过上述操作步骤，MapInfo 的图层信息通过数据源这个中间媒介上载到了数据库中。打开上载到的数据库文件，如图 6－30 所示，观察数据库发生的变化。

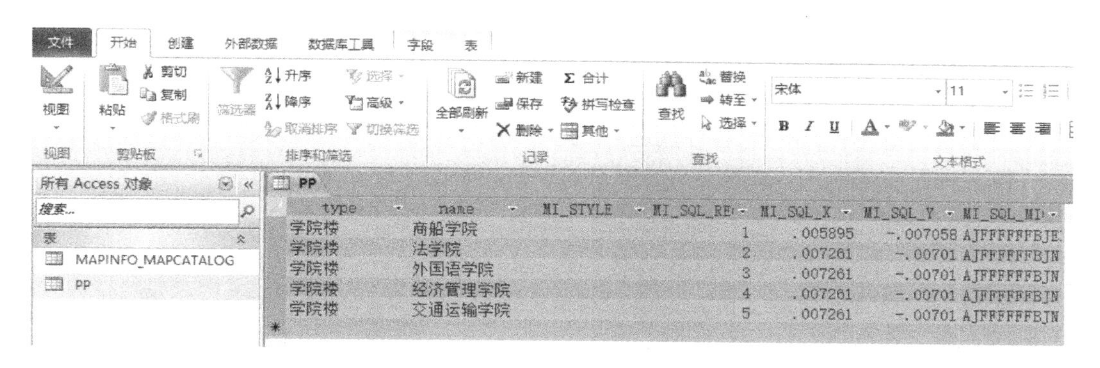

图 6－30　数据库中的变化

图 6－30 左侧显示，经过上载，数据库新建了两张表，表名分别为 MAPINFO_MAPCATALOG 以及以图层名命名的表。打开前一张表，如图 6－31 所示，该表的字段包括：“RENDITIONCOLUMN”“RENDITIONTABLE”“NUMBER_ROWS”“SPATIALTYPE”和“TABLENAME”。可见，该表的功能是为本数据库包含哪些图层信息所做的一个目录。

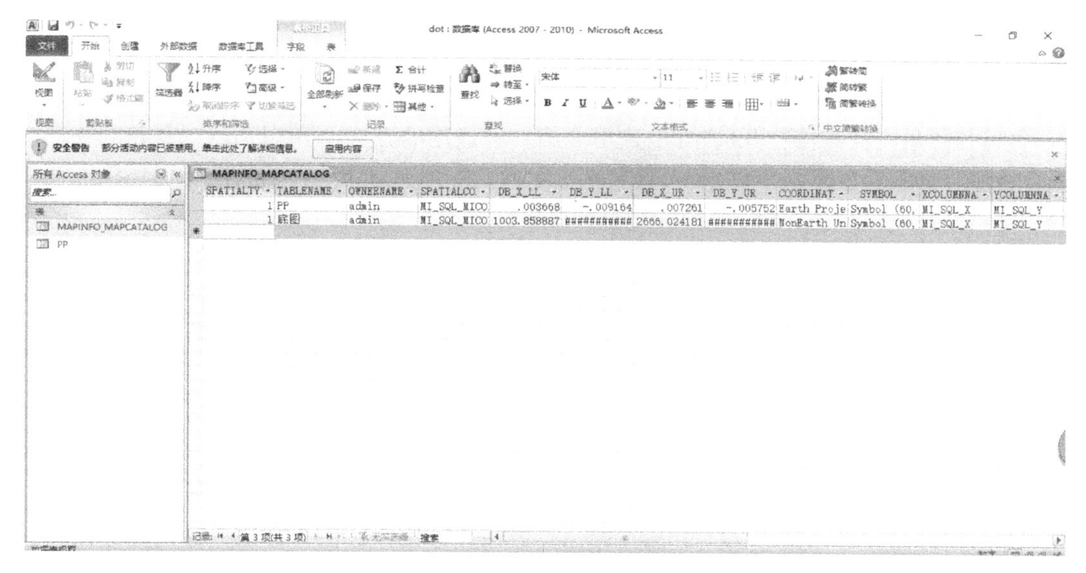

图 6－31　MAPINFO_MAPCATALOG **表**

打开图层表 PP，如图 6－30 右侧显示的字段，可以观察发现，除了在 MapInfo 中设定的属性字段 type、name 之外，出现了“MI_STYLE”“MI_SQL_REC_NUM”“MI_SQL_X”“MI_SQL_Y”“MI_SQL_MICODE”等 MapInfo 浏览窗口不可见的字段。

结合“创建点”的途径，需要的就是空间地物重心位置的 X、Y 坐标，上述将图层上载到数据库的目的也就可以理解。

6.4 创建点的过程

1. 数据库文件的打开

由于软件版本之间的兼容性问题，数据库文件的打开有多种形式。

第一种是直接打开，如图 6 - 32 所示，选择文件类型为 *. mdb 文件。

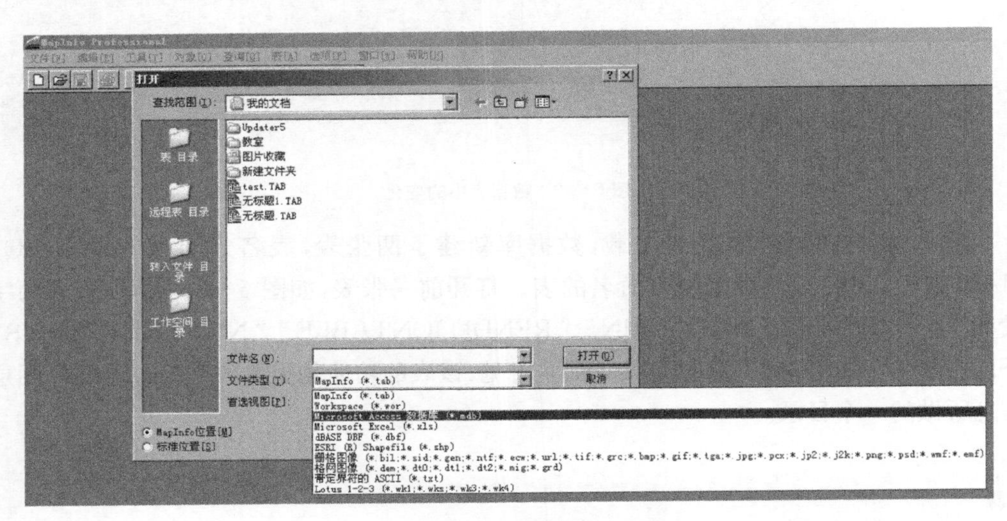

图 6 - 32　直接打开数据库文件

第二种是无法直接打开的情况，这里介绍一种通用的方法，利用 Excel 文件进行中转。在图层所在文件夹中新建一个 Excel 文件，将 Access 中数据选中，如图 6 - 33 所

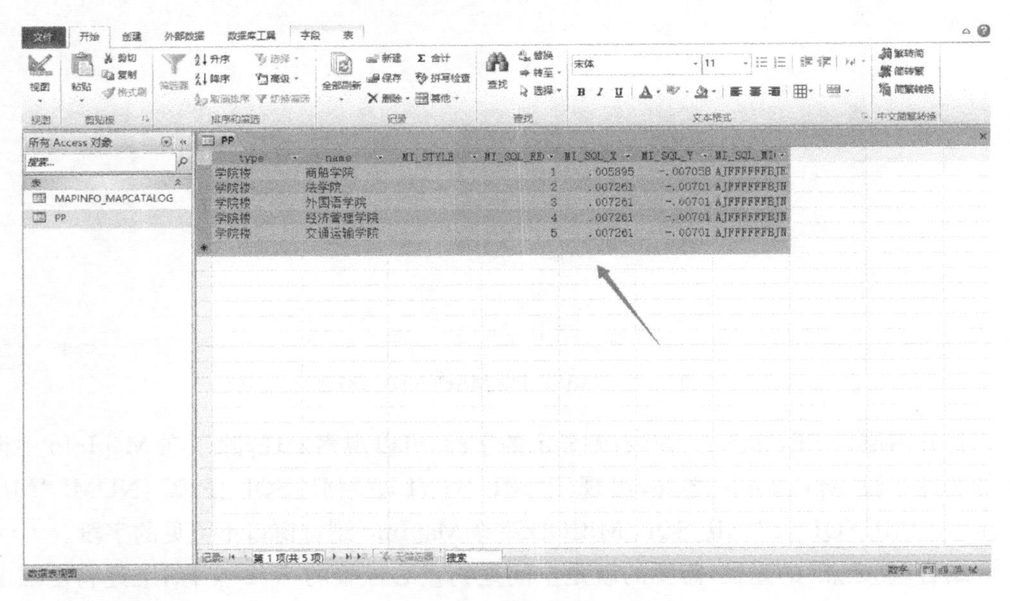

图 6 - 33　复制数据

示。打开 Excel 文件，将数据粘贴进去，如图 6－34 所示。考虑到兼容性的问题，将文件另存为“Excel97－2003 工作簿”的格式，如图 6－35 所示。

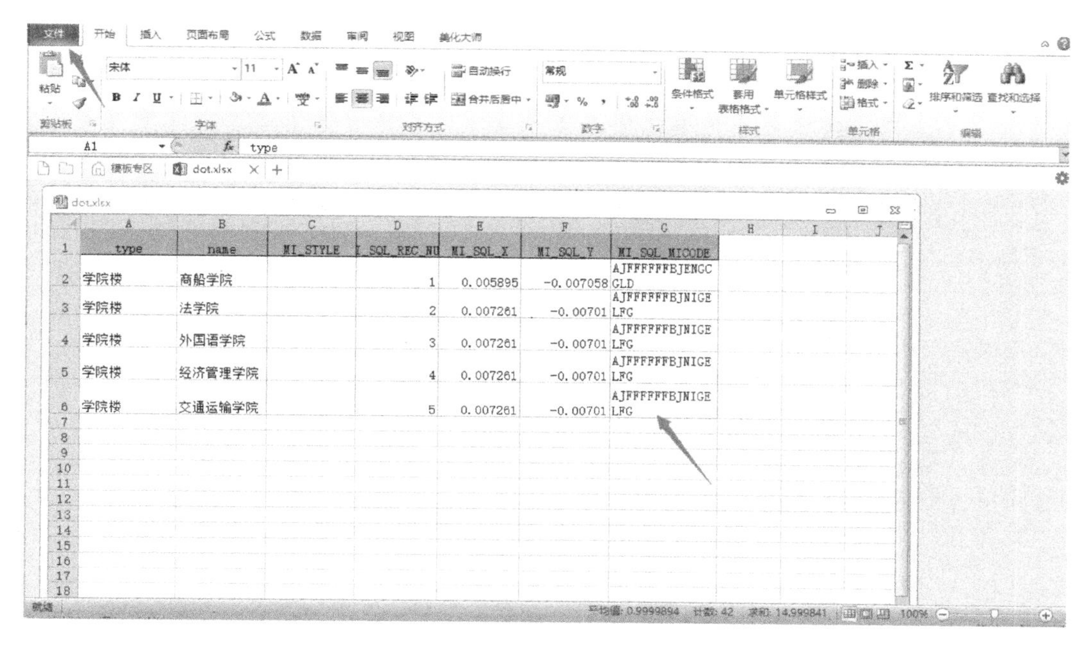

图 6－34　保存至 Excel 表格

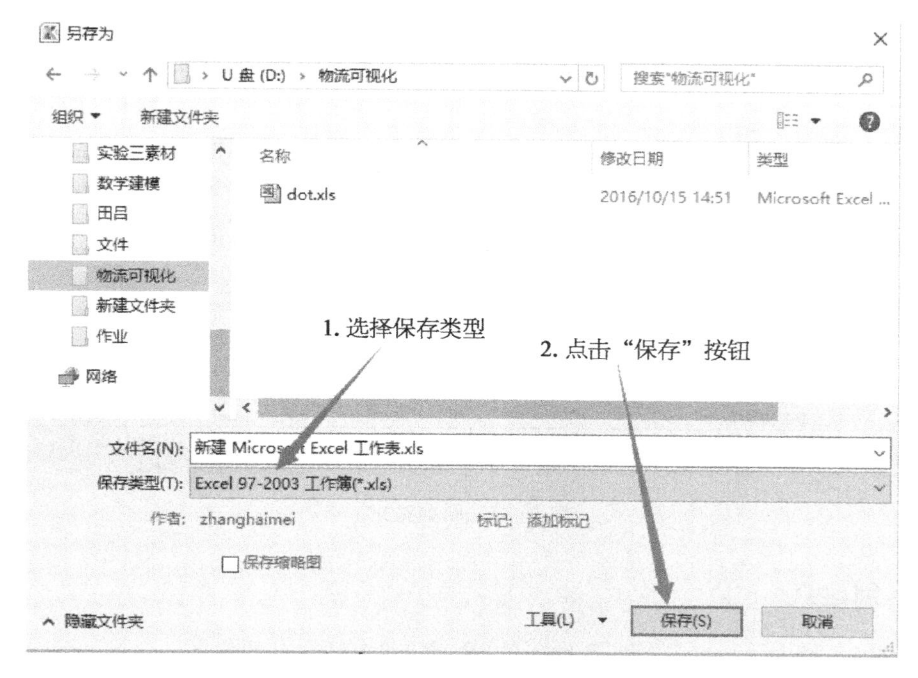

图 6－35　更改保存类型

打开 MapInfo 软件，点击“文件”选项下的“打开”按钮，将建立的 Excel 工作簿（＊. xls）以“Microsoft Excel（＊. xls）”类型打开，如图 6－36 所示。

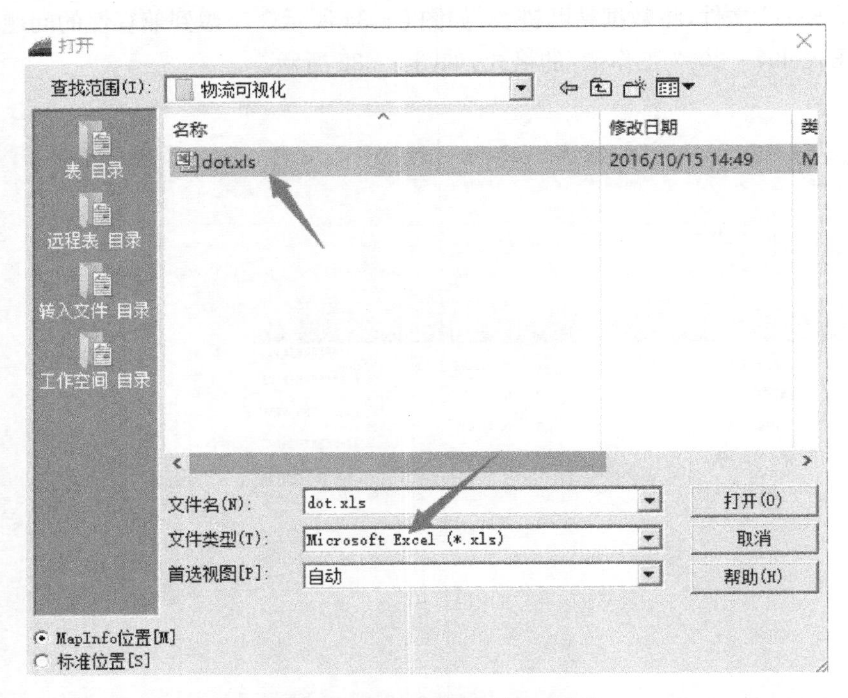

图 6-36 用 MapInfo 打开 Excel 文件

Excel 信息
指定工作表中要访问的部分:
命名范围[R]: 全部工作表 Sheet1
当前值: Sheet1!A1:G6
以选中范围的上一行作为列标题[U]
确定 取消 帮助[H]

图 6-37 打开 Excel 文件

选中对话框中的"以选中范围的上一行作为列标题"复选框,如图 6-37 所示,点击"确定"按钮后,显示如图 6-38 所示的对话框,该对话框是一个浏览窗口,即建立了属性数据。此处,可以回顾一下"地理编码"功能,也是先建立属性数据。这时,终于为"创建点"的实现做好了准备。

dot 浏览窗口

type	name	MI_STYLE	MI_SQL_REC_N	MI_SQL_X	MI_SQL_Y	MI_SQL_MICODE
学院楼	商船学院		1	0.005895	-0.007058	AJFFFFFFBJENGC
学院楼	法学院		2	0.007261	-0.00701	AJFFFFFFBJNIGEL
学院楼	外国语学院		3	0.007261	-0.00701	AJFFFFFFBJNIGEL
学院楼	经济管理学院		4	0.007261	-0.00701	AJFFFFFFBJNIGEL
学院楼	交通运输学院		5	0.007261	-0.00701	AJFFFFFFBJNIGEL

图 6-38 dot 浏览窗口

2. 创建点

如图 6-39 所示,点击"表"选项下的"创建点"按钮,出现如图 6-40 所示的"创建点"对话框。点击"使用符号"按钮,按照图 6-41 所示设置样式。

在"取得 X 坐标的列"处选择"MI_SQL_X";同理,在"取得 Y 坐标的列"处选择"MI_SQL_Y",如图 6-42、图 6-43 所示。

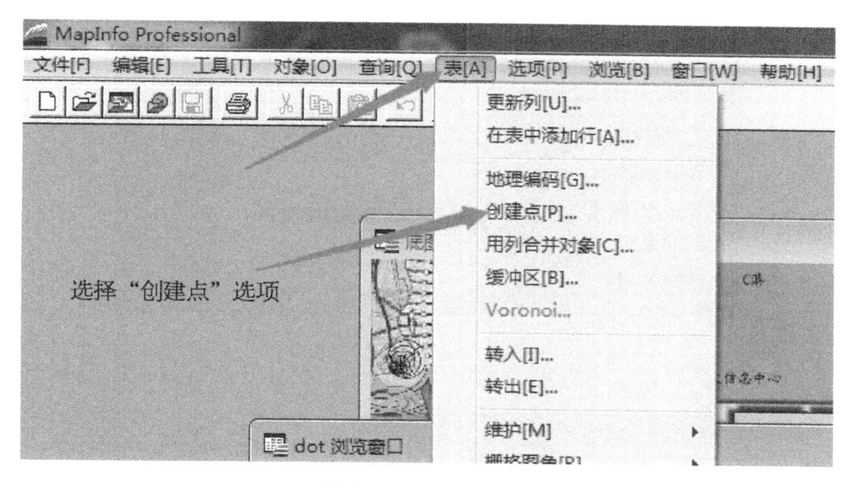

图 6-39 创建点菜单

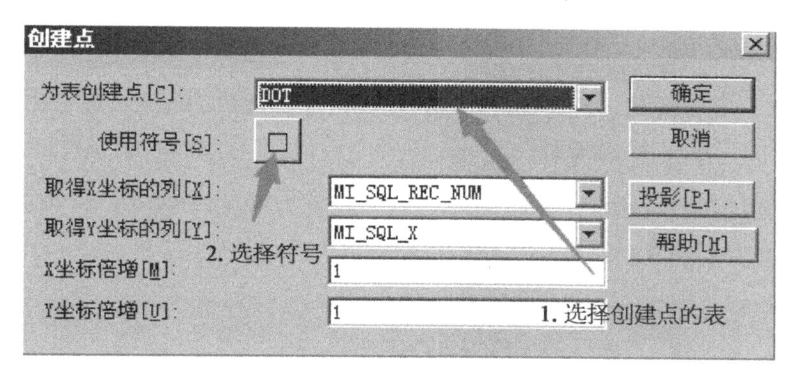

图 6-40 创建点对话框

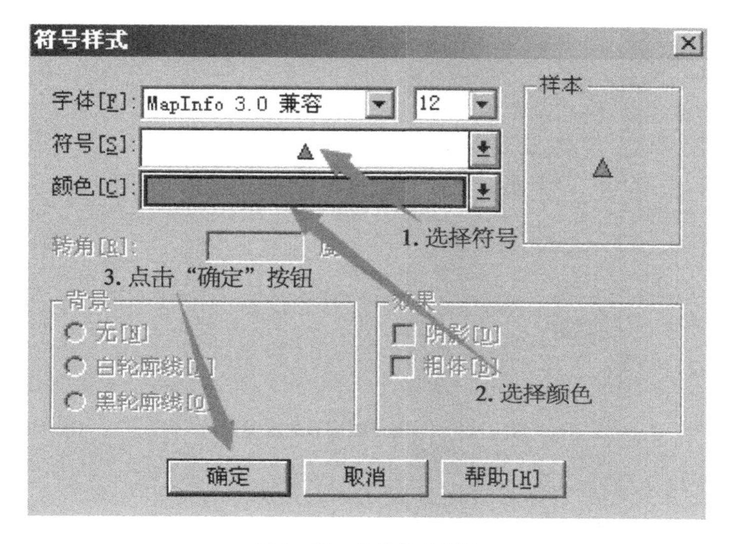

图 6-41 点的样式设置

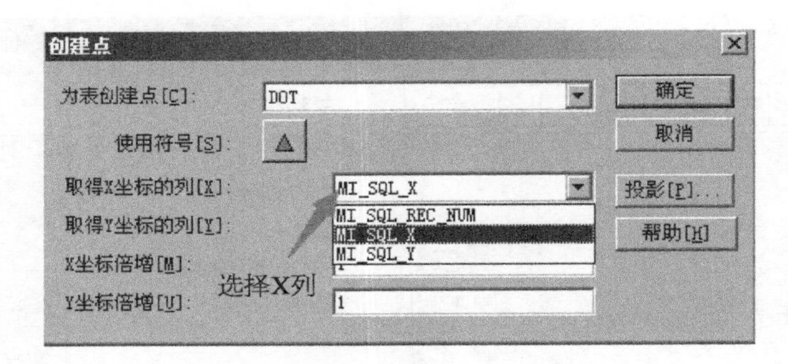

图 6 - 42　创建点

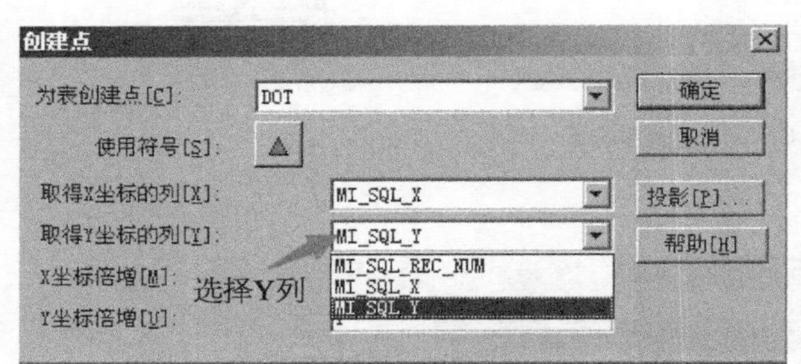

图 6 - 43　创建点

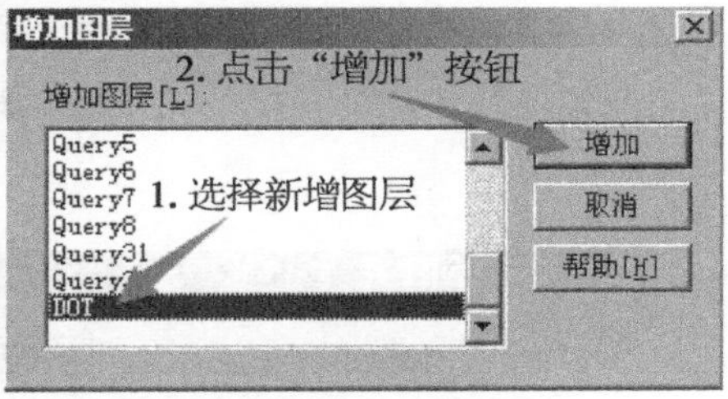

增加图层
2. 点击“增加”按钮
增加图层[L]:
Query5
Query6
Query7
Query8
Query31
DOT
1. 选择新增图层
增加
取消
帮助[H]

图 6 - 44　点图层的加载

进入“图层控制”对话框添加点图层 dot，并设置为可见，如图 6 - 44 所示；加载点图层后的地图窗口如图 6 - 45 所示。

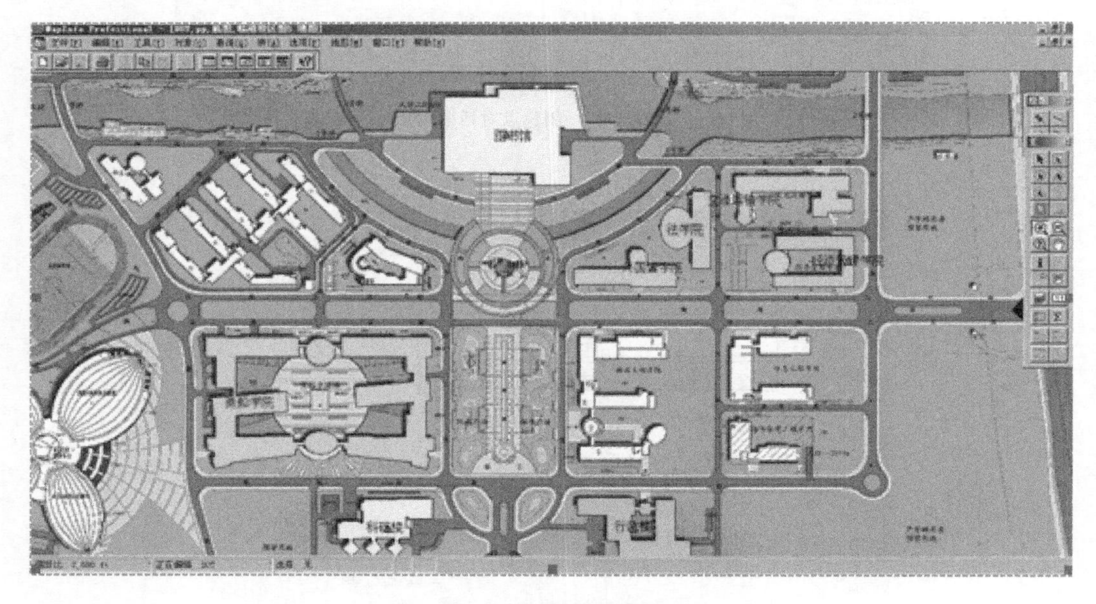

图 6 - 45　加载点图层后的地图窗口

第7章

条件查询

本章主要介绍条件查询，该功能可以使地物空间的属性数据得到显示。在查询过程中，重点讲解查询的逻辑，以及为了达到查询效果所使用的查询技巧。同时，地理信息系统具有空间的特征，因此条件查询中也会使用到与空间有关的函数以及地理运算符。

7.1 地理信息系统的查询方式

1. 查询的基本 SQL 语句

地理信息系统的查询与数据库查询相同，都是基于基本 SQL 语句的，因此理解查询可以从 SQL 语句入手，SQL 语句的通用表示如图 7－1 所示。“Select”语句后列出各字段，“from”语句后写表名，“Where”语句后写查询条件，“Group by”语句后接分组字段，“Order by”语句后接排序字段。因此，进行一次有效的“查询”，关键是设置上述 5 项内容。

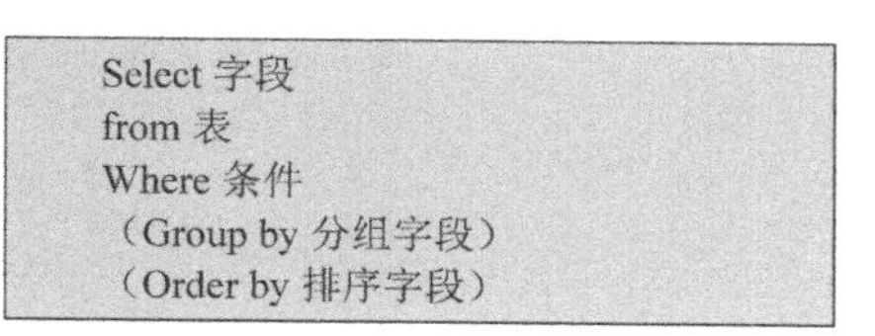

图 7－1　查询通式

字段部分：是全部列出还是显示其中某些字段，字段的选择被称为“投影”。

表部分：从一张表选取信息，还是需要关联多表的信息。

条件部分：恰当运算符的使用、多表关联的条件等，基于条件对记录的筛选被称为“选择”。

分组字段部分：按照字段分组，与聚合函数配合使用，可以实现数据的统计。

由此可见，构建一个查询的关键是按照查询需求构建上述的各个部分。

2. 地理信息系统的查询方式

按照 MapInfo 条件查询的菜单设置，单击“查询”菜单，可以看到“选择”和“SQL 选择”两种，如图 7－2 所示。

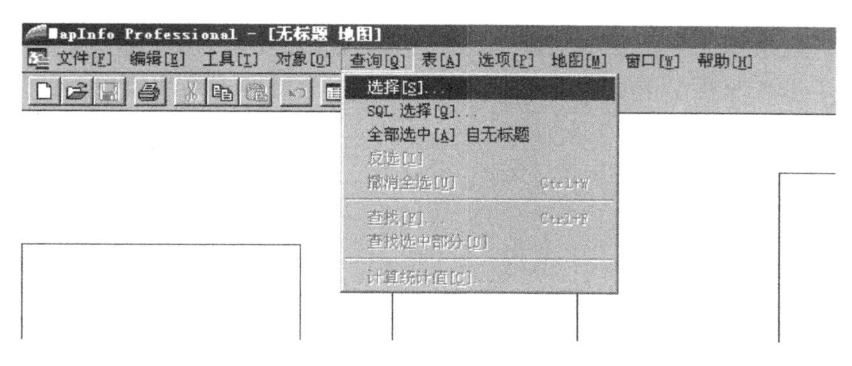

图 7－2　查询方式

单击“选择”子菜单，出现如图 7－3 所示的窗口；单击“SQL 选择”子菜单，出现如图 7－4 所示的窗口。

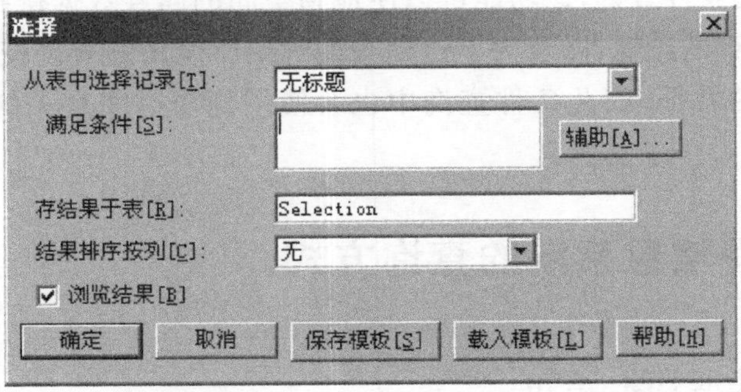

图 7-3 “选择”窗口

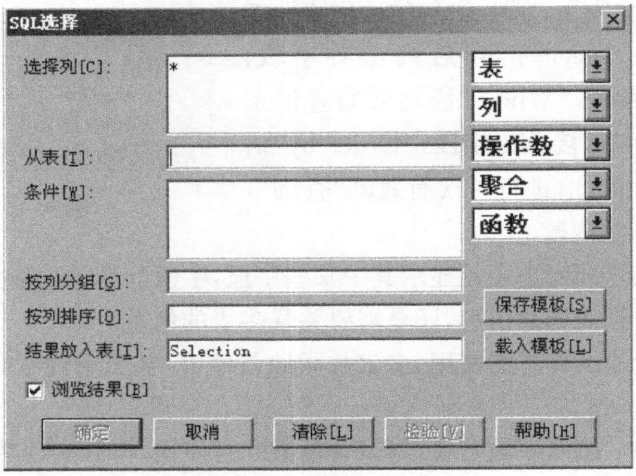

图 7-4 “SQL 选择”窗口

观察上述两个窗口，“选择”窗口有如下局限：

① 无法进行“列”的选择，默认选择全部列；

② 无法选择多张表，只能选取一张表；

③ 无法设定分组字段。

因此，“选择”窗口执行的查询操作比较简单，下文将其称为简单查询。“SQL 选择”窗口提供了基本 SQL 语句的各个部分，“选择”窗口无法实现的功能完全可以在“SQL 选择”中实现，下文将其称为复杂查询。

7.2 简单查询

1. “=”的使用

进入“选择”窗口，当确定查询对象是“name”属性为“第一教学区”的地物时，单击“辅助”按钮构建查询条件，如图 7-5 所示。在图 7-6 中输入查询的表达式：name = “第一教学区”。返回图 7-7 所示的“确定”按钮，得到图 7-8 所示的查询结果。

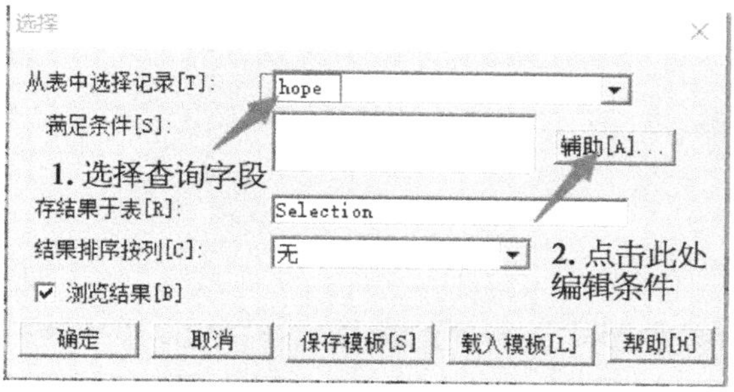

图 7-5　编辑查询条件

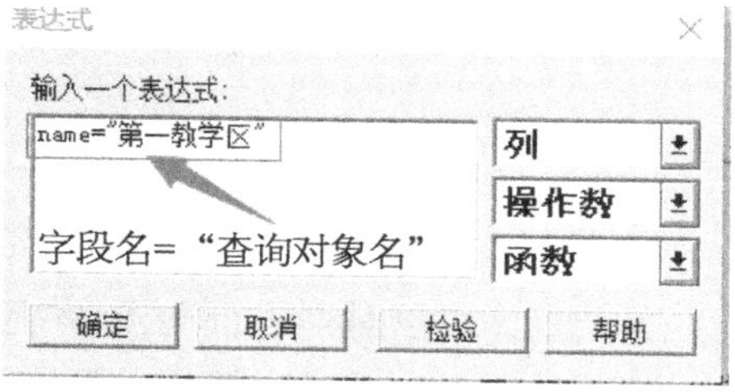

图 7-6　编辑查询条件 1

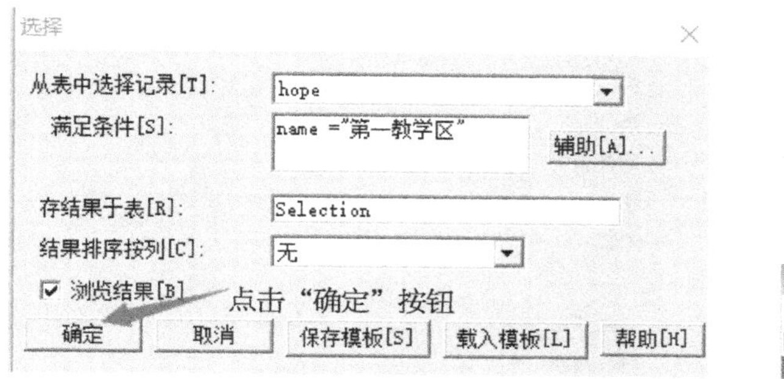

图 7-7　确定编辑条件

图 7-8　查询结果窗口

这里涉及了逻辑运算符“=”的用法，该条件的设置中应注意引号、等号这些符号应该是英文状态下的字符。

2. “like” 的使用

“=”用于精确指定地物的属性，但无法实现模糊查询，为了实现模糊查询，如查询出“某某教学区”这一查询需求，可将查询条件设定为：name like “%教学区”，如图 7-9 所示。“like”运算符的使用中，模糊部分的条件用“%”。查询结果将返回以“教学区”结尾的地物，如图 7-10 所示。

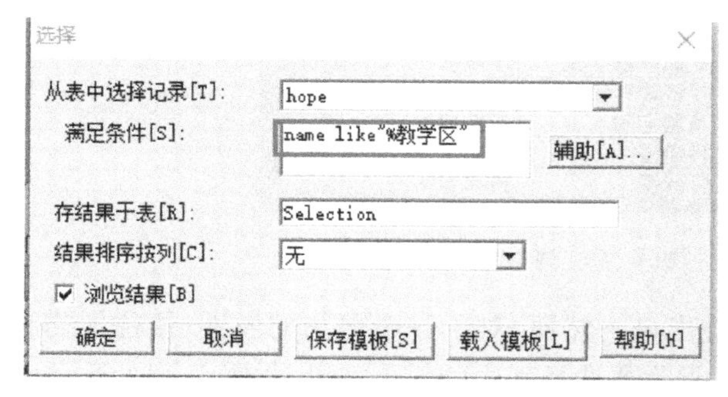

图 7-9　编辑查询条件 2

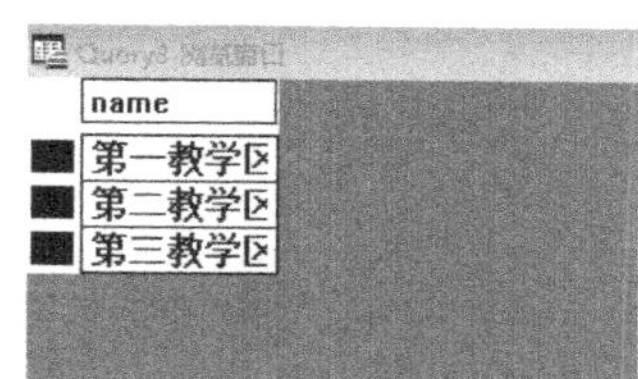

图 7-10　查询结果窗口

7.3 复杂查询

1. 字段的选择与显示

(1) 字段的选择

复杂查询可以对列进行选择，并且有多种形式进行列的选择。在“SQL 选择”窗口“选择列”后输入“ * ”或直接列出所有字段，如图 7－11 所示。这时可将所有列全部输出，如图 7－12 所示。

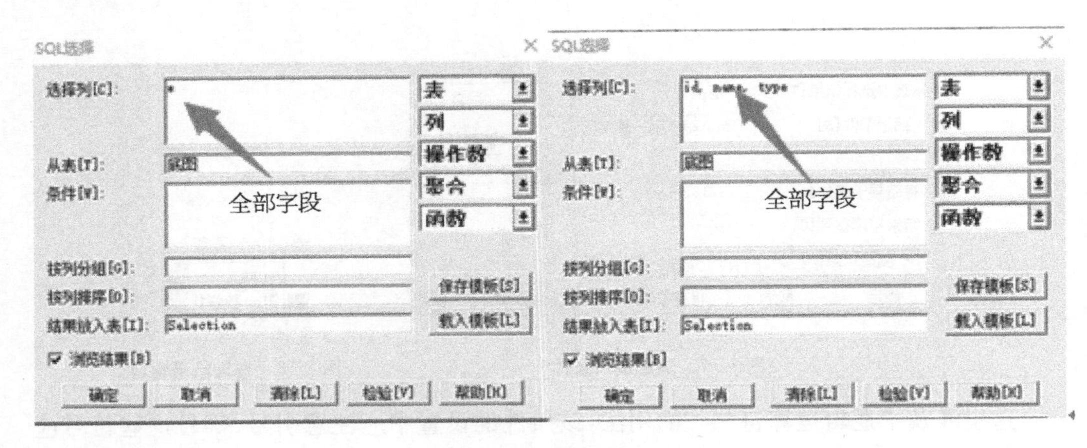

图 7－11　选择全部字段

id	name	type
1	图书馆	科研学习
10	第三教学区	教学楼
9	第二教学区	教学楼
8	第一教学区	教学楼
3	外国语学院	学院楼
4	法学院	学院楼
5	交通运输学院	学院楼
6	经济管理学院	学院楼
2	商船学院	学院楼
7	科研楼	科研学习
11	行政楼	科研与学习

图 7－12　浏览窗口

图 7－12 中，全部字段被呈现出来。然而，对于一个地物的属性，往往无需将数据表中的所有字段显示出来，而是根据需要选择其中的部分字段，如图 7－13 所示。

(2) 字段的显示

图 7－12 中，反馈结果的表的标题行是字段名称，由于该名称是建表者的主观定义，它的可视性取决于该字段取名的易读性。当字段名称取值的含义不明确时，可利用

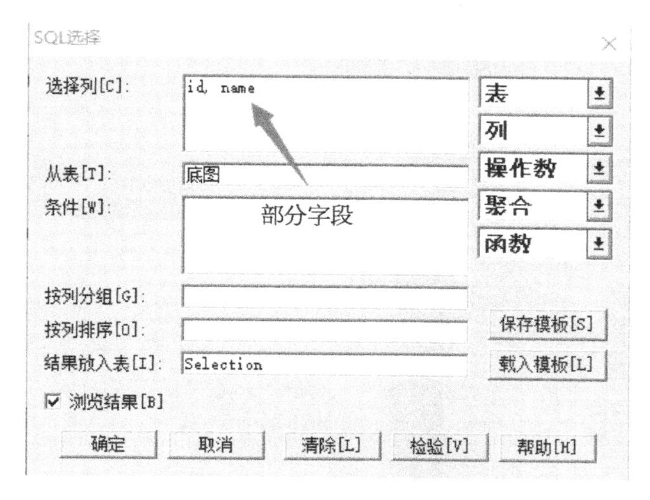

图 7-13　选择部分字段

“别名”技术提高对字段的理解，如图 7-14 所示。

在“选择列”后输入：字段名 “别名”，则反馈结果时，如图 7-15 所示，按照别名进行演示。字段名是每个人的独立取名，统一没有可能，但别名是显示名。多样性的字段名可归结为统一的显示名。图 7-15 与图 7-12 相比，表的可视性大大提高。

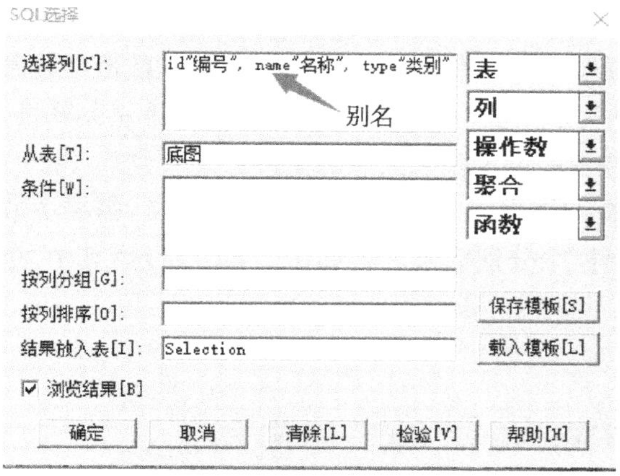

图 7-14　字段别名

编号	名称	类别
1	图书馆	1
10	第三教学区	3
9	第二教学区	3
8	第一教学区	3
3	外国语学院	2
4	法学院	2
5	交通运输学院	2
6	经济管理学院	2
2	商船学院	2
7	科研楼	1
11	行政楼	4

图 7-15　利用别名的显示结果

2. 多表关联的使用

(1) 代码表的必要性及其建立

在图 7-12 中，表示建筑物类别的“type”字段是用文字来表示的，这意味着每一次类别字段都需要输入一个“较长的词组”。这种输入方式容易输入错误，产生数据的不一致。从数据库设计的角度，每一条记录都在重复输入一个“较长的词组”，当空间地物的数据量很大时，这个字段的重复就导致了数据库的冗余。因此，在数据库的构建中，诸如类别字段“type”这类字段，一般用代码表示。

图7-12中，建筑物的类别可以归纳为：科研学习、学院楼、教学楼、科研与学习四大类。将它们替换为代码，如图7-16所示。

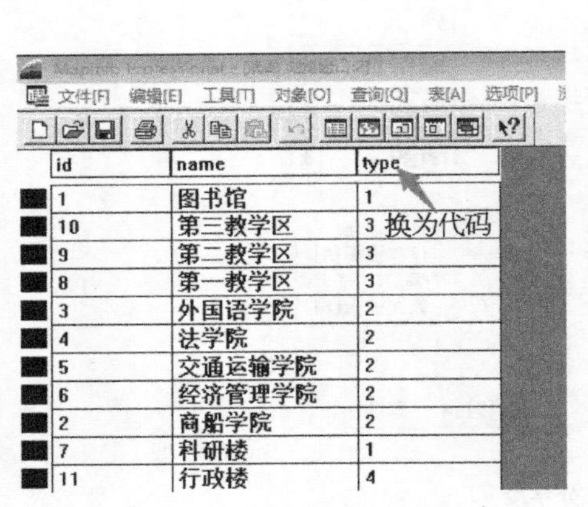

id	name	type
1	图书馆	1
10	第三教学区	3
9	第二教学区	3
8	第一教学区	3
3	外国语学院	2
4	法学院	2
5	交通运输学院	2
6	经济管理学院	2
2	商船学院	2
7	科研楼	1
11	行政楼	4

图7-16　类别字段的转换

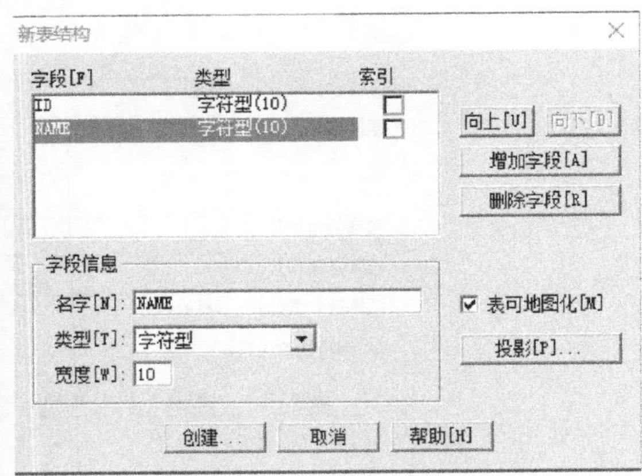

图7-17　代码表的结构

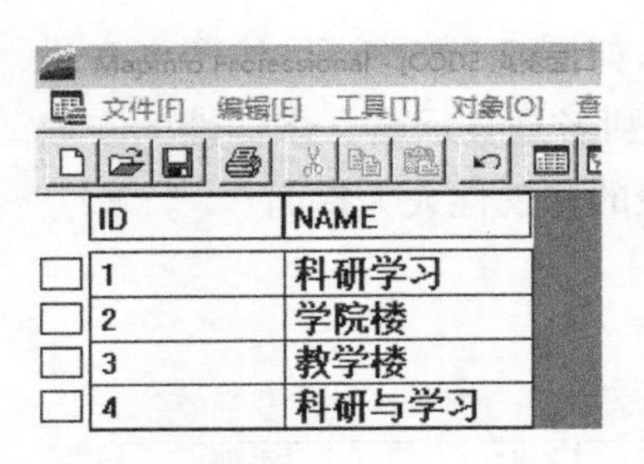

ID	NAME
1	科研学习
2	学院楼
3	教学楼
4	科研与学习

图7-18　代码表的内容

类别字段转换为代码后，需要对代码进行解释，因此，代码表的建立应运而生。新建图层，构建表结构如图7-17所示，并命名为code表，表记录如图7-18所示。

(2) 多表关联的查询

在常见复杂查询中，利用多张表内的信息是十分常见的，而涉及多张表，就需要在多张表之间建立关联性。因此在条件中要设定多表关联的条件。

类别字段“type”转换为代码后，为了查询结果能呈现出类别代码的含义，需要关联“底图”和“code”表。在“SQL选择”的对话框中分别输入内容如图7-19所示，其中“条件”后输入的即为表的连接条件。

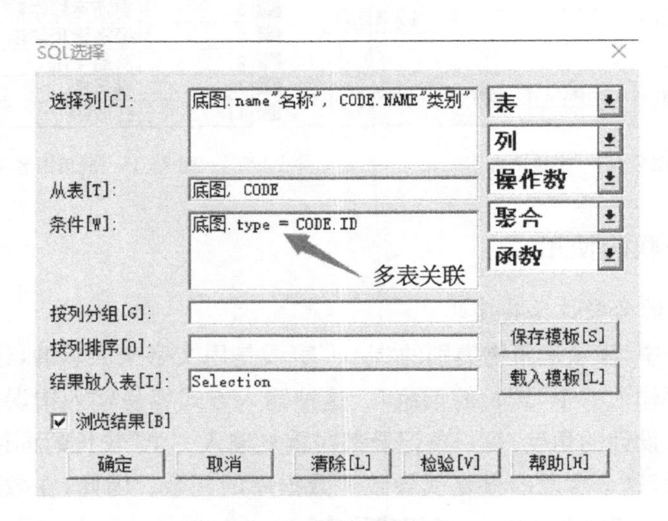

图7-19　多表关联方法

查询结果显示出建筑物的名称(来自底图表)以及类别代码的含义(来自 code 表),设定"选择列"的字段,同时使用"别名"技术,单击"确定"按钮返回查询结果如图 7-20 所示。

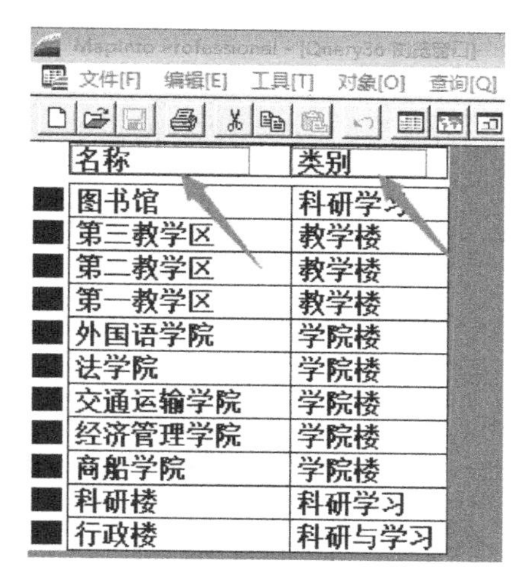

图 7-20　多表关联查询结果

3. 聚合函数的使用

(1) 聚合函数的使用需求

聚合函数包括 sum()、avg()、max()、min()以及 count(),这些函数在数据查询呈现的基础上,可以对数据进行简单的统计,也是查询中经常使用的手段。

(2) 聚合函数实现统计

打开"SQL 选择"窗口,在选择列中输入"count(*)"可以返回所有建筑的个数。然而一个更有意义的查询是统计出每类建筑的个数。这时需要用到分组字段,即按照建筑物的类别进行统计,在"按列分组"后输入表示类别的字段"底图. type",如图 7-21 所示。单击"确定"按钮执行查询,结果如图 7-22 所示,由此查询出每类建筑的个数。

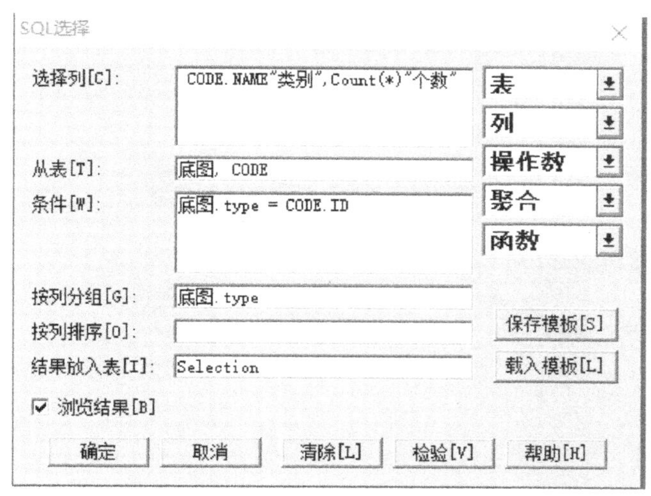

图 7-21　分组后聚合函数的使用

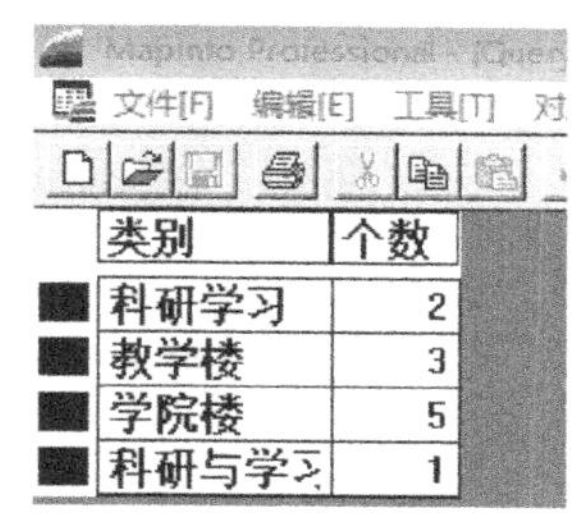

图 7-22　查询结果

4. 查询结果的保存

当进行完一次查询后,再次打开 MapInfo 时查询窗口的内容会自动清除,不能自动保存已经编辑使用过的查询语句,因此利用"SQL 选择"对话框中"保存模板"可将使用次数频繁或复杂的编辑条件保存下来,如图 7-23 所示,保存模板输出一个 *.qry 的查询文件,如图 7-24 所示。用"记事本"方式打开某个查询文件,如图 7-25 所示,其构造与基本 SQL 语句的构造相似。

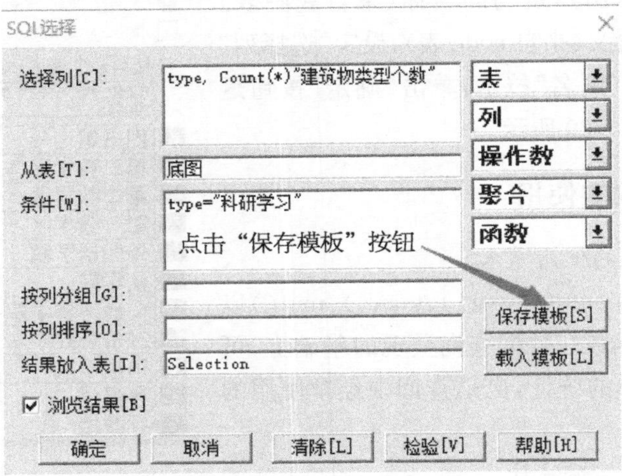

SQL选择
选择列[C]:
type, Count(*)"建筑物类型个数"
表
列
操作数
聚合
函数
从表[T]:
底图
条件[W]:
type="科研学习"
点击“保存模板”按钮
按列分组[G]:
按列排序[O]:
保存模板[S]
结果放入表[I]:
Selection
载入模板[L]
浏览结果[B]
确定
取消
清除[L]
检验[V]
帮助[H]

图 7 - 23　**保存模板**

将对话框内容存入查询文件中
保存在(I):
物流可视化
名称
修改日期
没有与搜索条件匹配的项。
表 目录
远程表 目录
转入文件 目录
工作空间 目录
1. 将文件放在该工作空间内
2. 将“保存类型”设置为*.qry类型
文件名(N):
保存类型(T):
MapInfo 查询 (*.qry)
保存(S)
取消
帮助(H)
MapInfo位置[M]
标准位置[S]

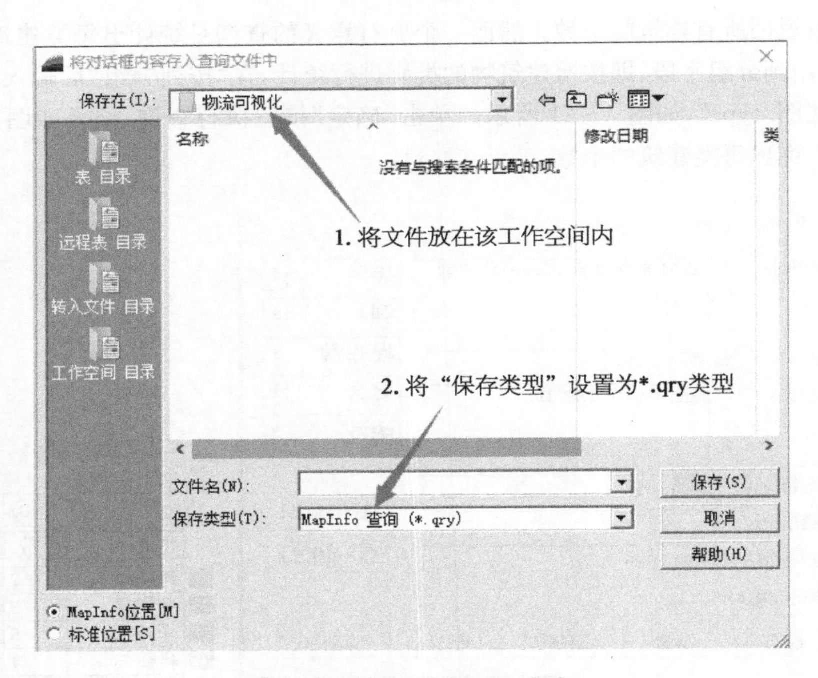

图 7 - 24　**设置文件为 *.qry 格式**

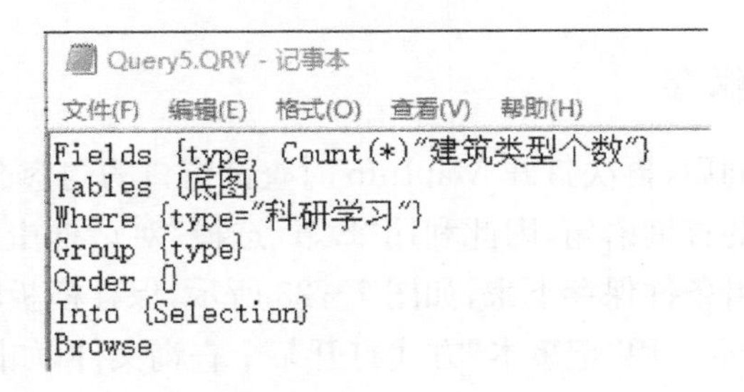

Query5.QRY - 记事本
文件(F)
编辑(E)
格式(O)
查看(V)
帮助(H)
Fields {type, Count(*)"建筑类型个数"}
Tables {底图}
Where {type="科研学习"}
Group {type}
Order {}
Into {Selection}
Browse

图 7 - 25　**查看 *.qry 文件**

再次打开"SQL 选择"中的"载入模板"，如图 7－26 所示，自动加载保存的查询条件，这是查询过程得到妥善保存的方法。

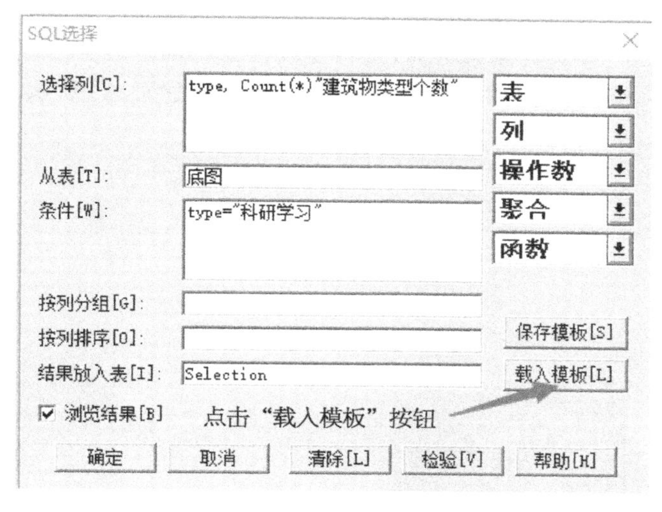

图 7－26　载入模板

7.4　空间查询

1. 地理运算符的类型和使用

在 MapInfo 的查询中，空间对象是其区别于传统关系型数据库的重要特征。"obj"对象即代表空间地物，地物与地物之间可以进行方位的判断，这依赖于地理运算符。MapInfo 的地理运算符如图 7－27 所示。

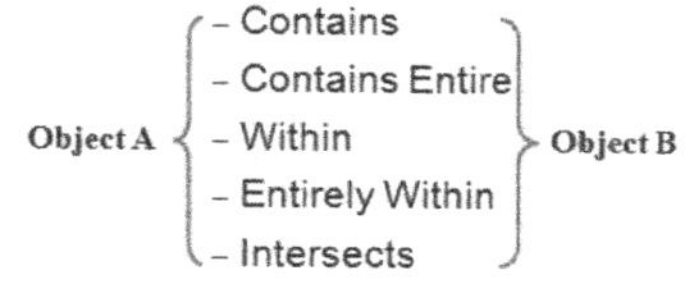

图 7－27　地理运算符

其中，Object A 和 Object B 是需要比较的两个空间地物。地物之间的关系包括如下 5 种。

① Contains（含有）—— Object A Contains Object B（如果 B 的形心在 A 的边界内的某个位置上）。

② Contains Entire（包含全部）—— Object A Contains Entire Object B（如果 B 的边界全部在 A 的边界内）。

③ Within（在内）—— Object A is Within Object B（如果 A 的形心在 B 的边界内侧）。

④ Entirely Within（完全在内）—— Object A is Entirely Within Object B（如果 A 的边界全部在 B 的边界内）。

⑤ Intersects（相交）—— Object A Intersects Object B（如果它们至少有一个共同点或者它们中的一个完全在另一个内）。

Contains 与 Within 的比较是根据对象的形心，而 Contains Entire 与 Entirely

Within 的比较是根据整个对象。

为了对地理运算符进行应用，新建图层分别命名为 shang、xia，shang 图层中构建三个圆角矩形，xia 图层中构建两个矩形，利用“i”工具标注如图 7－28 所示。这时，利用地理运算符比较两个图层对象之间的空间关系，在“SQL 选择”中输入查询条件：shang. obj within xia. obj，使用了地理运算符 within，如图 7－29 所示。

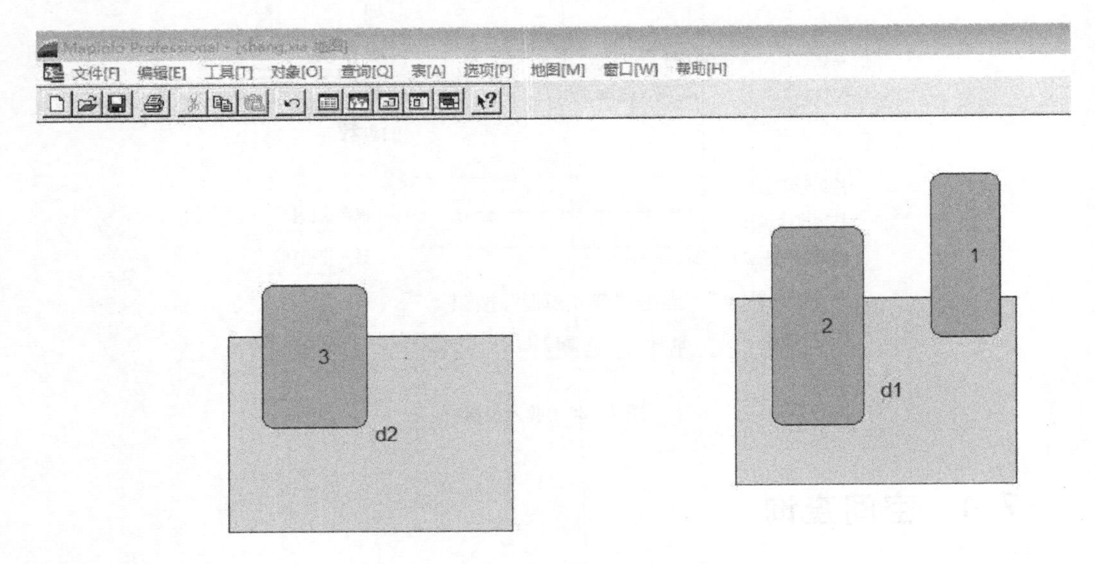

图 7－28　空间建模

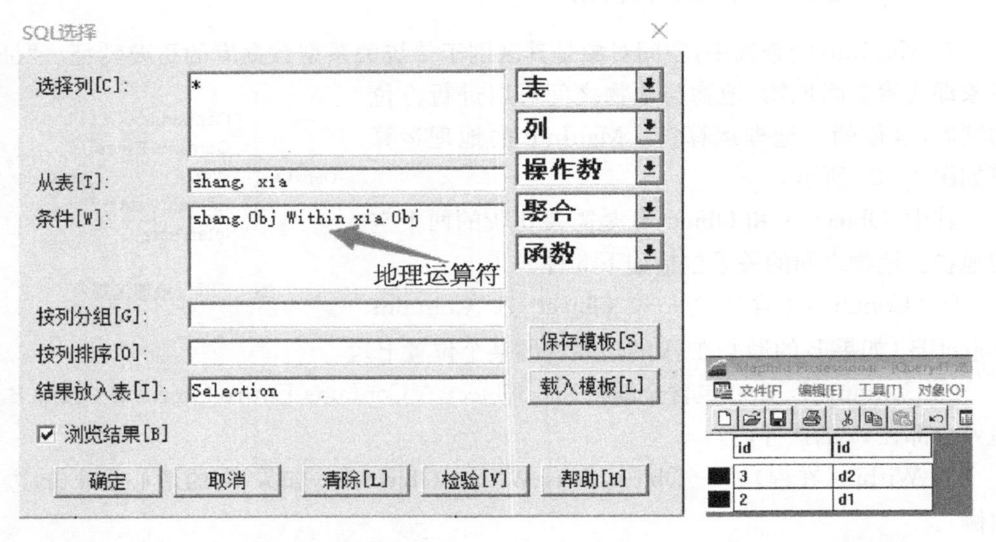

图 7－29　地理运算符

图 7－30　地理运算条件返回结果

within 语句判断 shang 图层的哪些对象位于 xia 图层中。返回结果如图 7－30 所示。标号为 2、3 的对象被返回，因为 2、3 对象的形心在 xia 图层的对象中。这里是对 xia 图层的所有对象进行判断。

2. 地理运算符的嵌套查询

为了对图层中指定的对象进行判断，需要利用 SQL 语句指定对象，如在 shang 图层中查询出形心在 xia 图层 id 为“d2”的对象中的地物。与前一个查询的不同在于，不是 xia 图层中的所有对象，而是指定对象。

再次列出查询的目标：在 shang 图层中查询出形心在 xia 图层 id 为“d2”的对象中的地物。通过分析，“xia 图层 id 为‘d2’的对象”就是为了指定对象。因此，目标可修改为：

在 shang 图层中查询出形心在(xia 图层 id 为“d2”的对象)中的地物。

这时，可将该查询分解为：

对象从 shang 表中查找，该对象在某个地物中，其中某个地物是 xia 图层的指定地物。

查询的条件分为两个层次：第一层，对象在某个地物中；第二层，该地物是 xia 中 id 为“d2”对象。

为了实现第二层查询，构建 SQL 语句为：select obj from xia where id=”d2”。

而第一层查询的条件表示为：obj within 某地物。

这时可以用第二层查询的语句对某地物进行定义。由于第一层查询本身就是一次 select 的过程，指定地物又是一次 select 的过程，将某地物替换后，相当于一个 select 语句嵌套在另一个 select 语句中，取意为嵌套查询。利用 any 表示某地物，利用随后的 select 指定地物，嵌套查询的条件设置如图 7-31 所示。执行查询的结果如图 7-32 所示。

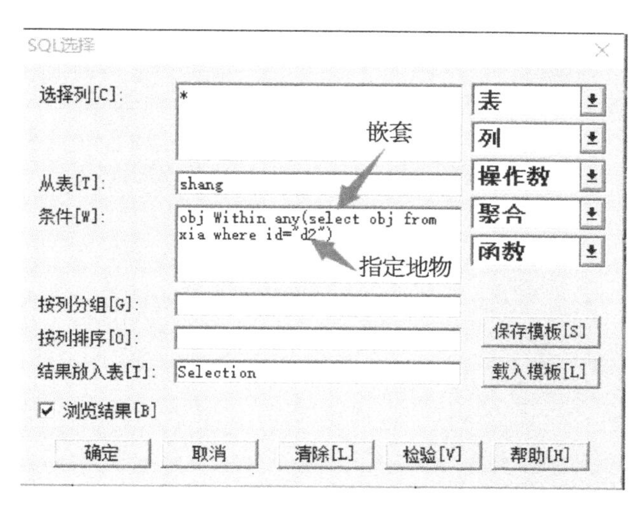

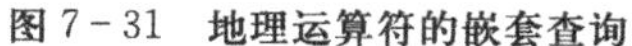
图 7-31 地理运算符的嵌套查询

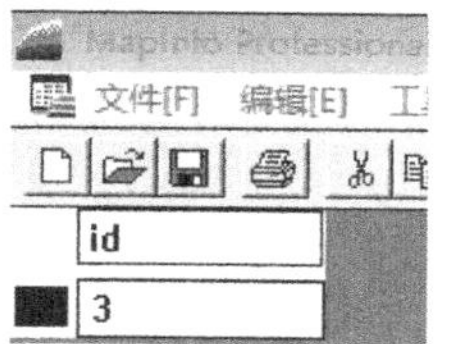

图 7-32 查询结果

3. 地理函数的使用

除了地理运算符之外，MapInfo 还提供了空间函数表达地物的空间特征，比如面积、形心的坐标等。构建“选择列”如图 7-33 所示，返回查询结果如图 7-34 所示。

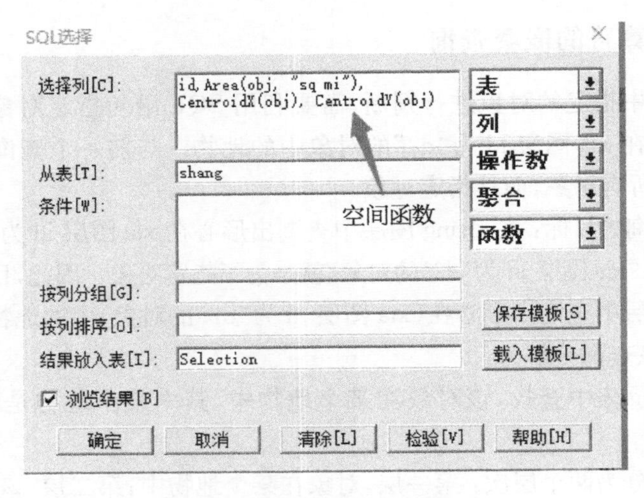

图 7-33 空间函数的使用

Query43 浏览窗口

id	Area(Object, "sq mi")	CentroidX(Object)	CentroidY(Object)
3	13,698.88	-4.8594	0.744073
2	16,694.77	1.94629	1.12322
1	10,286.53	3.94945	2.10268

图 7-34 空间函数查询结果

第8章

基于GIS的件杂货码头可视化生产管理实例

本章通过介绍件杂货码头堆场的管理现状及存在问题，结合港口地理信息系统的特点，详细分析了地理信息系统的开发流程，为堆场管理提供可视化的解决方案。然后结合码头实际需要，进行件杂货码头堆场管理系统中地图模块的设计。本章以Powerbuilder软件为开发工具，阐述MapX的开发过程。

8.1 件杂货码头堆场管理概述

1. 件杂货码头

件杂货通常是指有包装和无包装的散件装运货物。由于件杂货的外形及其包装形式多而杂，所以又被称为杂货。在货物总运量和港口吞吐量中，件杂货与其他货种相比，所占的比重不大，但由于件杂货的单件重量通常较小，件杂货船装运的件杂货数量却不小，对于港口通过能力不大的件杂货泊位来说，年装卸的件杂货数量很可观。装卸件杂货物品的码头就是件杂货码头，通常在件杂货码头装卸的货物按照包装形式和件货的形式可以分为：袋装货物、捆装货物、桶装货物和圆筒状货物、箱装货物、筐、篓、坛装物、裸装货物。这使件杂货码头管理工作显得复杂而繁琐。

2. 件杂货码头堆场的作业类型

进出口涉及的货物存在的地点有船边、堆场、道口。装卸船作业时必经的是船边，它作为船上和堆场的交界处，表征作业与船发生了关系；堆放出口集港等待装船的货物和进口卸船等待提货的货物的是堆场，这也是本案例中要具体描述的对象；出口中货主或者货代送货到堆场时经过的和进口时货主或者货代提货时经过的是道口，它作为堆场与码头外部区域的交界处，表征作业与外部运输车辆发生了关系。

件杂货码头堆场的作业类型按照出口、进口和不涉及进出口的区别可以分为三大类：出口的车到场的集港作业，场到船的装船作业以及直装作业；进口的船到场的卸船作业，场到车的提货作业以及直提作业；不涉及进出口的场到场的捣垛作业。

3. 件杂货码头堆场管理计划方式

件杂货码头堆场的管理计划可以分为以下三种。

① 依据货主和货代与港方的信息交流方式可以分为出口的集港计划和进口的提货计划。出口的集港计划即出口货物由货主或者货代送到堆场统一堆放的计划安排；进口的提货计划即进口卸船后堆放在堆场等待货主或者货代领取的计划安排。

② 依据外部环境和堆场关系可以分为进口卸船进场计划、出口集港进场计划和出口待装进场计划。进口卸船进场计划是进口货物如何安排至堆场的计划；出口集港进场计划是出口货物在明确船名航次的基础上如何安排至堆场的计划；出口待装进场计划是出口货物在没有明确船名航次的情况下先行进入堆场时确定其位置的计划。

③ 安排机械和人力计划的配工计划：配工计划是分配岸边门机、场地装卸机械、运输机械及具体的装卸队组的计划。

4. 件杂货码头堆场管理流程分析

堆场管理主要是处理进出口的装卸作业，所以诸多业务都是围绕着进口、出口两种类型展开的，下面分别介绍。

对于进口而言，首先当接到船代送来的提单后，通常至少是在正式船舶靠泊的前一天，货运部门按照舱单的具体内容制定进场计划，并由调度部门安排机械人力，制定配工计划，这样等船靠泊后就可以按照计划开始正式的卸船作业，在作业的同时记录操作过程填写纸面工班票；最后送至计算机录入人员把工班票录至计算机。

卸船之后，货主或货代与港方联系，货运部分制定提货计划，调度部门按照预定的提货数量制定机械人力计划；正式提货作业时，填写纸面工班票，后交由计算机录入员录入计算机；至此，一个进口货物的流转过程结束，如图 8－1 所示。

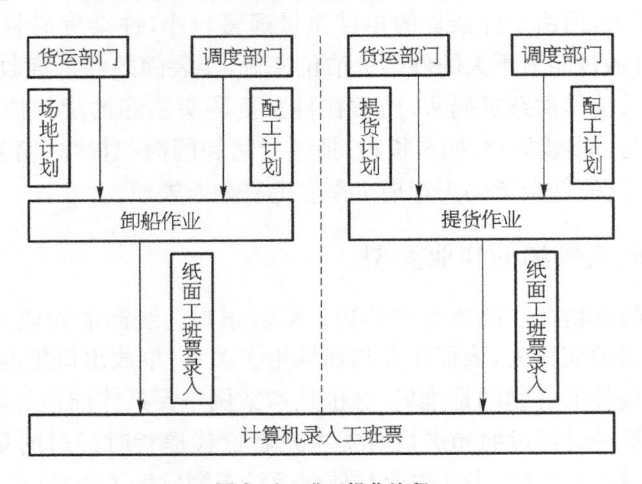

图 8－1　进口操作流程

对于出口而言，首先货主或货代与港方联系要求把即将装船的货物送到堆场，货运部门制定集港计划，并且按照货物的数量、种类及场地的分布堆存情况安排场地计划，调度部门按照预期的集港数量制定配工计划；正式集港作业时，填写纸面工班票，后交由计算机录入员录入计算机。

集港之后，要装船的货物已经堆放在场地中，正式装船之前，调度部门安排机械人力计划，正式装船作业时，填写纸面工班票，后交由计算机录入员录入计算机；如图 8－2 所示。

5. 件杂货码头堆场管理问题分析及解决方法

由于社会对运输节奏要求越来越高，传统的港口生产调度方式和手段已经明显不能够适应。生产调度过程的集成化程度较低，工作的协调性较差。生产计划采取的是分段式计划，生产计划制定时间与实际实施时间的间隔较长，容易产生误差。港口生产调度过程刚性化，一旦做出安排，在实施过程中根据客户和实际生产情况调整的难度较大，难以在过程中实现柔性化的改进方式，加之与港口以外的相关部门的信息交换手段

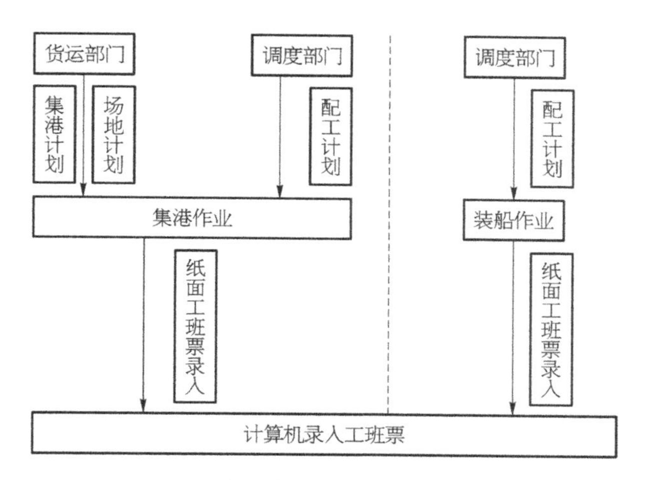

图 8-2 出口操作流程

落后，难以及时、准确、全面地了解客户对港口服务的需求。

目前，堆场的计算机作业系统是普通的 MIS 系统，相对于以前的纸张形式的计划和统计报表，MIS 系统可以给予及时、迅速的信息交互，然而 MIS 的操作界面以表格为主，比如在制定计划的过程中，操作者很少能在 MIS 中对整个堆场的分布以及堆存情况有所了解，虽然一些数据表格可以说明什么地方有什么货物，但是计划人员很难形成对堆场的宏观认识，使得计划的难度大大增加。现有的解决办法是，堆场的管理人员亲自去堆场查看了解实际的堆存情况，但是整个堆场之大，使得查看的工作量很大；而由于查看时间与制定计划的时间存在间隔，所以对计划的准确性是一个考验。引入 GIS 以后，GIS 的可视化界面首先在视觉上可以让操作者对场地分布有宏观全面的认识，而 GIS 技术对与物资资源数据库的连接支持，使得地图的区域能够反映与之对应的物资属性，整个地图生动而具体地呈现出堆场的全貌。

8.2 件杂货码头可视化管理系统开发与实现

1. 地理信息系统与管理信息系统的合成开发

地理信息系统与管理信息系统的合成开发实际上是对原有管理信息系统功能的扩展，在原有管理信息系统中加入可视化的图形界面，并提供用户与地图的交互功能，从而为原有的 MIS 提供更加强大的可视化管理功能。

在具体实现的过程中，依据上一章节的分析，选用在开发环境中嵌入 MapX 控件的开发方式。

MapX 是一个用来做地图化工作的 OCX 控件，它可以很容易地在应用程序中加入强大的制图功能，它可以把与空间有关的数据用地图的形式显示出来，并且把与该空间相关的属性关联其中，更加易于用户理解空间的内在含义。概括地说，MapX 是一个基于 ActiveX(OCX)技术的可编程控件，它使用与 MapInfo Professional 一致的地图数据格式，并实现了大多数 MapInfo Professional 的功能，有简洁小巧、功能优异的特点。因为 MapX 是一个控件，所以对它的使用主要是依赖于对控件自身的属性、方法、事件三者的融会贯通。

在开发的过程中，主要解决的问题是如何在管理信息系统的开发工具中使用 MapX 控件，并结合这个控件完成实际案例的功能要求。具体结合案例分析地理信息系统的功能之前，首先从通用开发过程的角度入手，简要阐述一下 MapX 中要实现的功能。

(1) 地图空间数据的加载

地图空间数据加载，即把建立好的地图嵌入到程序中来。在 MapInfo Professional 中建立好的是一个个的地图图层，一个图层至少由四个文件来描述。地图可以一层层地逐一加载到管理信息系统中，也可以组合成一个大文件一次性加载到管理信息系统中，两者的加载方式各有不同。当地图具有相对固定的层次关系，一般选用后种方法，这时需要通过 MapX 进行处理，它可以把多个图层组合成一个文件，直接将此文件加载进程序即可。地图空间数据加载主要是通过设定 MapX 控件的 Geoset 属性来实现的，该属性的取值就是由 MapX 组合成的合成文件。地图空间数据加载后就可以在程序中显示地图了，只是这时的地图尚无实际意义。

(2) 地图属性数据的加载

地图属性数据的加载，就是要把建立好的地图属性数据在程序中与地图空间数据绑定起来。数据绑定就是建立地图空间数据和地图属性数据的关系，使地理对象和相关属性有机结合从而实现图文互动。数据绑定以后，空间对象与地物的属性数据通过数据绑定相关联。这样，单击地图上某个地物，就可以浏览到与该地物相关的信息。属性数据表示的可视化使创建专题地图成为可能。地图属性数据加载主要是通过调用 MapX 控件中 DataSets 集合的 Add 方法来实现的。

(3) 专题地图的制作

已经将地图空间数据和地图属性数据绑定的地图如果能够针对某一专题，比如对某一区域的属性分布、管理属性信息等进行趋势预测分析，将会完善 GIS 的功能，并且具有很现实的意义。这种在地形图的基础上，加上相应的专题信息形成的图就是专题地图。

专题地图的表现形式有：范围图、直方图、饼图、等级符号图、点密度图、独立值图。这里主要讨论常用的范围专题图和独立值专题图。

范围专题地图就是按照设置的范围显示数据，这些范围用颜色和图案渲染。范围专题图能够通过点、线和区域来说明数值。在反映数值和地理区域的关系上，或显示比率信息时，范围图很有用。独立值图是一种比较简单的专题图，它使用不同的颜色、符号或线形来显示不同的数据。根据独立值渲染地图，可以表达多个变量。根据独立值绘制地图对象的专题地图强调数据的类型差异而不是数量信息；因此当用户只使用单一的数据来渲染时，可以使用独立值图。

制作专题图的过程是一个“渲染”的过程，其中包括专题地图中专题的确定、专题变量的确定、属性数据的获取以及专题图层的显示与控制等，专题图中显示的数据就是专题变量。例如在人口密度专题图中，表示人口密度的字段 Density 就是这个专题图的专题变量。一个专题变量不仅可以是一个字段,也可以是一个表达式。专题图的第一步就是确定专题变量。确定变量后还需要确定属性数据的来源,即要制作的专题图显示何种信息,信息存储在什么位置。基于此就可以创建专题地图了。

专题地图的建立是在空间属性数据指定的基础上,通过调用 Themes 的 Add 方法实现的。

2. 堆场管理系统的实现

有了前面知识的铺垫,下面围绕件杂货码头堆场管理系统中地图功能模块的实现展开叙述。在件杂货码头堆场管理中,是以堆场为核心,描述堆场上货位堆存货物的情况,为了描述一个码头的堆场,需要对堆场的大致位置、分布情况、库场特征等进行相应了解,然后进行地图可视化呈现的设计。地图绘制好以后,就在此基础上开发相应的地图模块程序,以发挥地图良好视觉效果的优势。在具体的码头堆场管理中,主要通过制定场地计划和实际机械作业的发生两方面来影响堆场中货位的堆存状态,最后对整个堆场的了解可以从“全场总貌”画面中得到。在此画面中,可以呈现堆场全貌,可以随意地操作地图,可以查询货位的描述信息,也可以查询货位的堆存情况,基本实现了一个与地图交互操作的小模块。

(1) 堆场管理系统的地图绘制

堆场中地图的绘制是在 MapInfo 中完成的,它是进行地图模块编程的前期工作。一幅地图由一个 Layers 集合对象表示,一个 Layers 集合对象又是由若干个 Layer 对象表示,这个对象即所谓的图层,它是按照一定的规则组合起来的地图特征,代表包含各类图元(如区域、线条和符号)的地图图元集合的窗体中的矢量地图化数据。

一幅地图绘制的关键正是在图层的安排上。在一些通常的系统中,地图图层的划分是按照图元类型的不同进行的,即按照点、线、面来划分,但在堆场系统中,这种划分方式不太适合实际的应用。堆场管理信息系统比较适合按照逻辑意义的不同以及操作功能的不同划分图层。首先对堆场进行描述,它按照对货物所在位置的描述可以分成两个层次,一个是库、场、段、粮仓等,它是表征货物所在的大区域位置;另一个就是具体的货位,即是在库、场、段、粮仓中又细化的货物堆存的位置。所以地图上至少要划分这样两个层次。在具体的应用中,大的区域位置可以实现库场聚焦的功能,即可以将某个大区域移至整个地图的最中央,方便察看。而具体的货位层,则是用户主要与之交户的一层,因为查询货物的堆存情况时,是按照具体的货位进行的。除此之外,在堆场中,还有很多的建筑物,公路、铁路,如果都略去不画,整个堆场只有上述两层的话,地图会显得单调呆板,加上这样一些修饰后,地图的内容丰富起来,地图从表象上生动美观,而且由于建筑物和路可以起到一定的定位作用,也方便人们找到地图的相应区域,增加地图的可理解性。因此,再建立一个图层,用来描述建筑物及公路、铁路等。

依据上述思想,依次建立三个图层,分别命名为 chang 层、yard 层、other 层。每个图层均由以下四个基本的文件构成:属性数据表结构文件(. Tab)、属性数据文件(. Dat)、交叉索引文件(. Id)和空间数据文件(. Map)。地图分了 3 层,所以生成了 12 个文件。此刻,各个图层间还是相对独立的。最后,在 MapX 中加载所有的地图图层,组

合成一个 *.gst 文件，就可以在程序中调用了。在组合成这一个文件的过程中，关键是要处理好各图层间的相对顺序，yard 层一定在 chang 层之上，考虑到 other 层中的一些元素，如房子、公路、铁路、库场中的过道等也是对 chang 的修饰，如果被 chang 层覆盖，就把效果给遮掩了，所以设定将 other 层置于 chang 层和 yard 层之间。程序绘制地图时，按照从下到上的顺序绘制，这样 yard 层就位于整个地图的最上方了。最终生成的地图如图 8-3 所示。

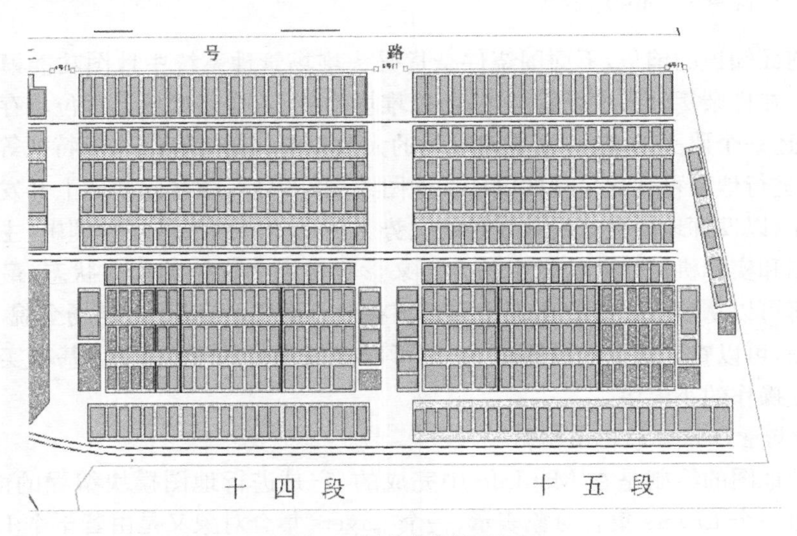

图 8-3 件杂货堆场示意图

(2) 堆场管理系统的地图模块开发

图形绘制好以后，接下来的工作就是进行地图模块程序的开发。开发工作主要围绕地图的空间数据、属性数据、物资的属性数据三者之间的关系展开。下面结合说明程序这一模块具体完成的功能和实现的方式，简要阐述 MapX 开发中的一些特点。

① 堆场管理系统的地图空间数据加载。

在进行地图开发的过程中，第一步的工作就是要在程序中调入地图，才能在此基础上进行其他功能的开发。在 PB 环境中，加入 MapX 地图控件，然后设定该控件的相关属性。加载地图空间数据的语句如下：

Ole_1. object. GEOset=" *.gst"

其中，等号左边的 Ole_1. object 代表对一个地图控件的引用，GEOset 就是地图控件的一个属性，它表示地图的空间数据来自哪里。等号右边的文件就是刚才在 MapX 中集成好的地图文件，指定地图控件中显示的地图。

② 堆场管理系统的地图属性数据的加载。

地图空间数据加载完毕后，堆场以图形化的形式呈现出来，这时的地图还没有实际的意义。正如前面所述，对地图的完整描述不仅要有空间数据，也需要属性数据；因此还需要加载地图的属性数据。

MapX 中有数据集集合对象 DataSets，通过调用 DataSets 的 Add 方法就可以进行数据绑定了。此数据绑定过程会创建 DataSet 对象。这个 DataSet 对象添加到 DataSets 集合中，包含了数据绑定到地图图层中的图元的计算值。一个地图控件有一个 DataSets 集合，该集合包含若干个 DataSet 对象。加载地图属性数据的语句如下：

Ole_1. object. DataSets. Add(Type, SourceData)

其中，参数 Type 指定地图所对应的数据源类型，是 MapX 的一个常数特性，即在程序中它是用常数代表具体的意义。当取值为 6 时，对应的数据源类型为 MapInfo 环境中定义的属性数据表；取值为 2 时，对应的数据源类型为 ODBC 数据库中的表。当然还有很多其他的数据源可以用常数表示。参数 SourceData 会根据具体数据源的不同而有所不同。

在堆场管理系统的开发中，选用以 MapInfo 环境中定义的属性数据表为数据源。通过形如 DataSets. Add[6, Layer(1)]的语句就可以完成地图属性数据的加载。这时参数 SourceData 就是具体的图层，即指明该数据集究竟是和哪个图层的 MapInfo 表相关联。经过地图空间和属性数据的加载，使地图空间对象和相关属性有机结合起来，在堆场管理系统的开发中，是实现地图对象和地图属性数据之间互相查询的前提，同时也为进一步通过地图属性数据查询物资属性数据提供可能，从而为地图模块中各种功能的实现打下基础。

在进行具体功能模块实现之前，简要说明一下 MapX 开发中的一个特点，正如上文进行地图属性数据加载时参数 Type 的设定，它用常数代表具体的含义，这一特性方便了编程，使得语句得到简化。

③ 堆场管理系统地图功能模块的实现。

在堆场管理系统功能模块中，要实现对堆场地图本身的操纵，要能够在堆场地图中实现地图与属性之间的相互查询；同时，对使用和管理者而言，要进一步查询到堆场中货位信息与存货信息之间的关系，这样，使用者就可以在良好的可视化环境中，实现对堆场货位信息与堆存信息的获取。

首先，系统要提供对地图本身的操作功能，能够随心所欲地查看地图，如放大、缩小、平移等，这是就地图空间数据本身的功能开发。因为调用的是一个诸多功能已经集成好的地图控件，该控件已经具备这些基本功能，所以只需要使用工具即可。

在 MapX 中存在两种类型的工具，一类是系统标准工具，每一种标准工具在 MapX 中都由常量和值与其对应。上文提到的就属于此类，开发中只需使用工具即可；另一类是系统自定义工具，从工具的光标样式到具体实现的功能，都需用户自行指定，然后再使用。

无论何种工具，使用时均是通过将该工具设定为地图当前工具来实现的。它的语句如下：

Ole_1. object. currenttool=1003

其中，currenttool 是地图控件的一个属性，表征地图的当前工具是什么，如现在要放大地图，就把当前工具设为“放大”，等号右边是一个常数，它就是具体某种工具的代号。在 MapX 中，编号从 1000 到 1015 的常数都表征系统工具，如 1003 表示放大、1004 表示缩小、1001 表示平移、1007 表示选择地图的某个区域等。

实现地图放大功能的语句已经具备，接下来就是何时触发该语句。一般会在按钮或者菜单中，如建立一个“放大”按钮，这时在“放大”按钮的 CLICKED 事件中设定地图的 currenttool 属性，这样就自然实现了点击“放大”按钮，地图工具改变而呈现出放大镜加号标志，标志地图可以实现放大功能。同理，可以建立“缩小”“平移”按钮实现相应的功能。

综上，可总结“系统标准工具”使用的两大步骤，一是设定 currenttool 属性，二是在适当的事件中，如按钮的单击事件中调用该工具。

其次，进一步提高地图的可视化效果，将本书前面介绍的可视化方法用程序予以实现。比如需要对堆场按区域有文字性的描述，能提供主动的地图定位功能等。

对堆场的标注可以借助于绘制地图时地图的属性数据，当然也可以在绘制时直接把文字性的描述作为地图元素添加到地图中。选择后一种方法时，地图的绘制量大为增加，而且控制起来不灵活，因为这时标注总是相对固定地和地图一起显示出来；而前一种方法，直接利用属性数据来标注，这样想显示库场的标注时就将 chang 层的标注显示出来，想显示货位的标注时就将 yard 层的标注显示出来，并且控制起来非常灵活，只需要设定标注显示与否的语句即可，它的语句如下：

```
Ole_1. object. Layer(3). autolabel=ture
```

其中，Layer(3)表示地图的第三层，即库场层，autolabel 是层的一个属性，表征该层是否自动标注，如果值为 ture，表明显示标注，反之表明不显示标注。这里采用第三层作为标注层而没有选择最细化的货位层，是因为如果显示货位层的标注，由于货位之间的距离很接近，整张地图会堆积着很多文字，文字与文字甚至相互叠加在一起，显得凌乱不堪，反而与增加地图可视化效果的目的背道而驰；而选择库场层标注，场与场之间的距离较大，标注一般显示在自己的区域中，达到了提示地图区域的作用。当地图很小时，同样标注的存在也会使地图凌乱，这时可以通过设定地图标注的显示范围，比如当地图一定大时才显示标注。

对于地图，当用户需要随意点击自己感兴趣的区域时，一般希望该区域能够快速定位，为此，地图要能够根据用户的要求把某个区域显示在地图的中央，实现的思路是找到用户的定位目标，然后把该定位目标的中心作为地图的中心，这样定位目标就出现在地图的正中间了。它的语句如下：

```
Ftrs= Ole_1. object. Layer(3). search(condi)
Ole_1. object. ZoomTo(0. 2,ftrs. item(1). centerx,ftrs. item(1). centery)
```

其中，第一句话是按照某个条件查找出定位目标，它利用了层对象的 search 方法，括号内的 condi 是具体的条件；第二句话是把地图移至该定位目标的中心坐标，因此实现了定位目标居中的效果。

再次，要通过点击地图区域查询地图的属性数据，并进一步查询地图区域的堆存性质；同时也需要根据一定的条件，查明该条件下库场的分布。

选择地图的某个区域后，使地图该区域高亮显示出来，这是系统标准工具已经提供的，但在堆场的应用中，仅仅做到这一点还远远不够，这时还需查看货位的属性信息，以及该货位的堆存情况。这意味着系统工具不再适用，需要建立自定义工具完成上述功能。自定义工具的使用包含以下三个过程：

a. 创建自定义工具：所有的工具都需要有一个代号，如同上文放大工具的代号为1003一样，自定义工具也需要代号，这里就是为自定义工具指定一个代号。它的语句如下：

```
Ole_1. object. CreatCustomTool(ToolNumber, Type, Cursor)
```

其中，CreatCustomTool是地图对象的方法，表示新建自定义工具，它一共有三个参数，参数ToolNumber表示新建工具的工具代号，Type表示它的工作方式，比如是点形、矩形或是多边形，Cursor表示光标的类型，比如放大工具就是放大镜和加号的光标。

b. 编写自定义工具的处理过程：这一步决定工具具体执行的工作，因为这里完全按用户的要求编写代码，因此非常灵活，可以实现各种功能。工具的执行代码写在地图控件的ToolUsed事件中。

c. 在应用程序界面使用自定义工具：设定地图当前的工具为该自定义工具，这部分与系统标准工具相同。

在堆场系统中，创建一个“选择”自定义工具，当选择该工具后，可以选择地图上的堆场货位，显示货位名称，并进一步显示堆存情况。实现的方式是建立一个文本编辑框，用来显示货位名称，建立若干个数据窗口，表征货位的堆存状态。它关键的语句如下：

```
Ftrs=Ole_1. object. Layers(1). SearchAtPoint(point1)
```

其中，point1表示鼠标单击地图所在的点，SearchAtPoint方法表示搜索包含该点的区域特征。那么货位的属性可以通过Ftrs. item(i). name得到，货位的堆存情况可以通过以该货位代码为参数来检索堆场的港存表来实现。

这时，实现了按照空间位置查询港存的功能，反过来，也可以通过设定条件来查询空间的分布，它的语句如下：

```
Ftrs = ole_1. object. layers(1). search(condi)
```

其中，与上条语句相比，不同在于这里调用的是search方法，是按照某种条件来查询地图，比如给用户提供查询条件的设定界面，可以按照船舶航次来查询货物的分布位置。

最后，要完成地图的颜色渲染。此时的地图与最初画出的地图并没有什么差别，然而使用者是希望通过地图的表象就可以知道类似该货位是否有货，是否做了计划等信息，这样就需要通过开发得到关于这类信息的专题地图。

通过和大量的堆场管理人员的沟通得知，货位的堆存情况即一个货位是否有货物，是否已经做了计划对他们日常工作有很多的影响，所以如果开发的地图可以从视觉上直观地给使用者呈现这种状态就十分必要。这种需求是专题地图可以提供的。

在建立专题地图之前，要先选择专题变量，并确定专题变量的取值。依据调查的结果，建立表征堆场堆存状态的变量，并依据其含义：无货、仅有计划、有货、有货也有计划，为专题变量建立四个相应的取值0、1、2、3。建立专题图的语句如下：

Ole_1. object. datasets(1). themes. add(5, "shadeval")

其中,参数中,常数 5 表明 MapX 专题图为独立值型。分别用 0、1、2、3 四个独立的值代表货位的堆存状态。"shadeval"表明具体的渲染变量对应的属性集合中字段的名称,这里即指 MapInfo 表中字段的名称。接下来,就可以设定各种独立值对应的显示样式,显示样式中包括前景、背景的颜色、填充样式等,这样就使得各种地图区域呈现出了不同的显示效果。

每个专题图会对应一个图例,图例中自动会添加各种独立值对应的区域数量有多少,但是颜色的意思会根据据具体的应用环境有所不同,它不可能自动添加上去。因此,为了让程序的可读性更好,应该具体指明某种颜色对应的具体含义,这样人们一看堆场地图,再看看图例说明,整个堆场的状态就一目了然了。

有时,地图的渲染颜色使得地图中处于选中状态的高亮区域不十分明显,也就是说,两者的颜色存在一定的视觉干扰,这种情况下,需要把专题图隐藏,从而使地图选中状态的特征清晰一些。至此,专题图的开发结束。

经过以上各部分开发过程的解读,堆场管理系统的地图模块功能已基本实现。下面再结合图文简单演示一下地图模块的功能。

(3) 堆场管理系统的地图模块演示

首先,图 8-4 为使用者提供了件杂货码头堆场的总貌,使用者可以通过这张图对自己即将管理操作的堆场总貌有所了解,形成对堆场的客观概念。在界面上可以看到移动、放大、缩小,单选、库场标注显示、专题图隐藏等操作。

图 8-5 提供了库场标注显示的界面,选中图中的"库场标注显示",即可以看见该显示前有√的标记,此刻的地图界面就出现了诸如"开发科 4 场""开发科 5 场"的标注,当使用者不

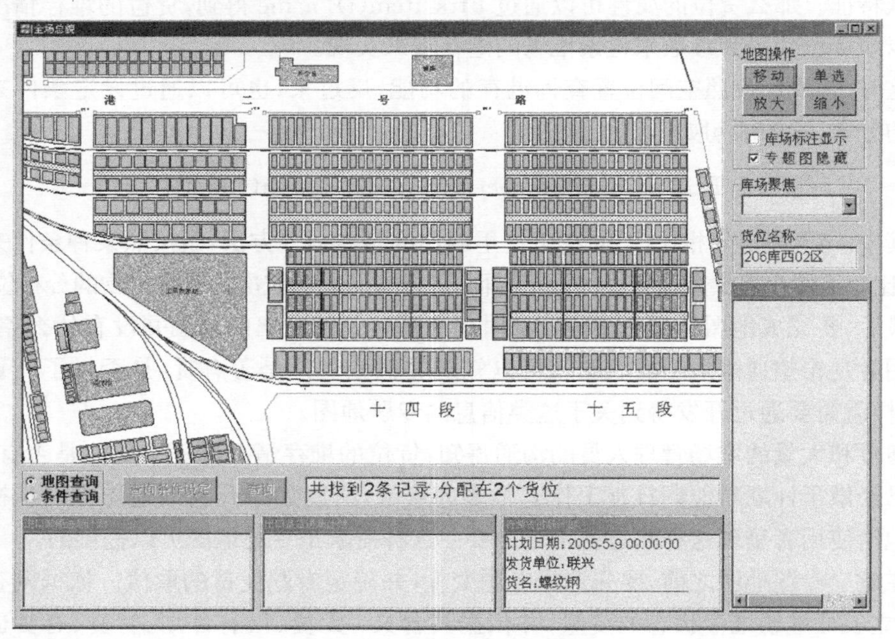

图 8-4 件杂货堆场总貌

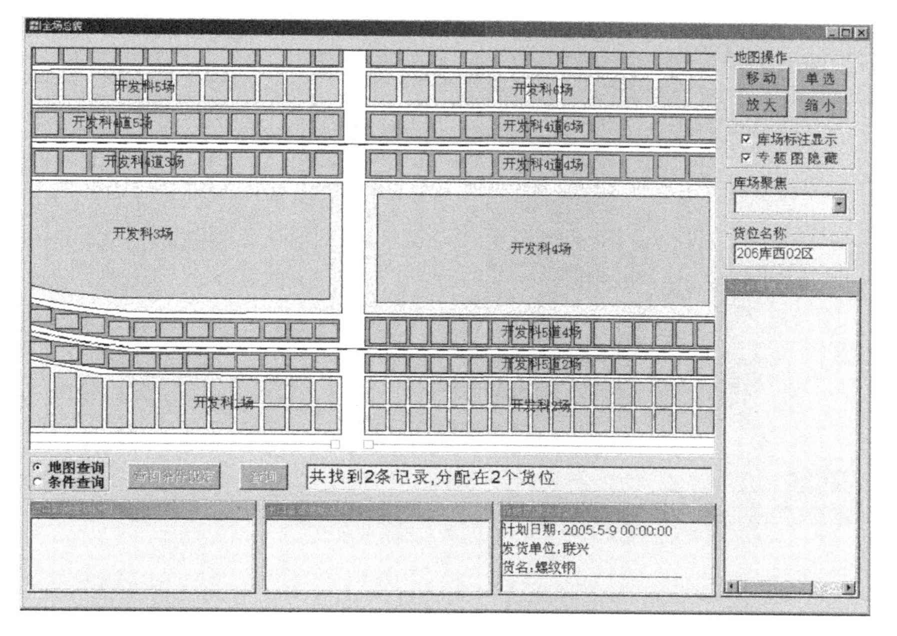

图 8－5　库场标注显示操作

清楚库场的具体位置时,只需要进行“库场标注显示”的操作就可以得知库场具体位置。

图 8－6 所示为库场聚焦,在操作过程中如果操作者想看看某库场的存货情况,可以使用库场标注显示的功能,但是他还需要花费时间精力查找该库场,如果这时使用“库场聚焦”的工具,那么需要查找的库场立即就显示在屏幕的中央。比如需要查找 204 库,只需要在库场聚焦一栏中选择 204 库,即可以发现屏幕中央是 204 库。

图 8－6 和图 8－7 其实表示的是一个库场,但是在显示上两者却有很大差别,主要

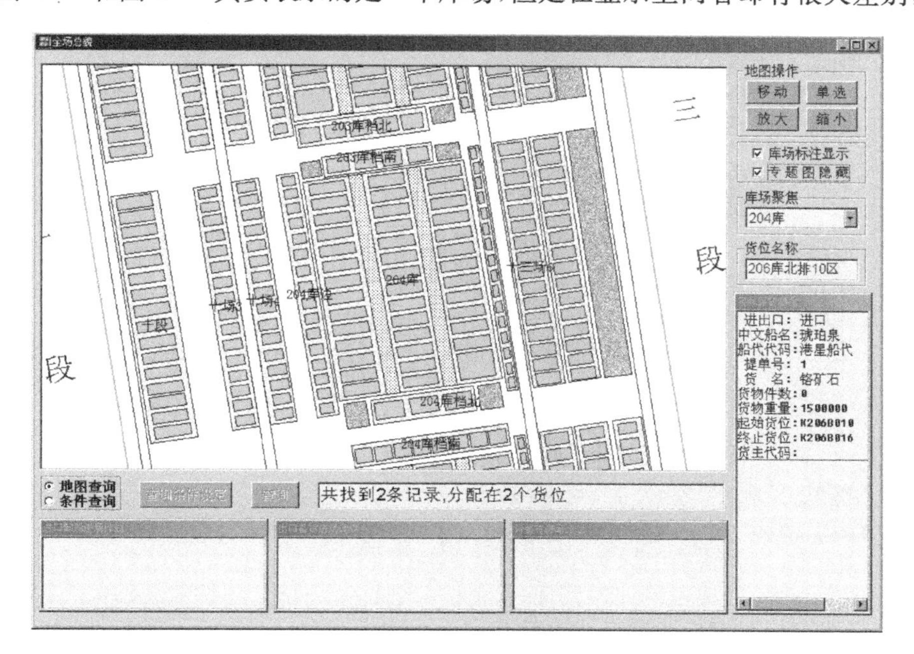

图 8－6　库场聚焦

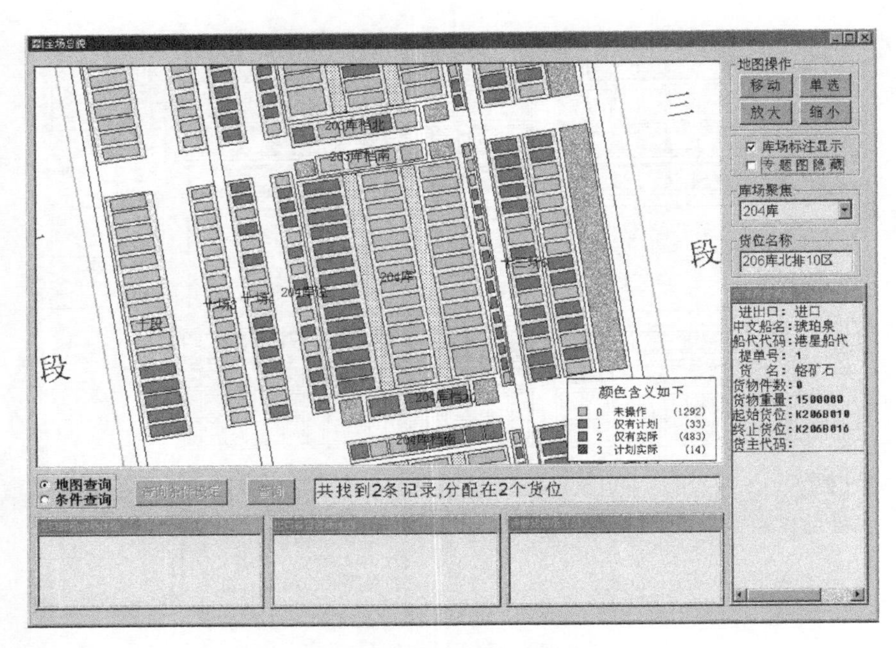

图 8-7 专题图显示效果

是图 8-6 中的专题图隐藏选项被选中。上文已经阐述专题图是经过变量渲染的地图，这次选用四种颜色分别代表“未操作”“仅有计划”“仅有实际”“实际计划”，这样在图 8-7 上就看见了不同颜色的色块，以图 8-7 为例，说明目前 204 库大部分都是未操作的货位，这样管理者就可以合理安排计划，妥善利用货位。

图 8-8 是单选地图的操作演示。方框即为选中货位，选中后，该货位出现阴影底纹，图右的货位名称中出现该货位的编号，并在下面的数据窗口出现了该货位的堆存情

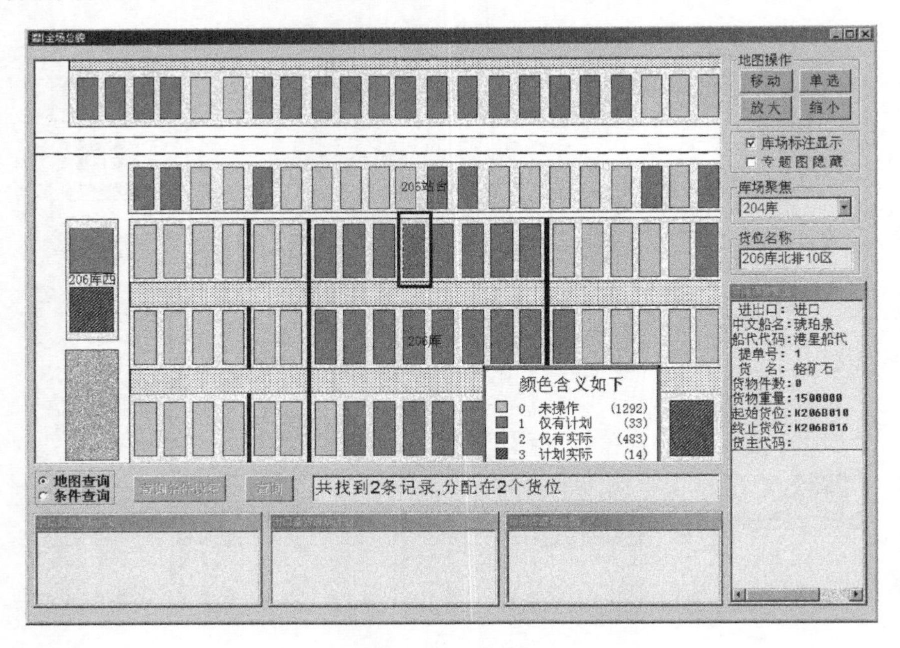

图 8-8 单选地图

况，即货物的物资属性信息。这就是联合 MIS 中业务数据的结果。

图 8-9 为条件查询的操作演示。首先选中条件查询，然后按照需要查询的条件输入，这样的结果就是在图中看到符合条件的货位是有底纹的，但是由于专题图的渲染，颜色的加入使得界面的显示有些模糊，这时可以隐藏专题图来更清晰地表现条件查询的结果，如图 8-10 所示，该图是隐藏了专题图的条件查询地图，可以发现有些货位是有底纹的，这就是符合设定条件的空间货位。

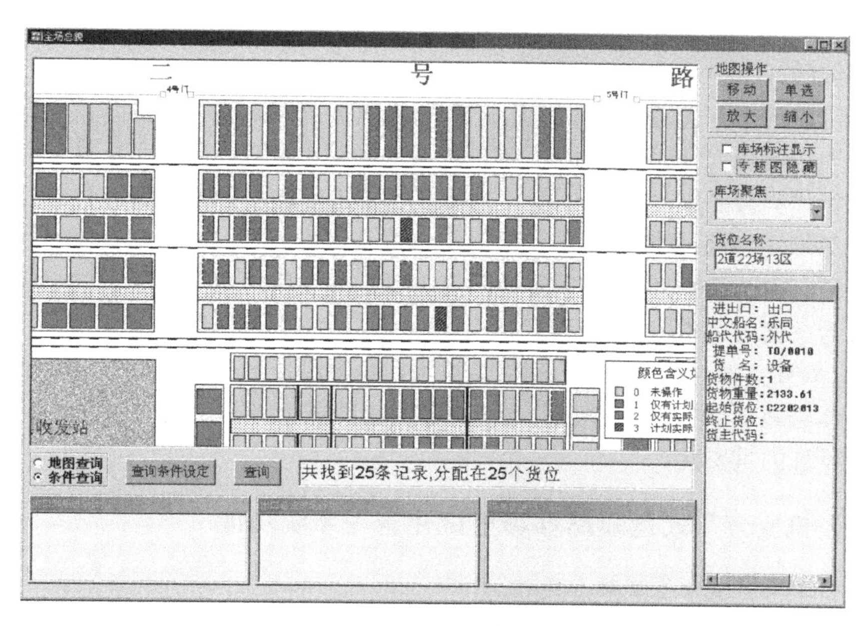

图 8-9　条件查询

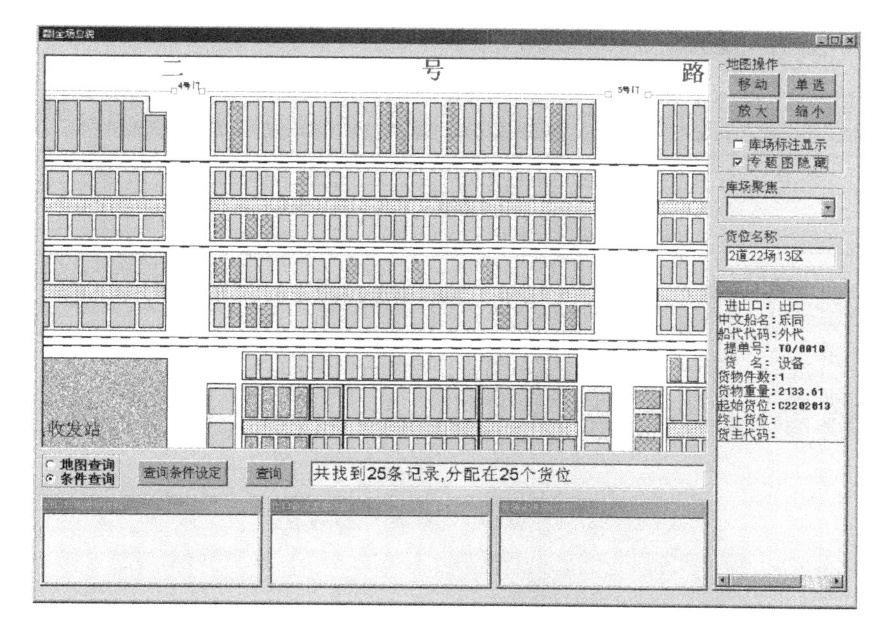

图 8-10　专题图隐藏

8.3 实例拓展：危险品堆场可视化管理系统

1. 危险品堆场可视化管理系统的引出

基于地理信息系统件杂货码头案例选择的是 MapX 作为控件嵌入的开发方式，MapX 专题图的出现提供了诸多方便，除了上面介绍的以堆存状态为变量的渲染方法，在其他系统的开发中可进一步根据需要进行专题地图的构建。

比如可以选择存货的日期作为渲染变量，这样对于堆场中存放时间过久的货物可以联系货主或者货代及时提走货物，不仅为堆场利用率的提高创造了条件，而且有利于货主或者货代利益的保证。再如，除了用堆存状态表示堆场的堆存情况外，对于特殊堆场如危险品堆场，按照货物堆存的危险品类别进行渲染，可以直观地看出危险品在堆场的分布特征。由此说明，可视化系统的开发主要是基于用户的某种需求，这是构建可视化系统最为关键的一步。

因此，本节主要讲述同样的地理信息技术在危险品堆场的使用。通过本节的讲解，读者可以体会地理信息技术在不同领域使用的相同点，不同案例中应用的差异以及可视化元素设计的重要性。

2. "人机交互"式危险品堆场可视化管理系统功能

(1) 危险品堆场仓库货物入库

图 8-11 所示是仓库货物入库时确认场地位置的界面，上一案例呈现了货位堆存状态的可视化系统，重在呈现。这里可以结合业务需要，在地图上进行货物位置的确认

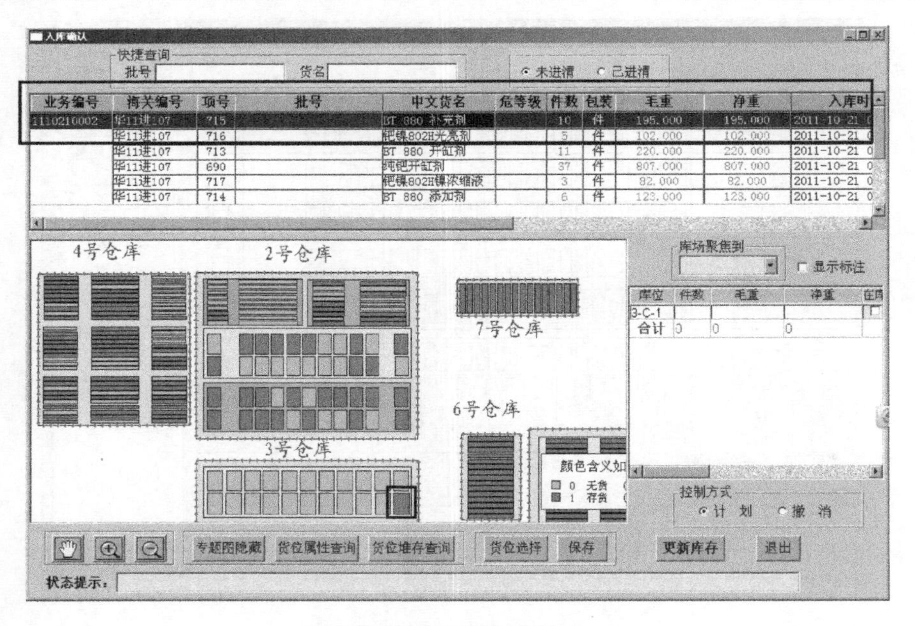

图 8-11 地图上确认场地位置

操作，重在交互。在地图上单击存放货物的货位，在地图上确认位置的同时，管理信息系统中输入货物的件数、重量等信息，从而把一条入库记录的信息补充完整，如图 8－12 所示。当一条入库货物的位置在多个货位时，如图 8－13 所示，地图上单击多个货位，单击“保存”按钮，地图中货位状态发生变化，如图 8－14 所示。

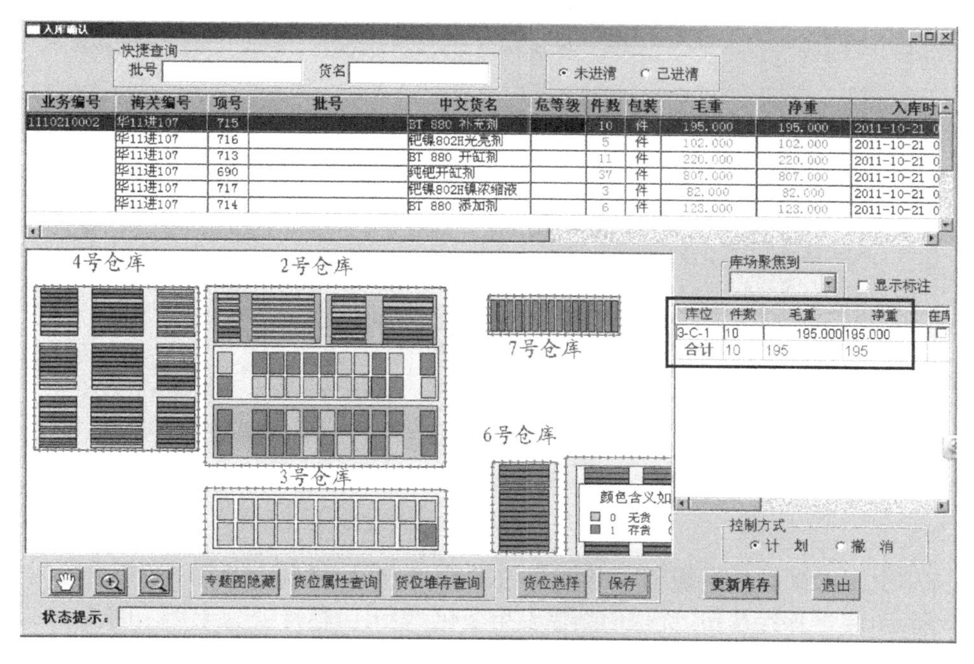

图 8－12　**库位之外信息的添加**

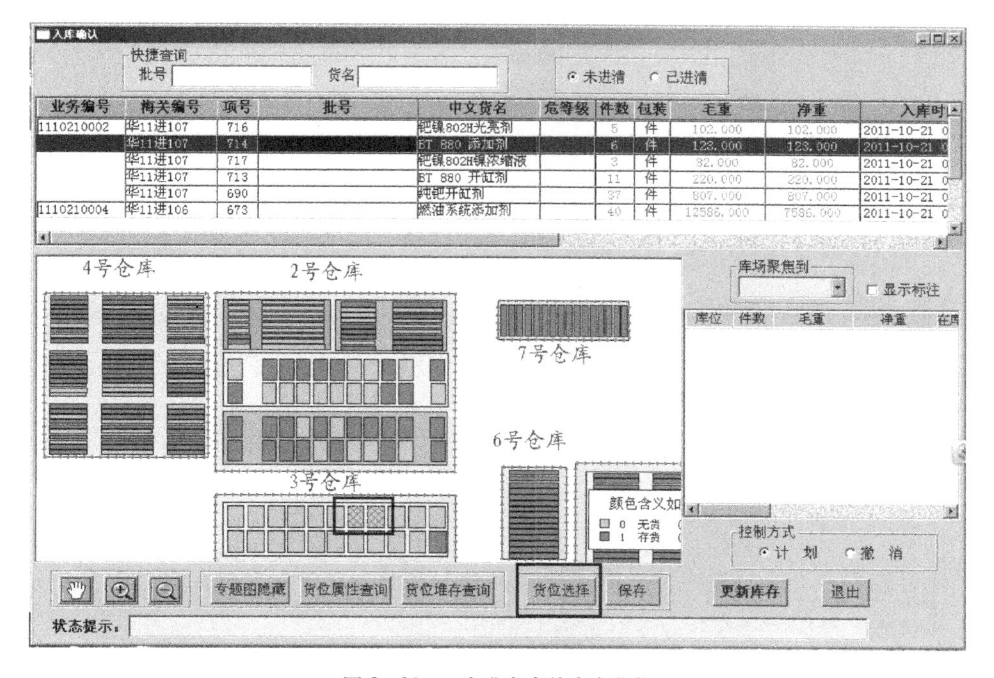

图 8－13　**一条业务存放多个货位**

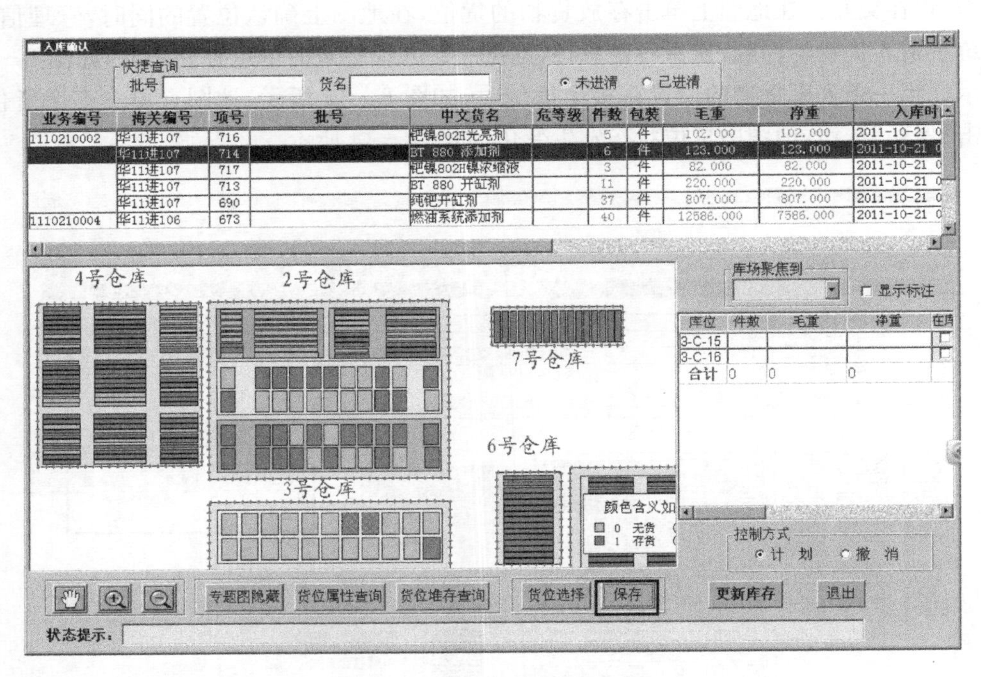

图 8-14　保存后货位发生变化

如果手工误操作后需撤销对某个货位的选择，可在控制方式中选择“撤销”，如图 8-15所示，单击保存按钮，货位的颜色发生变化，表示由存货变为无货。图 8-16 中撤销货位的状态复原。

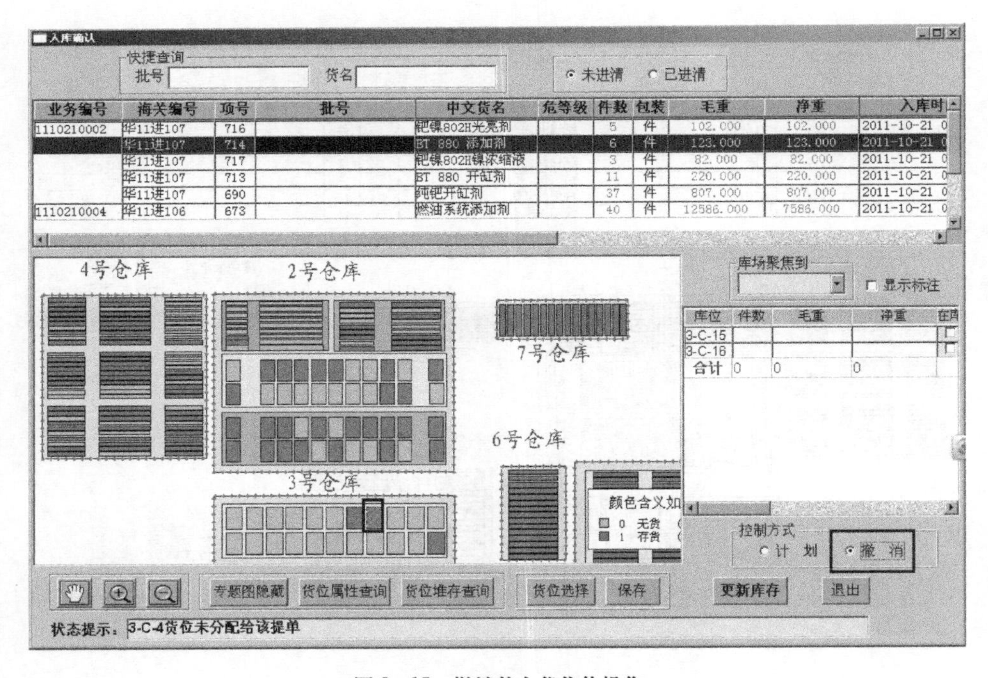

图 8-15　撤销某个货位的操作

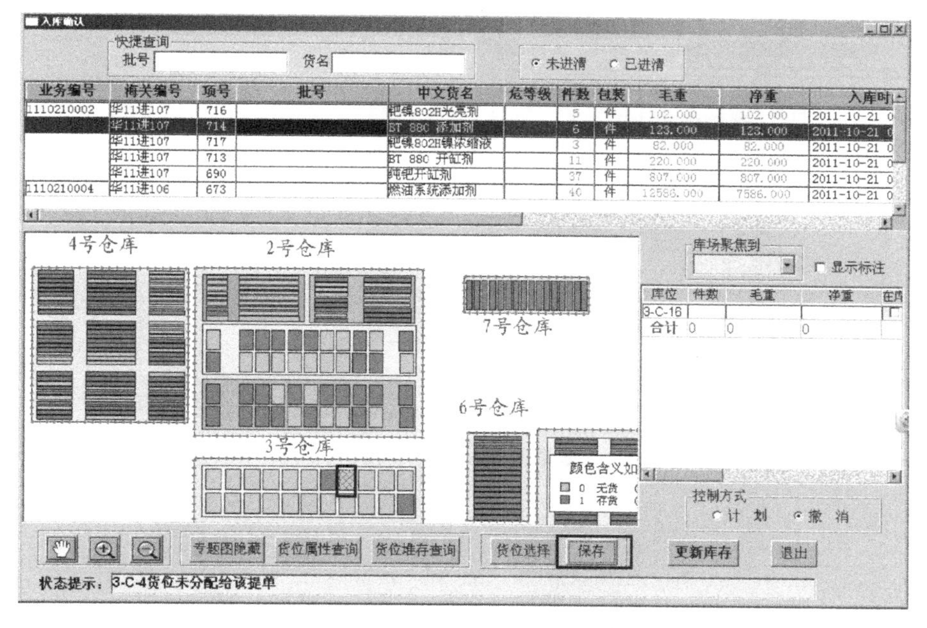

图 8 - 16　撤销某个货位保存后货位状态变化

本案例体现了利用 GIS 实现与地图的交互，贯穿本书强调的是 GIS 与 MIS 进行有效结合的关键为良好的功能设计。

(2) 危险品堆场仓库监控

上述流程中充分使用了地理信息系统的人机交互，完成了堆存位置的确认。与上一案例相同，对于该危险品堆场，同样可以利用前面所示的手段实现相似的功能，见图 8 - 17—图 8 - 26 所示，包含地图的常规缩放、移动、专题地图、聚焦、地物查询、查询条件的设置、条件查询执行等功能。

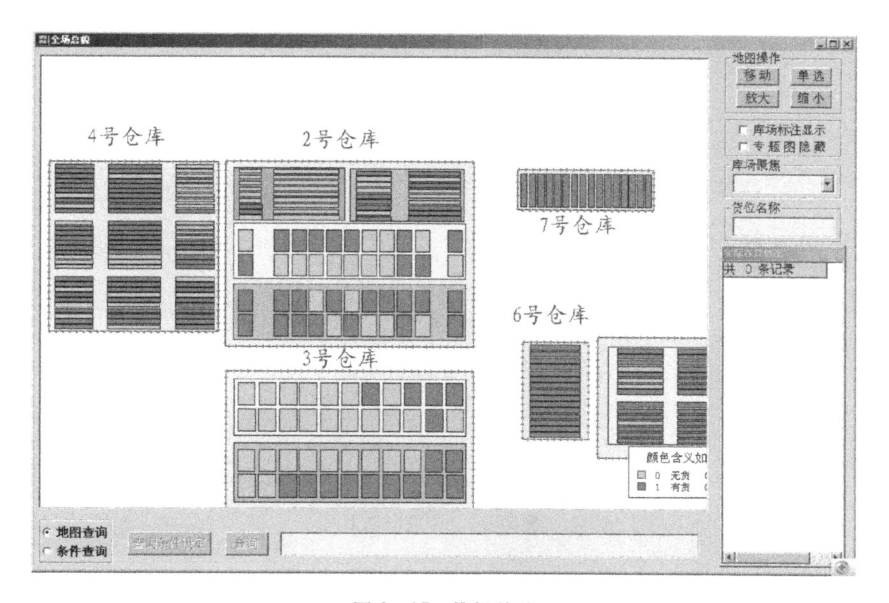

图 8 - 17　堆场总貌

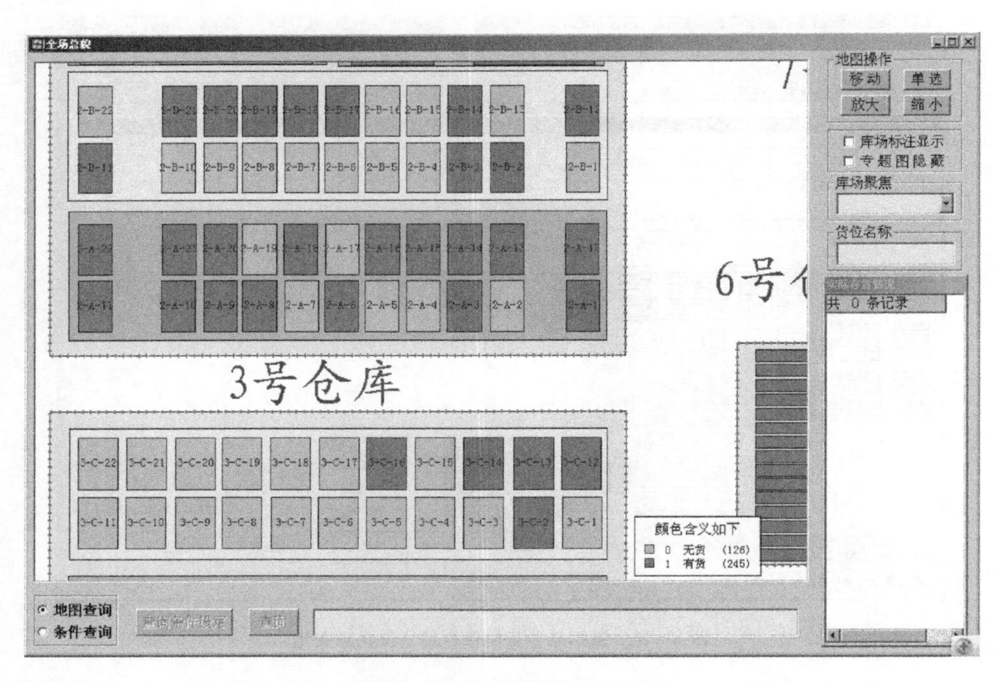

图 8－18　放大堆场地图效果

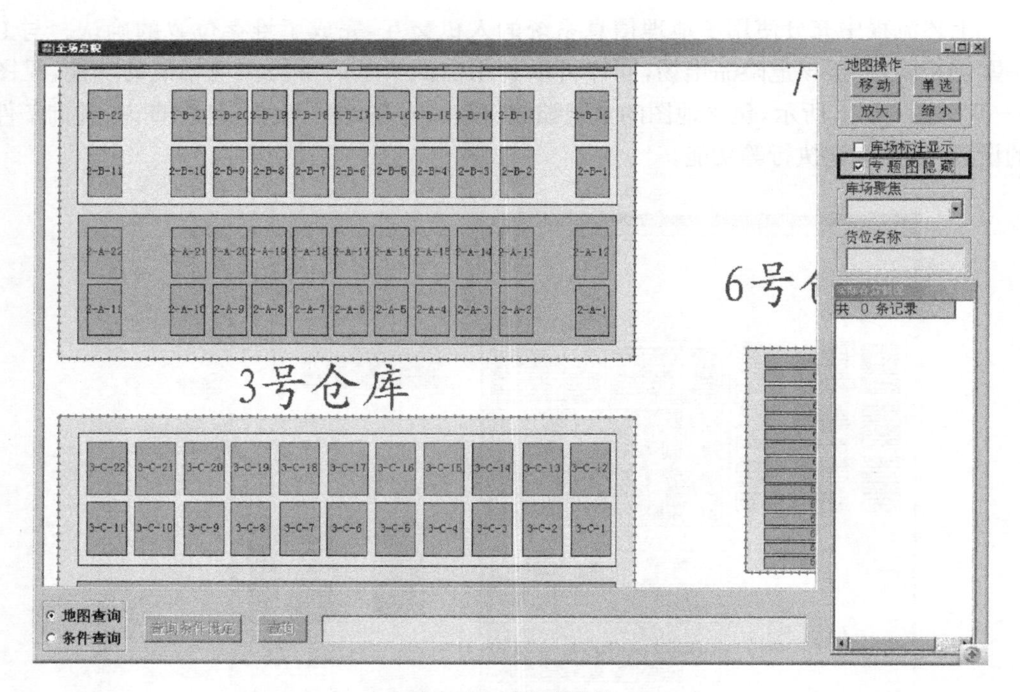

图 8－19　专题图隐藏

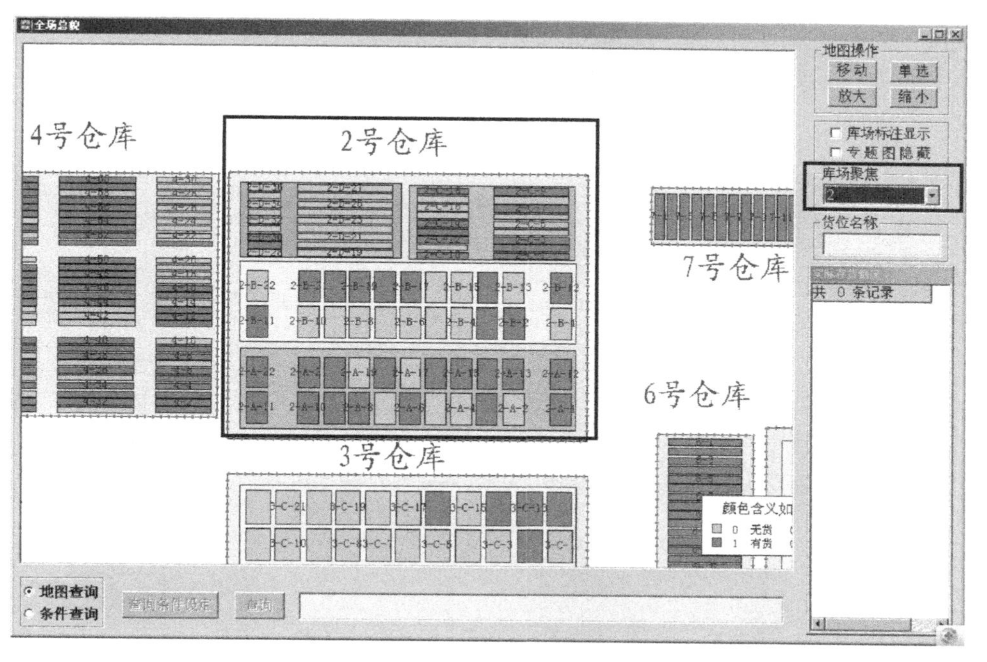

图 8－20　库场聚焦功能

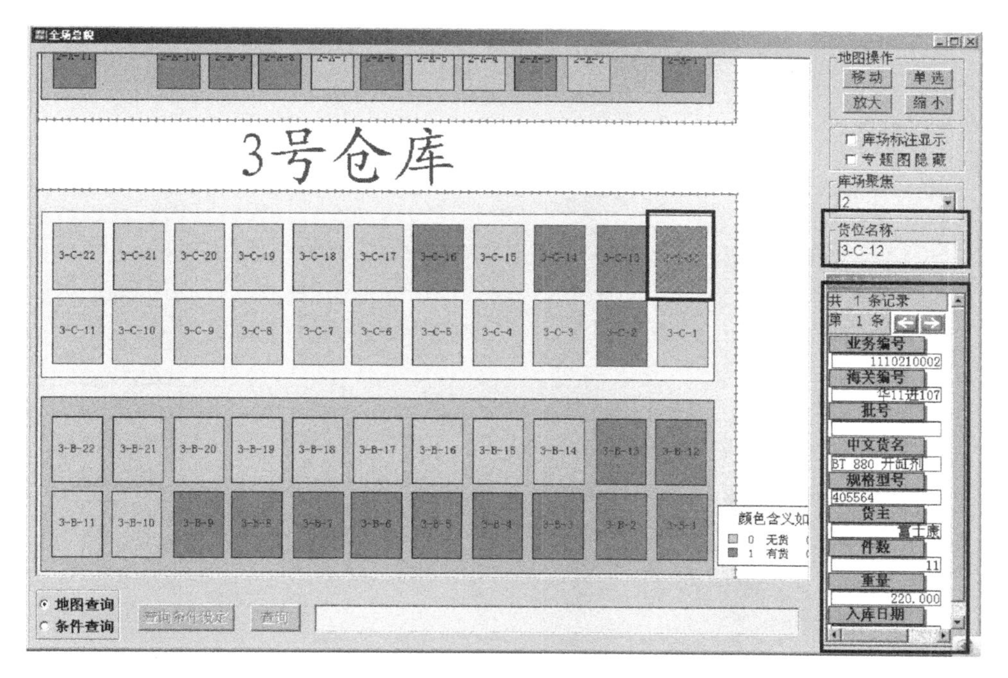

图 8－21　库场单选查询

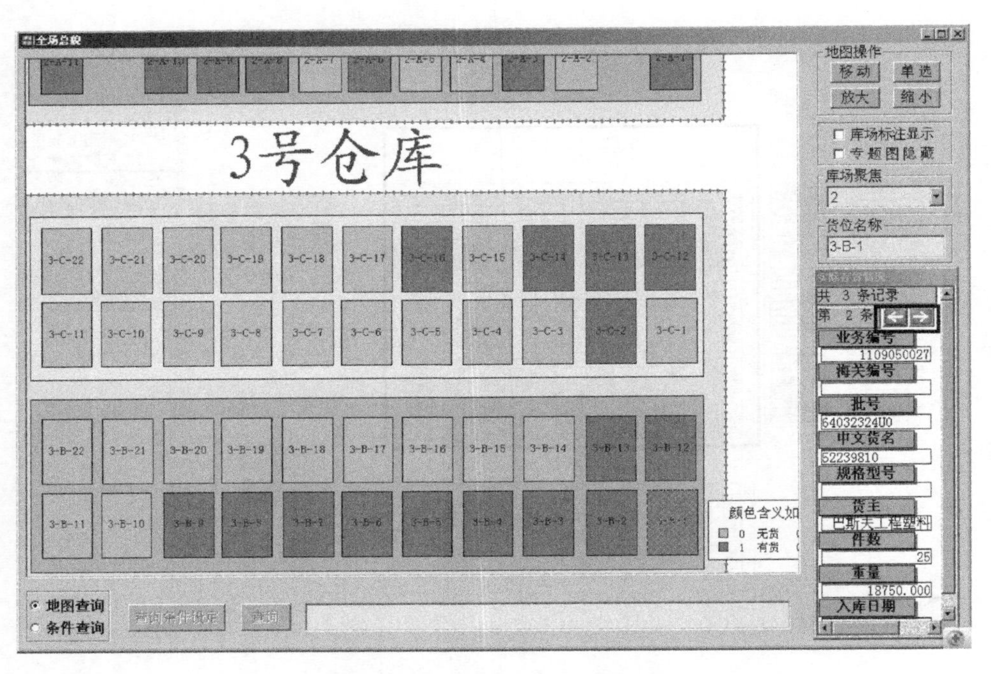

图 8-22　一个货位存放多个货物的查询

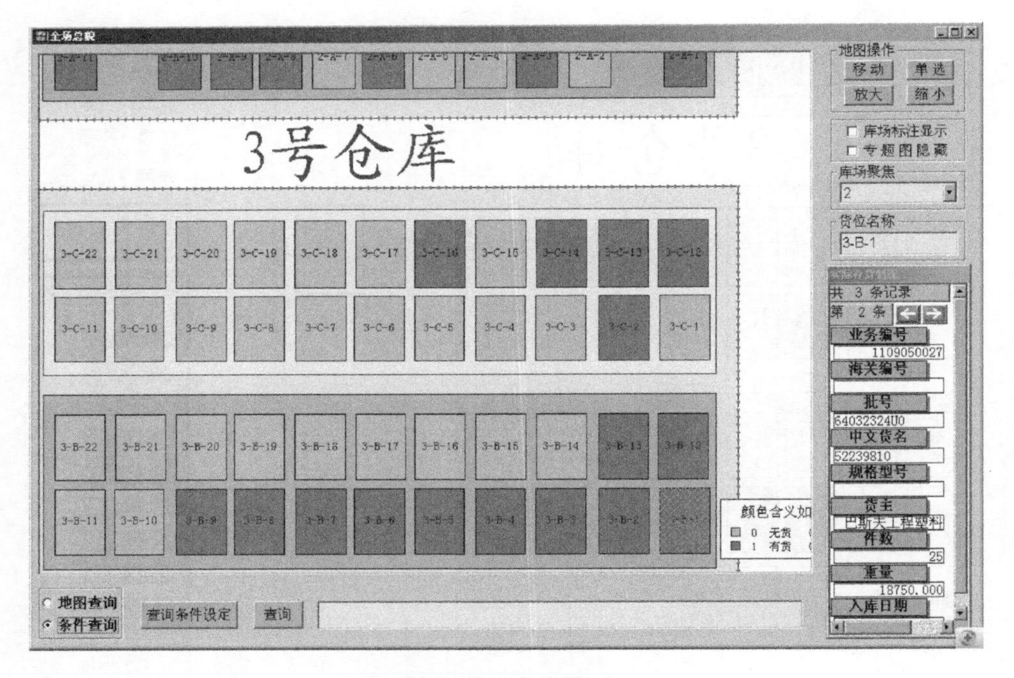

图 8-23　条件查询

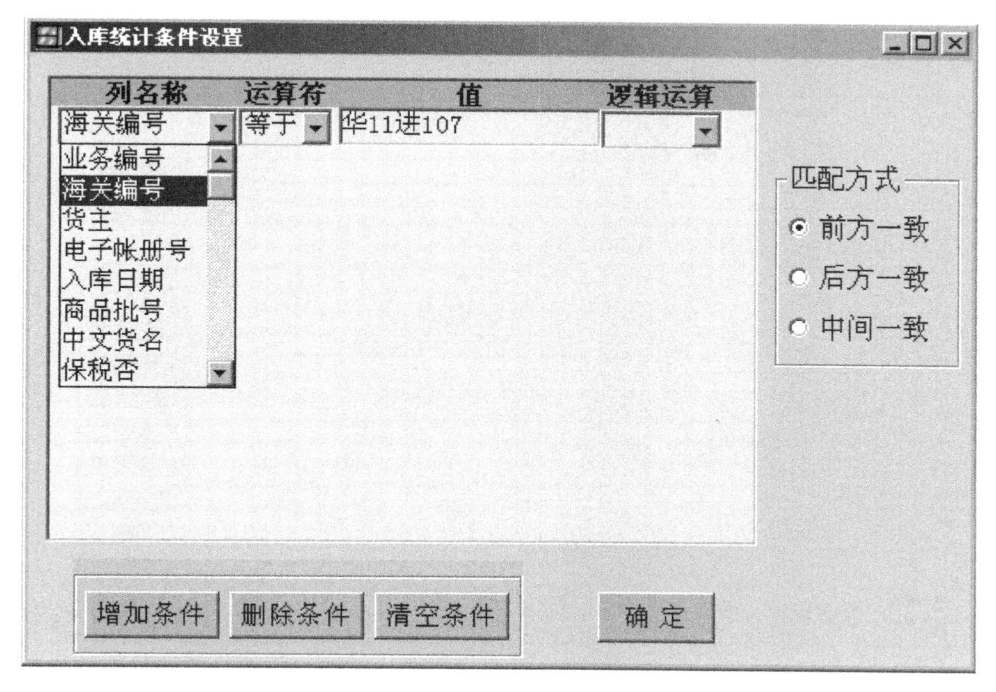

图 8 - 24　查询条件设定

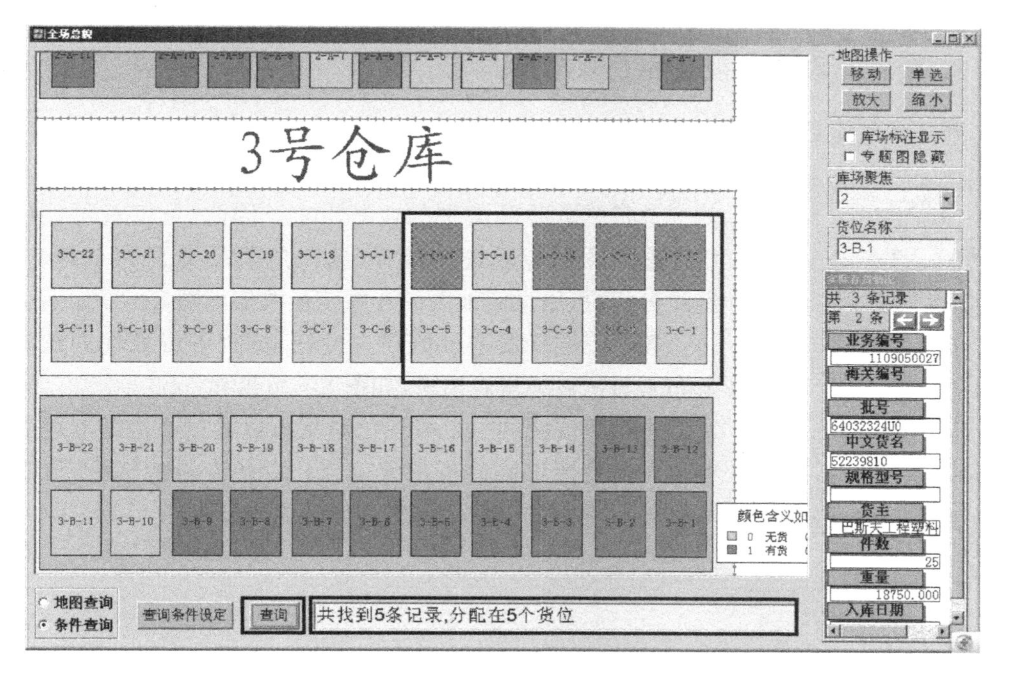

图 8 - 25　执行条件查询

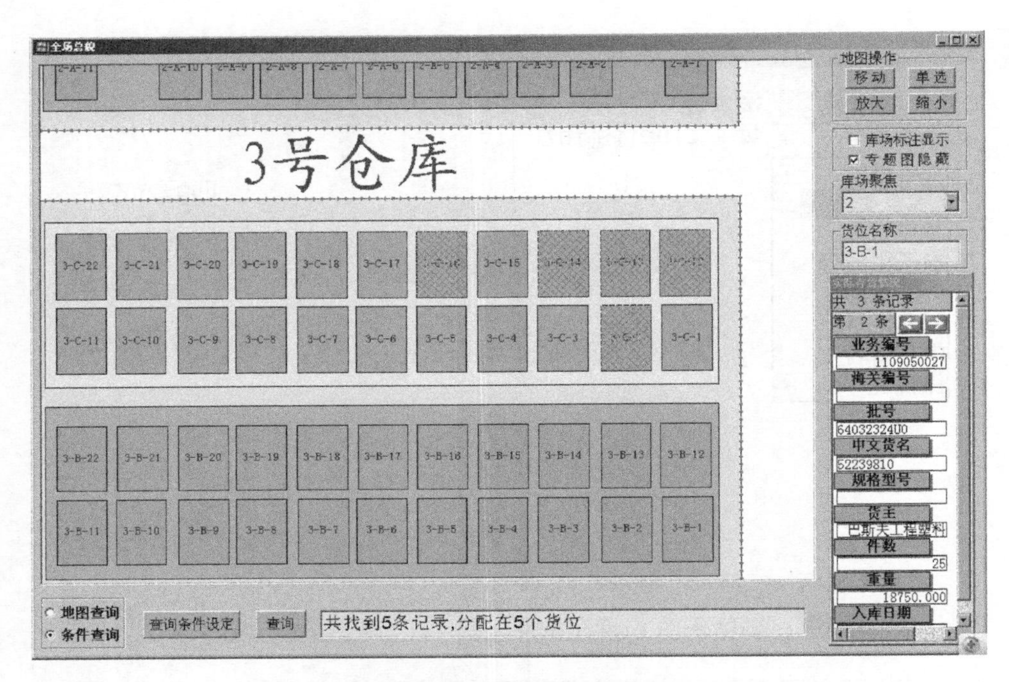

图 8-26　非专题地图状态下条件查询结果

上述案例的功能充分说明不管物流可视化表达的对象发生何种变化，所采用的可视化手段是一致的。可视化不仅是呈现，也在于如何通过界面的人机交互，参与到可视化的功能上来，最后落实到可视化系统的设计上。

3. 危险品堆场可视化的专题选择

同样是危险品堆场，除了对货位的堆存状态进行可视化之后，考虑到危险品堆存的特殊性，仅仅知道货位是否有货物依旧不够具体，还应了解具体存放货物危险品类别的业务需求。因此，可以对可视化系统专题地图的专题进行选择，选择危险品类别为专题变量。经过分析，可以设定地图的专题变量取值如图 8-27 所示[21]。

颜色含义如下：

0	非危	(48)
1	1类	(37)
2	2类	(202)
3	3类	(251)
4	4类	(20)
5	5类	(97)
6	6类	(41)
8	8类	(71)
9	9类	(79)
E	空箱	(265)
K	货棚仓库	(16)
Z	空箱位	(1296)

图 8-27　专题变量取值

按照专题变量的取值建立专题地图，可将堆场的危险品分布一目了然地呈现出来，如图 8-28 所示。

本案例说明同一个可视化对象可以通过不同的专题变量的选择呈现出不同的可视化效果。专题变量的选择，取决于需求分析阶段对可视化系统实现功能的分析。

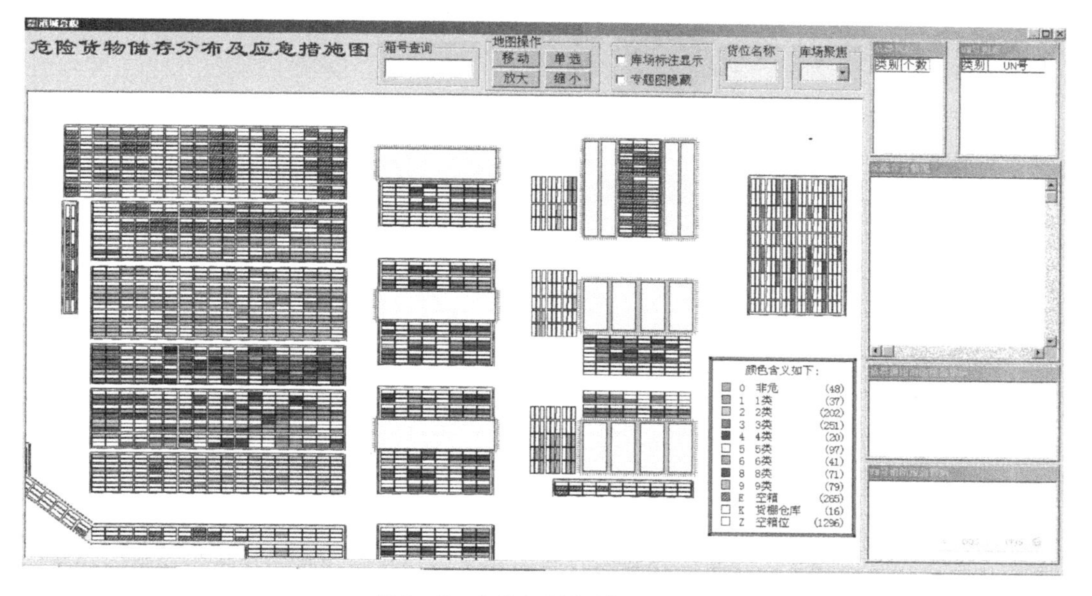

图 8-28　危险品类别下的专题地图

第9章

基于 VR 的集装箱码头可视化生产管理实例

虚拟现实技术在解决物流仓库、制造车间的可视化与仿真方面已经具有很多实用案例[22-24]，本章以集装箱码头为对象，阐述虚拟现实技术如何实现码头的可视化。集装箱堆场作为进出口集装箱装卸过程的一个重要枢纽，是集装箱作业管理中承载业务最多的场所，是生产过程进行的直接体现，它管理程度的好坏将直接影响整个码头的作业速度和效率。虚拟现实作为近年来兴起的一门交叉学科，成为当今计算机界广泛关注的一个热点，是20世纪末发展起来的一种可以创建和体验虚拟世界的可视化计算机系统。它主要的优点在于可以直观地观察三维世界，且能让人与所观察到的三维世界有充分的人机交互，从而产生身临其境的直接感觉。本实例通过创建一个三维数据库实时跟踪动态集装箱生产控制系统，不断地获得堆场状态的实际变化，通过计算机屏幕与虚拟堆场进行交互，从而实现集装箱生产过程的可视化管理[25]。

9.1 集装箱码头可视化生产管理方法

1. 生产过程可视化的意义与技术方案

集装箱码头年吞吐量是评价一个集装箱码头的主要经济指标，所有的集装箱码头都追求高吞吐量和高效益，然而有时在一个码头的规划中，有限的场地和机械直接制约着吞吐量的提高。机械的增加比较灵活，也是可以在码头的发展过程中不断增加和翻新的；然而，堆场的变化只有依靠各种优化策略来提高它的利用率。堆场的利用好坏取决于很多因素，箱子究竟是集中堆放还是分散堆放，集港的箱子按什么原则来堆放，怎样控制船放和直提箱与进场箱的比例等，这些都要求计划人员能够充分了解堆场上的现行情况，以便分配计划箱位。现在大多数的计划员是以堆场某一列位的剖视图和堆场的俯视图作为参考的，可平面图形的直观性相对较差，正是基于这个原因，希望能够将堆场实时生产过程通过三维的方式呈现出来，便于计划人员进行参考。

准确描述一个堆场的实际情况，保证实时性非常重要，这里采用的是用一个实时的数据库来驱动三维堆场中集装箱的增减，通过时间控制定时访问数据库，从而保证画面的显示能快速地跟踪堆场实际的变化。

研究最终生成一个基于虚拟现实的实时系统，它利用VC语言对Vega提供的函数进行二次开发。研究的整体思路是先对堆场进行三维建模；再建立SQL Server上相关数据库的数据源，即数据库建模；然后在VC语言的环境下通过ODBC访问数据库得到集装箱的变化信息，接着调用Vega函数来控制三维模型中箱子的变化，从而实现场景的实时渲染。通过各种类的建立，把数据库的扫描结果通过三维场景呈现出来，从而实现了生产过程的实时再现和集装箱的实时查询。最后针对某指标，对出口航次的多种配载方案进行综合评判。系统的实现过程如图9-1所示。

2. 生产过程可视化研究的技术路线

生产过程可视化研究采用虚拟现实技术与管理信息系统相结合的方法，虚拟现实技术的使用及其与集装箱码头生产管理系统的结合是系统开发的关键。该系统的技术

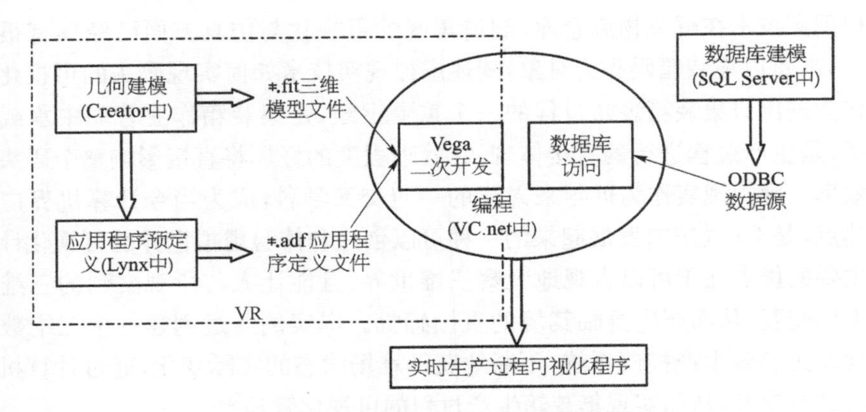

图 9-1　实时生产过程可视化软件实现过程

路线包括以下几方面内容。

(1) 几何建模

考虑集装箱生产业务和机械的复杂性，在不影响场景逼真效果的前提下，对模型实体进行一些简化。把集装箱堆场上的修饰场景做适当的简化，在以建模为主的情况下，利用纹理技术建立模型。除此之外，为了逼真地反映堆场周围的环境特点，还会加入一些地形地貌和海洋特征。生产过程主要是依靠集装箱、集卡、场地吊车的运动来反应的，它们是建模的重点。对于岸吊和集装箱船而言，只在三维场景中表示出来，而不反映它们的运动方式，这也是出于必要性的考虑。

建模采用 Creator 软件，它拥有逻辑化的层次性景物描述数据结构——OpenFlight 格式。这样图像发生器会根据数据库的结构决定何时绘制、如何绘制、绘制什么，从而生成精确、稳定、可靠的三维实时图像。此外，它还可以给几何模型的表面添加材质和纹理，设置光照条件等，从而生成更加逼真的模型模拟集装箱码头场景。几何建模的过程为最终的可视化系统提供了三维效果。

(2) 数据库建模

生产管理数据库是可视化系统实时性的一个重要保证。通过开发软件 PowerBuilder 编制码头作业程序，把生产过程的实时信息源源不断地输入数据库。就卸船作业而言，先由计划员制定卸船计划，输入船图和舱单信息，等到船舶正式靠泊就有了船名、航次信息。当把船图、舱单和航次信息互相综合就构成比较完整的对应某一航次的集装箱的箱信息，准确无误地表达出集装箱的当前船上位置和即将流向的场地位置，指引后面的机械作业，当集装箱经过岸吊作业由船卸至集卡，再由场吊作业把集卡上的集装箱按预先计划好的箱位卸至堆场时，场吊司机最终的落位确认就成为箱子最后的准确信息被输入数据库。在建库时，考虑到后面驱动场景工作的需要，主要应包含的数据库信息是箱信息，包括船名、航次、箱号、箱型、箱位、尺寸、进出标志、卸货港、目的港、发箱顺序等字段，这样便可以利用箱位与箱号的对应信息来实时渲染三维场景，也能利用这些信息在三维堆场中按船名、航次或目的港来查询和分类显示，并能够通过航次、箱号、发箱顺序之间的关系建立发箱顺序的评判体系。

正是因为基于对一个实时变化的数据库的调用，采用虚拟现实的方法，把它作为驱动三维场景的数据源，不同于以往较多仅仅是用虚拟现实的方法按照一个已知的行为路线和过程驱动场景作为数据源，真正做到了生产过程实时可视化。生产管理数据库是实时驱动的基础。

（3）MFC ODBC 访问数据库

在三维场景模型和实时数据库信息的基础上，接下来的工作就是如何将两者有机结合起来。利用 VC 强大的库函数调用功能，通过调用 ODBC 类完成与数据库的结合，通过调用 VEGA 类完成与三维场景的接合。

这部分完成的主要工作是与数据库的信息交换，把数据库中的信息变成能够驱动场景图的信息。ODBC 类提供了一组对数据库访问的标准 API。一个基于 ODBC 的应用程序对数据库的操作不依赖于任何 DBMS，所有的数据库操作由对应的 DBMS 的 ODBC 驱动程序完成。ODBC 最大的优点就在于支持对异构数据库的访问，能以统一的方式处理所有的数据库。利用 ODBC 编制访问数据库的应用程序涉及两方面的数据交换。首先是记录集与数据库之间的数据交换。MFC 提供的 CRrecord 类派生出记录集类，利用 RFX 机制，使记录集中的每一个域数据成员与表中的某一字段相对应。然后是记录集与表单控件之间的数据交换。根据控件的 ID 号，利用 DDX 机制，找出其对应的域数据成员。表单控件实质就是应用程序的组成，由此不难看出记录集是应用程序和数据库之间的一个中转站。

最终系统通过第一部分的数据交换，把数据库中有价值的信息提取出来作为后面驱动场景的依据，实现集装箱的增减变化。通过第二部分的数据交换，将记录集信息在控件中以文字信息的方式显示出来，实现系统中按一定条件查询集装箱信息的要求，同时根据查询结果驱动三维图形相应变化。

（4）实时仿真

上面完成了 VC 对数据库的访问，现在要利用上面的信息完成对生成的三维场景的驱动。首先在三维仿真软件 Lynx 中引入在 Creator 中创建的三维几何模型文件。设置一些窗口参数、系统参数，引入运动对象和场景对象，建立场景。通过加入视点实现多视点的切换；通过加入驱动对象，驱动运动对象或视点按设定的运动模型运动；通过加入干涉对象，当被驱动物体与场景中的其他物体碰撞时，能够检测出物体间的干涉。同时可以设置环境效果和海浪效果，或加入光源，使运动场景更加直观和逼真。此时，会生成一个应用程序定义文件。接着利用 MFC 调用 VEGA 函数库，引入刚才生成的应用程序定义文件，同时利用刚才已经保存在 VC 中的记录集（即数据库信息），通过编程动态的添加和删除集装箱，实现实时的驱动。其中最主要的工作就是建立集装箱类，用来操纵对箱子的查找、增加和删除；以及建立针对 VEGA 的视图类和由其派生出的 MFC 视图类，通过各种信息的组合，实现生产过程的三维呈现。

（5）评价体系的建立

为了进一步利用三维显示的优势，这里还将对出口发箱的配载方案按照一定的原则进行评价，评价的结果在三维图形中显示出来，通过不同的颜色信息和统计出的文字信息显示出最优方案。针对一个出口航次发箱顺序的评价因素有很多，如：压箱数、场吊大车的运行时间、场吊同时作业的可能程度等，但是由于大多数的因素是比较复杂和随机的，同时考虑的难度较大，所以该系统仅仅对决定方案好坏的主要因素——压箱数进行研究，不同压箱数的集装箱用不同的颜色表示出来，使用户可以一目了然地看出哪个位置的集装箱有压箱现象，压了几个箱等。

3. 虚拟现实实现工具 Creator

虚拟现实技术，又称灵境技术，是在信息科学的飞速发展中诞生的。它依托于计算机科学、数学、力学、声学、光学、机械学、生物学乃至美学和社会科学等多种学科，在计算机图形学、图像处理与模式识别、智能接口技术、人工智能技术、传感器技术、语音处理与音响技术、网络技术、并行处理技术和高性能计算机系统等信息技术的基础上迅速发展起来。

从概念上讲，虚拟现实是一种由计算机和电子技术创造的新世界，是一个看似真实的模拟环境，通过多种传感设备，用户可根据自己的感觉，使用人的自然技能对虚拟世界中的物体进行考察和操作，参与其中的事件；同时提供视、听、触等直观而又自然的实时感知，并使参与者"沉浸"于模拟环境中。

VR 并不是真实的世界，而是一种可交替更迭的环境，人们可以通过计算机的各种媒体进入该环境，并与之交互；从技术上看，VR 与各相关技术有着或多或少的相似之处，但在思维方式上，VR 已经有了质的飞跃。由于 VR 是一门系统性技术，所以它不像某一单项技术那样只从一方面考虑问题，它需要将所有组成部分作为一个整体去追求系统整体性能的最优。

MultiGen Creator 是 MultiGen Paradigm 公司最新推出的一套高逼真度、最佳优化的实时三维建模工具，它能够满足视景仿真、交互式游戏开发、城市仿真以及其他的应用领域。MultiGen Creator 是唯一将多边形建模、矢量建模和地形生成集成在一个软件包中的手动建模工具，能进行矢量编辑和建模、地形表面生成。

MultiGen Creator 包括一套综合强大的建模工具，具有精简、直观的交互能力。工作在所见即所得、三维、实时的环境中，能够让用户看到在数据库的什么地方发生了什么事情。针对要完成的任务，用户总能找到所需的工具或使用自定义的工具箱。

MultiGen Creator 强大的工具核心为 25 种不同的图像生成器提供自己的建模系统和定制的功能。先进的实时功能如细节等级、多边形删减、逻辑删减、绘制优先级、分离平面等是 OpenFlight 成为最受欢迎的实时三维图像格式的几个原因，这种数据格式已成为视景仿真领域事实上的行业标准，许多重要的 VR 开发环境都与它兼容。

MultiGen Creator 的建模环境提供同时交互的、多重显示和用户定义的三维图形观察器和一个有二维层次的结构图，所有的显示是交互的和充分关联的。这种灵便的组合加速了数据库的组织、模型生成、修改编辑、赋予属性和结构关系的定义。

MultiGen Creator 软件区别于机械 CAD 等其他建模软件，主要考虑在满足实时性的前提下如何生成面向仿真的、逼真性好的大面积场景。

Creator 是唯一将多边形建模、矢量建模和地形生成集成在一个软件包中的手动建模工具，它给使用者带来了不可思议的高效和生产力。Creator 不仅能够完美地生成船舶、地面交通工具、建筑物等单一模型，而且也能够生成人们所感兴趣的特征区域，如：

码头、港口、城市、工厂等。

在本实例中，将采用Creator软件进行集装箱码头堆场的建模。由于在建模时采用的是Creator软件，模型采用的是OpenFlight层次结构，所以在驱动的时候也采用能最好支持这种模型结构的驱动软件，也就是Multigen公司出品的Vega软件。

Vega是MultiGen公司最主要的工业软件环境，用于实时视觉和听觉仿真、虚拟现实和通用的视觉应用。它把先进的仿真功能和易用的工具结合到一起，创建了一种使用最简单，但最具创造力的体系结构，来创建、编辑和运行高性能的实时应用。Vega能显著地提高工作效率，同时大幅度减少源代码开发时间。

Vega对于程序员和非程序员都是称心如意的。它的开发大致包括两大步骤，先是在LynX图形界面下配置各种模板中的参数，不用任何的编程工作，如果通过它可以达到理想的效果，应用系统的开发就完成了。但是如果通过这样的界面配置无法达到用户的要求，就要用编程语言对Vega进行二次开发，Vega提供了完整的C语言应用程序接口，通过在程序中调用Vega中的函数，可以自如地控制模型，按用户的需要实现一些高级的功能。

LynX，一种基于X/Motif技术的点击式图形环境，使用LynX可以快速、容易、显著地改变应用性能、视频通道、多CPU分配、视点、观察者、特殊效果、一天中不同的时间、系统配置、运动模型、数据库及其他，而不用编写源代码。

LynX还可以扩展成包括新的、用户定义的面板和功能，快速地满足用户的特殊要求。事实上，LynX是强有力的和通用的，能在极短时间内开发出完整的实时应用。用LynX的动态预览功能，用户可以立刻看到更改任何一个面板中参数的变化结果。LynX的界面包括用户应用开发所需的全部功能。

Vega还包括完整的C语言应用程序接口，为软件开发人员提供最大限度的软件控制和灵活性。因为Vega提供了稳定、兼容、易用的界面，使他们的开发、支持和维护工作更快和高效。Vega可以使用户集中精力解决特殊领域的问题，而减少在图形编程上花费的时间。

由于无法在LynX中完全得到预计的效果，所以必须通过编程来实现一些较复杂的功能。Vega自身提供了很方便于调用的函数库，但是它自身并没有开发平台，没有面向对象的能力，所以必须借助其他的开发平台，通过调用Vega函数实现实时仿真的目的。VC++.NET是基于VC6.0的思想而重新开发的一套功能更强大、使用更方便的软件，它其中的MFC包含了强大的基于Windows的应用框架，提供了丰富的窗口和事件管理函数，因此将其作为开发平台进行集装箱实时生产管理系统的二次开发工具。

9.2 生产过程可视化系统建模

1. 生产过程可视化系统几何建模

几何模型的描述与建立是计算机图形学中重要的研究领域。首先，在计算机中建立起三维几何模型。在给定观察点和观察方向后，使用计算机的硬件功能，实现消隐、光照以及投影这一成像的全过程，从而产生几何模型的图像。几何对象的几何模型描述了虚拟对象的形状和它们的外观(纹理、颜色、表面反射系数等)。几何模型具有两种信息，一种是包含点的位置信息，另一种是它的拓扑结构信息，用来说明这些点之间的连接。

在生产过程可视化系统的场景建模中，堆场是建模的重点。由于堆场本身的场景不大，而且为了直观细致的观察箱子的变化情况，观察者一般距离场景很近，因为这个原因，这里的建模一般不考虑 LOD(细节等级)的问题。本系统最终要达到的目的是能够实时再现码头的装卸过程、能够查询箱子的信息以及根据发箱顺序来决定配载方案的优劣。根据这种实际的需要，系统包括下列三类模型。

① 静态模型：一般是指在场景中静止的模型，主要起到增加模型真实感的功能，诸如：桥吊、集装箱船、岸上的楼房等。

② 自然景观：这部分模型也是静止的，诸如：地面、海面、公路、绿化设施以及周边的环境设施等。

③ 动态模型：这里的动态模型是指集装箱、集卡、场地轮胎吊等。动态模型的建模除了考虑基本的几何尺寸外，还要按照模型的运动特点建立运动的节点。动态模型的驱动反映了生产过程的变化，是生产过程可视化的主要呈现方式。动态和静态的区别在于在堆场上有无增减的变化。堆场上随时有集装箱的增减，这是由码头的具体作业决定的，由数据库信息来控制的，所以应把集装箱当作动态模型。

在堆场可视化系统建模之前，必须收集各方面的相关资料，接着宏观观测整个场景，弄清码头场景的布局。建模过程包括：建模资料准备、纹理图片收集及处理、三维模型建立、场景数据库整合与优化。

① 建模资料准备。

建模资料准备主要是要获取堆场的布局情况和其中各种三维模型的尺寸，各个港口的堆场形式各有不同，以某港口布局为例模拟，它的布局平面图如图 9－2 所示。

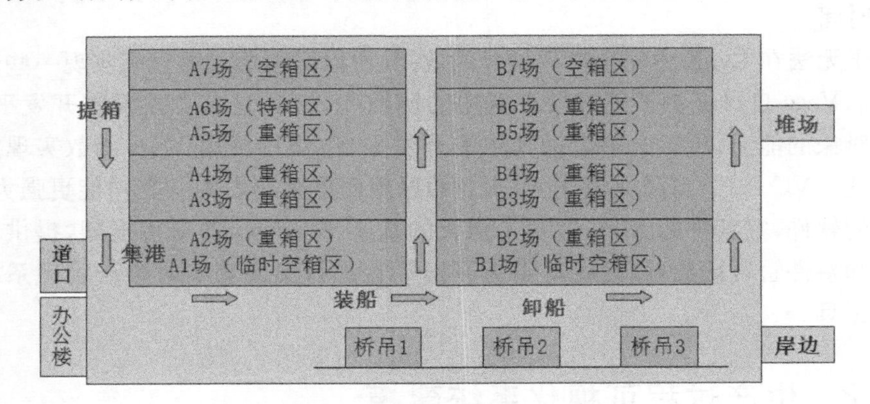

图 9－2　集装箱码头布局平面图

通过这张平面图就可以大致掌握堆场建模时的方位安排。在这个阶段还要注意收集各种建筑物的三视图以及三个视角的正向照片等，对于较复杂动态模型的结构，如场地吊、集卡、集装箱等，则要有比较细致的尺寸数据。

② 纹理图片处理。

在港口实地用数码相机拍摄各种建筑物的三视图及各式照片，这些图片必须经过处理才能作为三维物体的纹理使用。比如必须将图片的长、宽像素变成 2 的次方。一般是运用 PhotoShop 或 Creator 中自带的图片处理软件进行修正。

③ 三维模型建立。

在场景数据库中建立各种模型，包括地面、海面、桥吊、集卡、办公楼、绿化以及集装箱、集卡、场地轮胎吊车等。

④ 场景数据库整合与优化。

各个场景模型可作为单独的文件被创建，但是出于对后面驱动方便性的考虑，将各种模型进行适当组合。组合的原则就是依据前面所说的模型的静、动类型。把所有的静态模型组合在一个文件中，而把动态模型即集装箱、场吊、集卡作为单一的文件存储，如果做到集装箱纹理与到场的实际箱完全一样，需要创建所有可能的纹理类型，这样做的工作量很大，考虑到堆场集装箱样式的这种多样性，仅仅建立一个模型文件可视效果是不佳的，但是建立拥有所有纹理的模型又不实际，所以这里采取一种折中的方法，建立三个集装箱模型文件，它们之间的区别仅仅在于纹理的不同。所谓建模为驱动的方便性考虑，主要也是针对所创建模型文件的流向问题考虑的。模型文件通过两种关系加到最后的应用系统中，关系如图 9－3 所示。

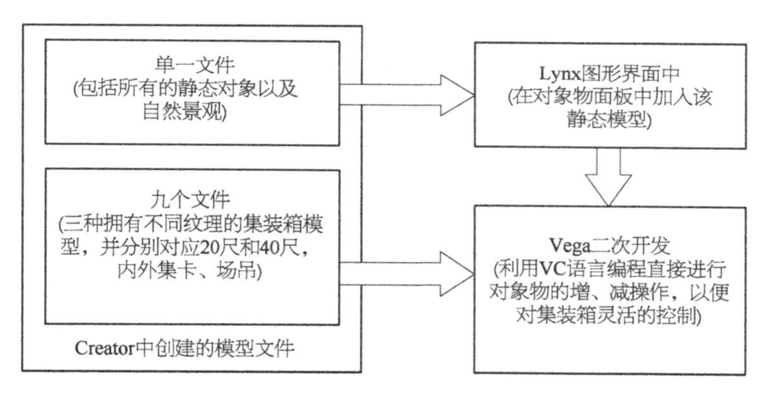

图 9－3　模型文件的流向关系

建模之后，模型到具体的应用程序中可能发生变形，或者绘制顺序出错，或者运行比较缓慢，这时要对几何面和结构节点进行优化调整，选用正确的数据库结构或者重新组合各个节点、删除一些不可见面等。

2. 生产过程可视化系统 Creator 三维建模

生产过程可视化模型数据库的建立是在 Creator 软件中完成的，该软件最大的优点在于它能够充分考虑实时性的需要，用最简单的信息表达复杂的结构，而且它能够有效地借助光源、材质、纹理等加强场景的逼真度而不影响实时的渲染速度。

(1) 总体布局

场景数据库的总体布局是首要的任务，主要是要确定场景数据库的原点以及三个坐标的方向。单独的十个模型文件(一个静态模型的整合文件和九个动态模型文件)有自己的局部坐标,当最后集成在一起时,就要通过应用系统的绝对坐标来统一。

Creator 中默认的坐标方向是 x 轴向右,y 轴向里,z 轴向上。在六个集装箱模型文件中,以集装箱的左下角作为原点(图 9-4)。因此,为了方向上的统一,也约定沿集装箱的长度方向作为整个静态模型文件的 y 轴,根据右手准则也就确定出了 x 轴(图 9-5)。

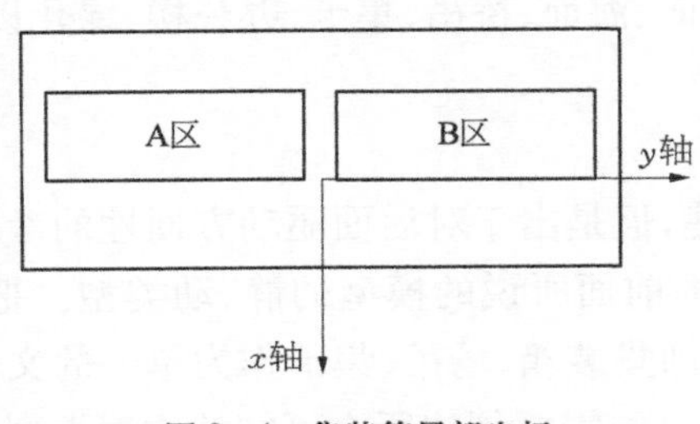

图 9-4 集装箱局部坐标

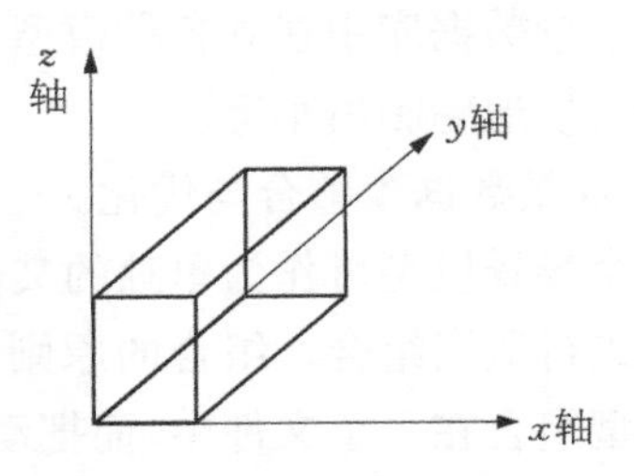

图 9-5 静态场区局部坐标

最终,应用程序的绝对坐标原点可以取在任何位置,只要调整好局部坐标与绝对坐标的相对位置就可以保证场景准确的渲染,为了今后编程算法上的简便,这里就把应用程序的绝对坐标原点取在静态场区局部坐标的原点上。

(2) 静止场景建模

静止模型是指在场景中无增、减变化的三维模型,能够集中有效地反映一个港口的建筑特色,主要起到增加模型真实感的功能,如桥吊、集装箱船、海平面、岸上的楼房等。

① 楼房建模。

岸上的楼房主要包括集装箱作业部的办公楼、变电站以及集装箱进离堆场时的必经关口——检查桥。Creator 中采用的方法是多边形建模,因此即使是一个实体的外形,它实际上也是由若干个面组成的,这样做的好处是占用内存较少,利于应用程序高速渲染的要求,这也是实时虚拟与三维动画的主要不同之一。所以,对于一个外形简单的房屋,如类似于一个长方体,那么只要建立 6 个面即可,甚至可以把底面删除,保留可见的 5 个面,而真实感是通过添加纹理来实现的。Creator 中提供了很多建模方法,先画出一个长方形,然后通过拉伸生成出长方体(见图 9-6)。

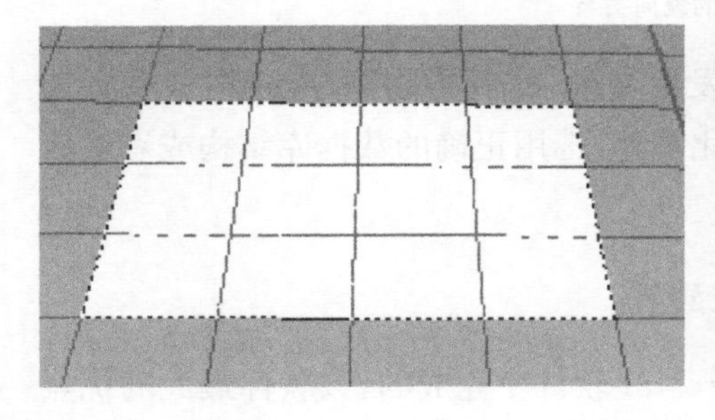

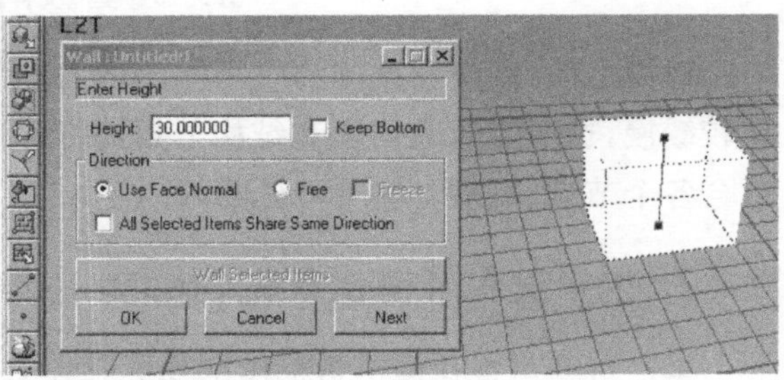

图 9-6 多边形建模

生成的长方体现在是不具有实际意义的,所以最后模型需要加上纹理,以显示模型的真实感。Creator 中提供很多纹理粘贴技术,利用三点放置法来放置各面的纹理,使长方体看上去是房子的外观(见图 9-7)。

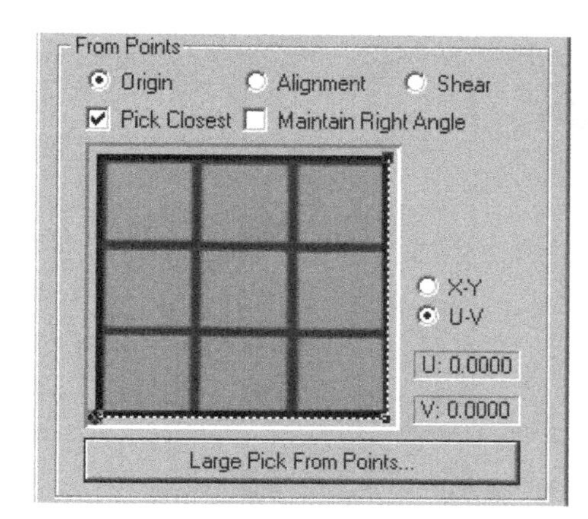

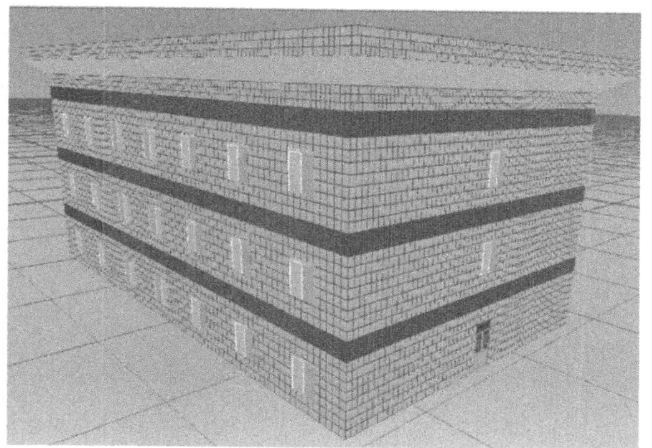

图 9-7 真实感房屋模型

用 Creator 建模要遵循几条基本的原则：其一应建立凸多边形，因为凹多边形会影响实时显示的效果，出现凹多边形时应把它分解成若干个凸多边形；其二不要使两个面产生覆盖现象，因为当两个面的深度值一样，场景渲染时就会无法确定覆盖部分的显示，会出现扭曲现象，当两个面确实需要重叠时，应该采用一定的处理手段，可以用子面的方法，也就是说把一个面作为另一个面的子面，即两个面在数据库中不是同级关系，而是上下关系，或者就把相互覆盖的两个面作为几个面来建模以消除覆盖现象。例如图 9-7 中第一个房屋，它的某个面的纹理不是用一张图片来获取的，墙壁、门、窗有各自的纹理，这里采用的是生成子面的技术，先构造整个墙壁面，贴上墙壁的纹理，然后以墙壁为基面，画出与门、窗等大小的面，贴上门窗的纹理。

对于检查桥，它的建模也比较简单。利用 Creator 的层次结构视图，可以建立新的组节点(group)和对象物节点(object)，然后重新组合各个面，以便归属于相应的节点。最后的结果是把检查桥的模型分成顶、立柱、房屋三部分，检查时都采用拉伸建模的方法，要注意的就是在建立基础多边形的时候，防止出现凹多边形。因为房屋形式的单一性，所以这里采用复制再移动的方法，建立多个结构相同的房屋，Creator 提供许多修改几何体的工具，可以方便地移动、旋转和缩放几何体。为了节省内存资源，还提供了转换矩阵的方法，这是实例化技术的具体应用。图 9-8 是检查桥的模型以及与之对应的数据库结构。

② 桥吊建模。

桥吊的建模是项很复杂的工作，虽然它所涉及的建模技术并不难，但是建模的工作

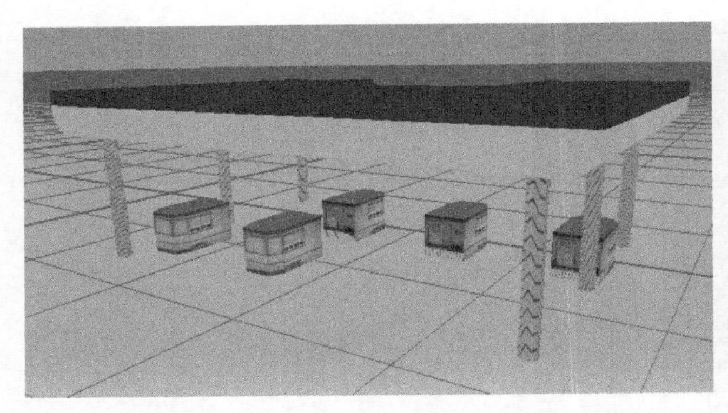
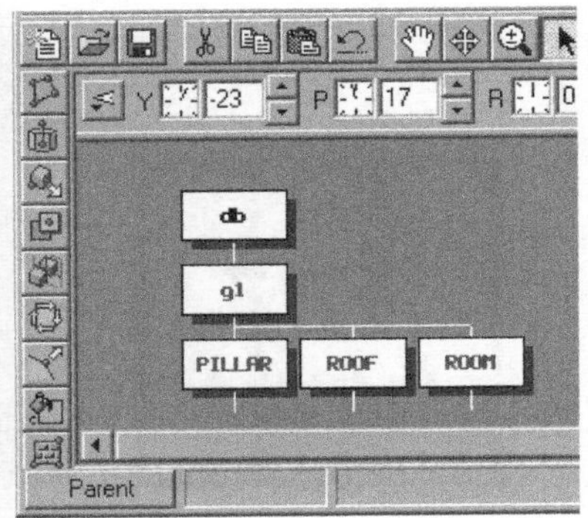

图 9-8　检查桥模型和数据库结构

量很大，最后产生的面很多。

建模之前必须收集桥吊的尺寸参数，通过三视图得到各种部件的尺寸和依托关系，并且考虑清楚大致的建模流程和步骤。如把整个桥吊分成梁、拉杆、小车行走机构、大车行走机构、主体框架结构等来建模。模型可以适当地简化，因为它不是最终应用系统主要观察的对象，所以它的建模不强调逼真性，只要形似即可，图 9-9 为桥吊的模型。

图 9-9　桥吊模型

③ 集装箱船建模。

集装箱船建模的主要工作虽没有桥吊那么繁琐，但是很讲求技巧的应用，这些技巧分别是：船身建模时用到的放样技术以及船上的集装箱生成时用到的纹理粘贴技术和实例化技术，它们都很好地反映了 Creator 建模的特点。

船身建模采取的方法与集卡司机室的建模方法一样，采用的是放样(loft)技术。放样技术主要用于有特征面但特征面之间的过渡相对复杂的情况，这时就要画出几个特征面，然后通过放样生成最后的模型，模型之间的过渡完全由计算机来完成。因此，决定模型逼真度的主要因素是特征面的选取要有代表性。图 9-10 是为了构建船身而生成的4个特征面，图9－11是通过放样后生成的船身模型，基本反映了船身的外形，这样的一个船身包括了200多个面，是无法用手工一一画出的。

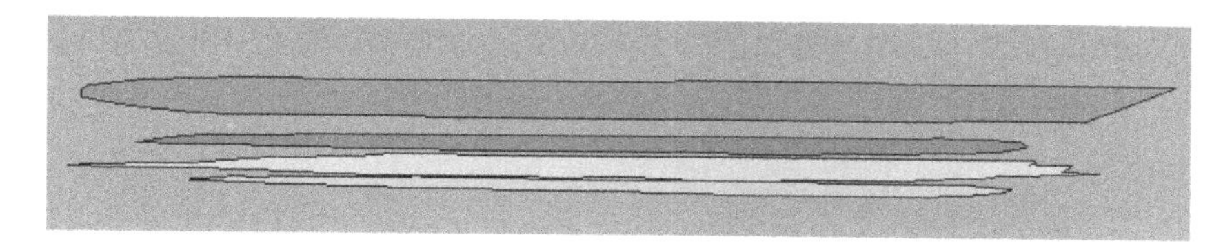

图9－10　船身的特征面

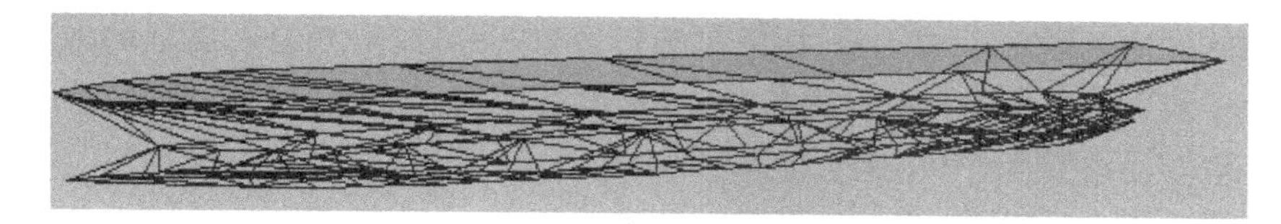

图9－11　船身模型

在集装箱船的建模中，还涉及纹理粘贴技术，主要用在船上集装箱的建模上，按照通常的思路，一个箱子对应一个纹理，直接存在的问题就是所生成的面过多，最终还是要通过合并面的技术来使得多个面合并成一个面，因此可考虑直接构造一个长方体，但是各个面的纹理已经包含了若干个集装箱。如图9－12所示就是将贴于一个长方体的上、正、侧面的纹理图；这样，一个长方体可以按照比例画出多个集装箱。这就体现出构造纹理的技术，如何使建模简单，如何使模型最节省内存资源成为构造纹理的主要依据。

图9－12　集装箱群的上、正、侧面纹理图

一个这样的长方体建模完成后，就可以利用实例化技术生成若干个长方体，具体地说，就是利用Creator中“插入转换矩阵”的方法构造出一样的长方体，这种处理方法不仅方便了建模，而且也大大节省了内存资源。

最后生成的集装箱船模型如图9－13所示。

④ 自然环境建模。

上述这些模型都反映了港口的人文景观，再加入一些自然景观将会使模型更加逼真。出于必要性的考虑，这里对地面、海面、公路的建模都采用面上粘贴纹理的方法，而

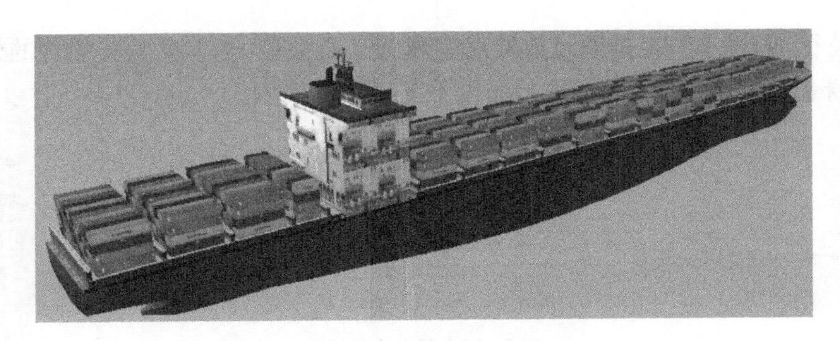

图 9-13　集装箱船模型

没有采用软件中的地形生成工具，原因是地形数据不易获得，而且有高低的地面也将增加整个模型的多边形数目。除此之外，还增加堆场的场区标志以及场区的画线，大大增加了整个堆场的逼真度。

这部分建模，建模技术本身的应用比较简单，重点在纹理图片的处理上。通常所拍的照片不能直接使用，必须进行一定的处理，图片的长宽必须是二维的，即应该是 2 的幂次，纹理的颜色和亮度有时也要做适当的处理，更为重要的是要制作透明纹理，尤其在背景图片以及花草树木的图片处理上，要让树完全的置于自然景观中，就必须消除主体(如树木本身)周围(如天空)的颜色。

上述所有的建模完成后，把它们组织到一个文件中，就构成静态模型文件(见图 9-14)，它将直接加到 LynX 的对象物面板中。

图 9-14　堆场整体模型

(3) 运动场景建模

运动场景是指在堆场上有增减变化的模型，主要包括集装箱、场地轮胎吊、码头内部集卡、外部集卡等。

① 集装箱建模。

根据前面的讨论，集装箱的模型需要按照纹理和种类的不同分别建模。建全所有纹理式样的模型不仅浪费内存资源且不合实际，只建立一个又会使堆场看上去不够逼真，所以最终采用的方法是：建立 3 个拥有不同纹理的集装箱模型，并分别对应 20 尺和 40 尺(如图 9-15)，一共对应了 6 个模型文件。这样，在后面的模型驱动中，通过随机抽

图 9-15　三个不同纹理的集装箱模型（20 尺）

取的方式来添加集装箱，使得场景看上去具有真实感且比较美观。

② 集卡建模。

为了使集卡的结构能够清晰呈现出来，将各个部件复制再移动到不同的地方，以显示出部件与整体的效果（见图 9-16）。集卡的建模分四步进行，即集卡头部（司机室）、车架、底盘和轮子。就建模而言，多数是长方体建模，所以主要涉及的是多边形拉伸技术。在集卡司机室的建模过程中，拉伸技术会使模型显得比较呆板，因为司机室是有些棱角的，所以可以通过找特征面，然后用放样技术加适当的纹理来实现。

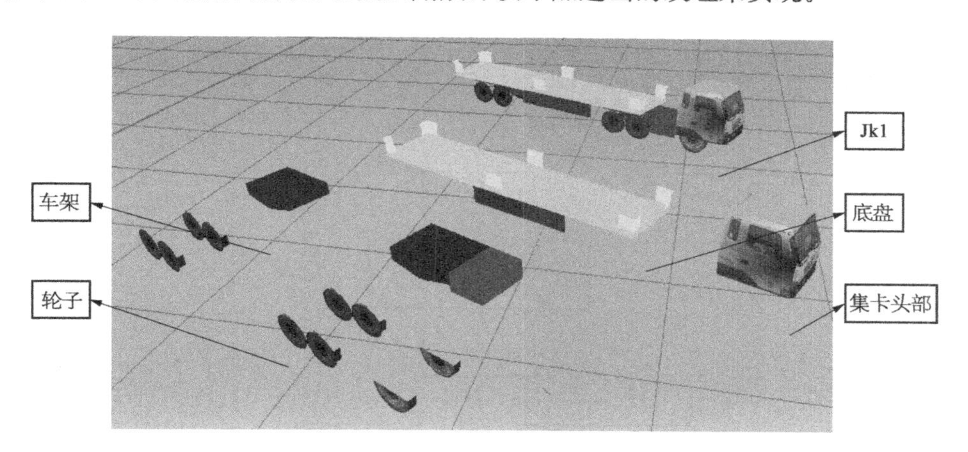

图 9-16　集卡的整体视图与部件视图

建模时各个部件的归属关系不一定很清楚，但可以方便地利用层次结构视图进行修改。建模过程中，任何部件的建立都应该基于一个特定的节点，如果建模时忽略了这一点，在建模之后也应该调整数据库的结构，使有相同特征的面尽量在一起，Creator 提供了方便的数据库修改功能，这也为数据库的进一步优化提供了手段。

此外，对于集装箱码头而言，集卡分为归属码头的内部集卡和社会的外部集卡，生产过程可视化的过程中，为了区分具体装卸作业的种类，即通过集卡的外观和携带箱子的情况直观了解装卸作业的情况，需要分别建立内集卡和外集卡的模型，在系统的可视化过程中，以车头颜色的不同对集卡加以区分。一般约定内集卡是白色车头、外集卡是蓝色车头。

③ 场地轮胎吊建模。

场地轮胎吊是整个场景中运动最为复杂的对象物，如图 9-17 所示，它不仅包括吊车整体的运动，还包括部件的相对运动，它要实现的运动包括：整个大车移动带动所有部件运动，以到达指定的地点装卸货物；小车、吊具和司机室一起移动，以到达指定的位

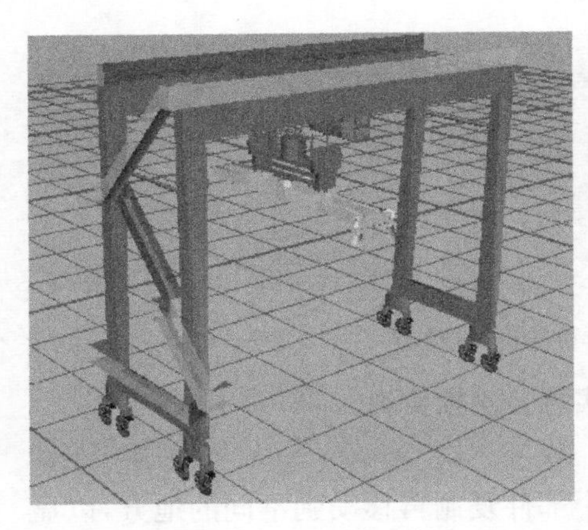

图 9－17　轮胎吊三维模型

置取放货物；吊具上下移动；钢丝绳的伸缩运动，实际情况中钢丝绳从卷筒中不断伸出或卷入，但在虚拟系统中是依靠钢丝绳的伸缩来达到这种效果；吊具头部的水平伸缩，以适应不同大小的集装箱。这几种运动之间并非是独立的，而是有着相互制约的关系。从运动实现的角度讲，它主要是通过改变对象物的位置和大小来实现运动的。

Creator 建模软件采用 OpenFlight 分层数据结构，在分层结构中，可以方便地建立和管理模型实体及其数据，并准确地建立父子对象的依赖关系。在建模过程中运用 Creator 中的自由度（DOF）建模技术，通过建立 DOF 节点，使该节点拥有的对象可以继承 DOF 父节点对象的一切运动，因此通过 DOF 节点的嵌套就可以实现物体各运动部件之间的相对运动。根据轮胎吊车的运动特点，建模时采用的树状数据结构及各部件的运动方式如图 9－18 所示。

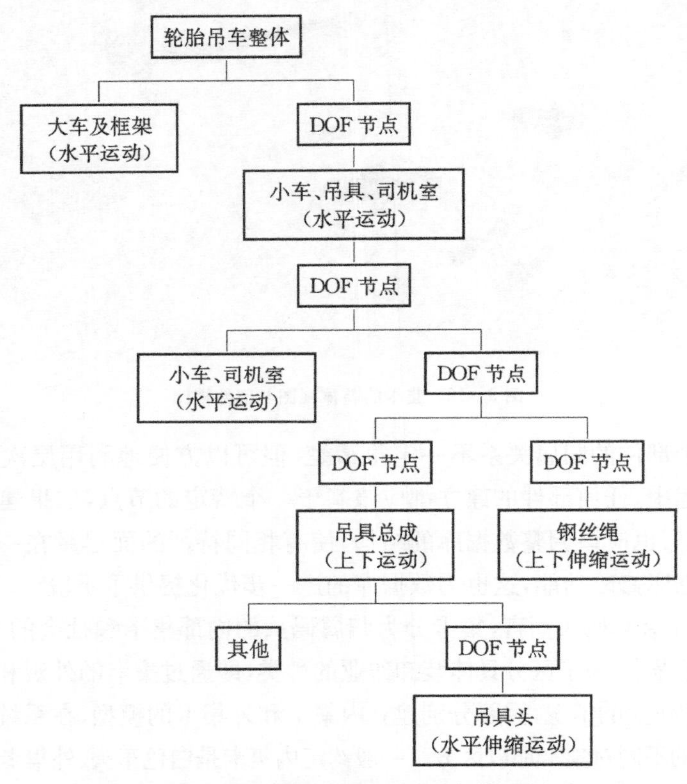

图 9－18　轮胎吊模型数据结构及各部件运动方式

3. 生产过程可视化系统驱动数据建模

整个应用系统的建模分两大部分，上述是场景的几何建模，这部分将主要讨论数据建模。驱动场景的数据建立在多网互联的基础上，主要分为管理数据和控制数据。

管理数据，以数据库的形式存储，其中包括有线局域网中运行的管理层数据，也包括码头关键信息节点终端发回的信息，同时数据终端可以作为 GPS 系统使用，因此可以跟踪集卡的运行路径。

控制数据，主要来自场地轮胎吊车的控制数据，通过对此信息的获取，可以实时驱动三维场景中场地轮胎吊车的运动。控制数据以快照形式存储于数据库中，因此最终系统的数据全部来自数据库。

下面分别对管理数据和控制数据加以介绍。本例中的可视化系统将直接引入一个实时的数据库，并且利用其中若干表的信息来实现实时驱动，即最后场景所生成的画面就是对数据库文字信息的三维呈现，数据库的信息是随时变化的，所以三维场景也在不停地发生装卸作业，更主要的是这个信息是生产过程的真实体现，便于各层管理人员对生产情况的了解。

数据库中，主要用到名为 container 和 bayshunxu 的表，这两个表中一共拥有几十个字段，在后面编程处理的过程中，不需要一一读入，因为不是每一个字段都有用处，而且每多一个变量，加大系统资源的开销，所以这里数据建模主要是针对对场景驱动起作用的信息，并且把所有有用的字段按照功能归类，理清编程的思路。

进行实时驱动时需要用到两个表，其中 container 表对应在场箱的信息，一个在场箱对应一条记录，bayshunxu 表的功能是与 container 表中的信息结合，共同决定某个集装箱的发箱顺序。

① container 表。

在 container 表中，一条记录代表一个集装箱的完整信息，根据应用系统需要实现的功能确定所需的字段有：集装箱箱号(ctnno)、箱位(rpos)、尺寸(size)、船名(vesscd)、航次(voyage)、进出口标志(iocd)、发箱顺序(fx_shunxu)、目标船箱位(cellno)。表的样式如图 9-19 所示，各字段介绍如下。

a. 集装箱箱号(ctnno)：箱号多由 11 位字符组成，它在世界范围内统一编码，一般由 4 位字母+7 位数字构成，具有唯一的标识性。

b. 集装箱箱位(rpos)：集装箱箱位由 6 位字符组成，它用来确定集装箱在堆场中的位置。前两位代表箱区，第三、四位代表列位，第五位代表行位，第六位代表层高。

c. 尺寸(size)：可取 20、40、45 三个值。可视化系统中场景渲染不区别 40 尺与 45 尺，所以仅分为 20 尺、40 尺两种。

d. 船名(vesscd)：指某集装箱属于的船名。

e. 航次(voyage)：指某集装箱属于的航次。船名和航次的组合具有唯一性。

f. 进出口标志(iocd)：可取“I”或者“O”，“I”表示进口航次，“O”表示出口航次。针对出口航次需要进行发箱顺序的判断，而进口航次无须此操作，这时就必须读取该字段进行进出口的判断。

g. 目标船箱位(cellno)：指一个出口箱放到船上的位置，它由 6 个字符组成，前两位表示船的倍位，中间两位表示层，后两位表示列位。“倍”是指船长度方向上的截面，一个倍就是船的一个截面。这里真正用到的是前两位的倍位信息。

ctnno	rpos	size	vesscd	voyage	iocd	cellno	celldh	fx_shunxu
ACCU2003779	<NULL>	20	LKMHC	115	0	038410	D	3
FWLU3001828	<NULL>	20	LKMHC	115	0	030803	H	11
ACCU2003845	<NULL>	20	LKMHC	115	0	010802	H	8
ACCU2003790	<NULL>	20	LKMHC	115	0	038210	D	2
FWLU3001509	A26361	20	LKMHC	115	0	010201	H	1
ACCU2011408	<NULL>	20	LKMHC	115	0	030404	H	6
ACCU2011347	A30111	20	LKMHC	115	0	030801	H	12
ACCU2011476	A30161	20	LKMHC	115	0	031206	H	20
FWLU3001324	A16511	20	LKMHC	115	0	031205	H	19
GVTU2008847	<NULL>	20	LKMHC	115	0	098610	D	3
GVTU2008831	<NULL>	20	LKMHC	115	0	118210	D	1
ACCU2011373	<NULL>	20	LKMHC	115	0	030603	H	7
ACCU2011394	<NULL>	20	LKMHC	115	0	030604	H	10
ACCU2011429	<NULL>	20	LKMHC	115	0	030602	H	9
FWLU3001480	A26311	20	LKMHC	115	0	010402	H	4
ACCU2003927	<NULL>	20	LKMHC	115	0	038208	D	1
ACCU2011481	<NULL>	20	LKMHC	115	0	010601	H	5
CBHU1307267	<NULL>	40	LKMHC	115	0	021001	H	1
GVTU2008600	<NULL>	20	LKMHC	115	0	158410	D	2
FWLU3001556	<NULL>	20	LKMHC	115	0	031003	H	16
ACCU2011368	<NULL>	20	LKMHC	115	0	031004	H	17
GSTU6722500	B23232	40	SALZACH	336E	0	<NULL>	<NULL>	<NULL>
SKLU2208530	A24122	20	SALZACH	336E	0	<NULL>	<NULL>	<NULL>
SKLU4536101	B22662	40	SALZACH	336E	0	<NULL>	<NULL>	<NULL>

图 9－19　container 表

h. 目标船层位信息(celldh)：该字段取值"D"或"H"，D 代表甲板，H 代表舱内。该字段与 cellno 组合构成一个发箱单元，如 cellno 为 031003，celldh 为 D，则 03D 就构成了一个发箱单元，同时这两个字段的组合也作为与 bayshunxu 表的连接字段。

i. 发箱顺序(fx_shunxu)：表示出口航次发箱时，针对船上目的箱位的倍位的发箱顺序，即针对一个发箱单元的发箱顺序，并不是最终的发箱顺序，最终的发箱顺序是由倍的发箱顺序和该倍(发箱单元)的发箱顺序共同决定。

② bayshunxu 表。

该表的读取是为了获取倍的发箱顺序，表的样式如图 9－20 所示。下面介绍一下它各字段的内容，从而引出与 container 表的关系。

vesscd	voyage	voyaio	jihao	xuhao	bayno
YUHE	0338	E0000274	Q02	10	18D
YUHE	0338	E0000274	Q03	1	15H
CHAPE	0338	E0000312	Q03	1	01H
CHAPE	0338	E0000312	Q03	2	03H
YUHE	0338	E0000274	Q03	2	13H
YUHE	0338	E0000274	Q03	3	11H
CHAPE	0338	E0000312	Q03	3	03D
CHAPE	0338	E0000312	Q03	4	05H
YUHE	0338	E0000274	Q03	4	09H
YUHE	0338	E0000274	Q03	5	03H
CHAPE	0338	E0000312	Q03	5	05D
CHAPE	0338	E0000312	Q03	6	07H
YUHE	0338	E0000274	Q03	6	01H
YUHE	0338	E0000274	Q03	7	14D
CHAPE	0338	E0000312	Q03	7	09H
CHAPE	0338	E0000312	Q03	8	08D
YUHE	0338	E0000274	Q03	8	05D
YUHE	0338	E0000274	Q03	9	06D
CHAPE	0338	E0000312	Q03	9	11H

图 9－20　bayshunxu 表

a. 船名(vesscd)、航次(voyage)：代表船名和航次。

b. 航次标识(voyaio)：它是航次信息的另一种标识形式，具有唯一性。

c. 桥机号(jihao)：它代表针对一个航次作业的桥机号，也称作业线。

d. 倍发箱序号(xuhao)：该字段可获得倍的发箱顺序。

e. 倍位(bayno)：代表某个发箱单元。

③ 两个表之间的连接。

集装箱的大部分基本信息已经在 container 表中给出，但是在进行出口航次的发箱评判时，需要先知道倍之间的发箱顺序，而这个信息必须在 bayshunxu 表中获取，所以最终要读取两个表。图 9－21 说明了两表之间的连接关系。

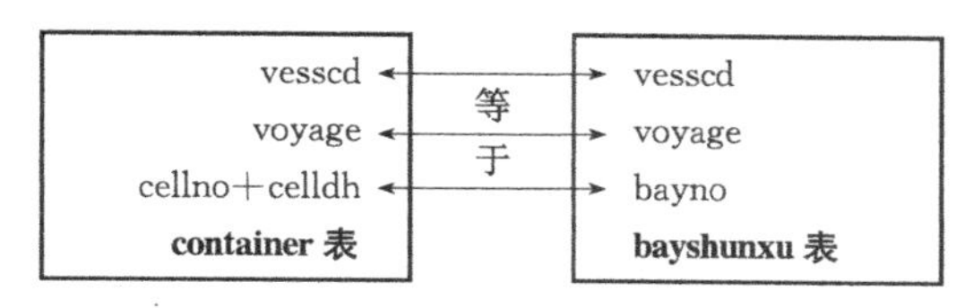

图 9－21 两表连接字段关系图

通过三个条件的对应相等，两个表的数据可以做到一一对应，相当于为 container 表每条记录后面加上了 jihao 和 xuhao 字段。

终端的交互功能可以最终完成集装箱箱位信息的确认。

因此，以卸船箱为例，多网互联的数据获取过程是：岸吊旁手持终端对于岸边、场吊、集卡等码头移动设备上，车载终端或手持终端可以获得移动节点的重要信息。

岸吊旁的手持终端可以确认一个集装箱卸船作业的结束时间，标志卸船箱已经从船上卸至集卡，并从岸边出发向堆场运输。

集卡上的车载终端可以发挥 GPS 的功能，实时记录集卡的运输情况，可用于集卡在堆场中的定位。

场吊上的车载终端可以发挥 GPS 的作用，跟踪场吊的位置移动，同时发出的车子开向堆场的信号 → 集卡车载终端 GPS 车辆定位信息 → 场吊终端 GPS 场吊大车定位信息 → 场吊反映小车运动的控制信息 → 场吊终端对集装箱箱位的最终确认，写入数据库 container 表中。

数据库中的信息与编程是为编程服务的，需要弄清每个字段的作用，也就是它们在编程驱动时发挥的作用。

应用系统要完成的三大功能是：实时再现生产过程，箱信息查询渲染以及发箱顺序评价。编程之前应该建立与数据库连接的数据源。应用系统通过数据源与数据库连接，建立两个分别对应两个表的数据集，这样这些字段就被读入程序中，各字段的功能各有不同，在程序中各自起到了不同的作用。

初始渲染场景时，渲染的原则就是根据集装箱的箱位和尺寸在场景中增加集装箱，当数据库实时变化，三维场景也跟着变化，依据前后两次读取数据库的不同决定是否有装卸作业发生，并依据多网互联的各种信息完成生产过程的跟踪。

查询分为条件查询和点击查询。条件查询是按照箱位、箱号、船名、航次四者之一为条件进行的，如果按照船名、航次查询，返回的是若干个记录，如果按照箱位、箱号查询则返回一个记录。点击查询是利用三维软件空间景深的特性实现三维物体的点击查询。

发箱顺序的评价是嵌入在查询功能中的，这时需要先判断航次的进出口标志，如果是出口航次才进行发箱顺序的评价，此处需要用到两个表的连接，在 bayshunxu 表中获取某倍的发箱顺序，在 container 表中获取某倍中箱子的发箱顺序，通过这两者的结合得出某个箱子相对于整个航次的发箱顺序。在具体的作业过程中，一个航次通常是几条作业线并行作业，所以还应该分作业线来分析，最终得到的信息就是箱子相对于该航次某作业线的发箱顺序。由于各作业线之间的箱子分布无法做到完全独立，即不同作业线之间的箱子存在压箱现象，所以在评价时就涉及一个最理想的情况和最不理想的情况，实际的情况在这两个临界值之间。

9.3 实例拓展：港城危化品三维监控系统

1. 港城危化品三维监控系统必要性分析

随着经济全球化与国际贸易的不断发展，国际海运依靠其大吨位、低成本等特点，已经在贸易交易以及货物运输中发挥着越来越重要的作用。资料统计，国际贸易量的95%以上通过海运业来承担，海运贸易呈不断上升趋势。随着贸易量的不断增加和货物种类的不断丰富，某些特殊集装箱也越来越多地出现在航运中转过程中，这其中就包括了危险化学品集装箱。危化品集装箱中存放的物品具有易燃、易爆、毒害、腐蚀、放射等危险特性，在生产、装卸、储存、使用、运输和废弃物处理过程中容易造成人身伤亡、财产毁损、污染环境，因此其在运输、堆存过程中，需要对其有比一般集装箱更加严格的监管措施及手段，确保不会出现任何安全隐患。

在计算机技术、通信技术等现代化技术的不断发展下，几乎所有危化品码头都有一套完整的危化品监控系统(CMS)，用于对装卸、堆存、运输过程中的危化品集装箱进行有效监控。

但是，这些监控系统大部分都是采用“二维示意图＋图例＋文字数据”的平面人机交互界面来对危化品集装箱实现实时监管，而这种信息呈现方式由于装卸堆存工艺的不断复杂、专业监管人员的熟练程度不足以及平面图形文字对信息呈现的先天性不足，逐步暴露出了其缺点。例如监管人员对示意图形与其所表达的对象无法实现快速关联，平面集装箱图形无法快速反映堆场的层级集装箱信息，在提示安全事故应急响应措施方面不够形象直观。

因此，这就对一个现代化、信息化的危化品监控系统提出了更高的技术要求，虚拟现实技术正是解决该类问题，弥补二维平面监控系统不足的技术手段之一。

2. 港城危货箱三维监控系统基本架构

港城危化品三维监控系统将传统远程监控技术与现代虚拟显示技术相结合，用一个虚拟危化品码头场景反映实际码头中的各种作业对象，在监控界面上将这些实际对象用三维的形式显示出来；然后利用虚拟现实技术中的场景漫游、高亮显示、动态特效、视角切换等功能，使监管人员能够及时、准确、直观地掌握堆场中所有集装箱各种状态信息、跟踪其运输轨迹，结合危化品特征的监控管理办法以及事故响应措施，形成了一个具备沉浸感、交互性的危化品三维监控系统。该系统运用先进的虚拟现实技术、数据库技术、网络通信技术等技术手段，实现对危货箱堆场的三维人机交互、可视化监控及管理。

要实现人机交互，首先人要感知外界的信息。从认知心理学上讲，视觉是人类认知方式中最重要的、应用最多的一种感知方式，外界 80%的信息都是通过视觉感知获得的。人类的视觉系统可以感知物体的大小、深度和相对距离，因此在通常情况下看到的景象都是三维物体。传统危化品监控系统的人机交互中的视觉显示都是基于一维、二维的平面显示方式，这给人类的视觉认知带来了很大的不便。虚拟现实技术的一个主要特征就是“沉浸感”，危化品三维监控系统能够提供给操作人员更加逼真的三维显示体验，通过空间中各种材质、粒子、特效的运用，使操作体验更加接近于人的真实视觉感官，从而提高其对监控对象的快速认知。同时，在虚拟现实技术中，监控人员可以通过鼠标点击、操作手柄等输入方式，对三维对象进行快速操作，操作更加直接、简便，增加了人机交互的人性化，省去了繁琐的命令或者菜单操作。

该系统能够将港城危货箱堆场各种数据信息（堆场地形、箱区位置、箱区尺寸、集装箱货物、危类号、UN 号等详细信息）转变成三维虚拟实体；同时，根据后台数据库对堆场集装箱信息的实时更新，三维场景中对应的集装箱也能进行实时动态变化。这种真实、沉浸式的三维视觉体验，能够极大地提高监管人员对于监管工作的专注度，弥补传统平面可视化危货箱管理系统的空间局限性，将部分文字数据转变成更加直观的可视化图像信息，可快速提高监管人员的认知水平及对安全问题的实时响应，系统实现效果如图 9－22 所示。

图 9－22　危货箱三维监控系统

港城危货箱三维监控系统以三维渲染引擎为底层开发框架，以对堆场内危货箱的高效安全监管为目标，将危货箱码头传统管理方法及虚拟现实技术相结合，实现了对危货箱堆场的有效管理。系统基本架构如图 9－23 所示。

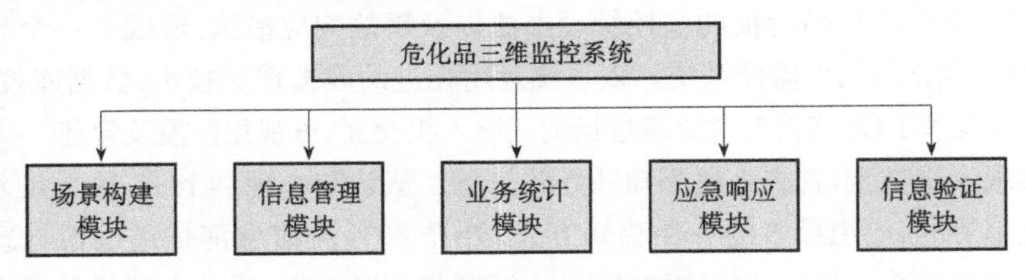

图 9－23　危货箱三维监控系统基本架构

(1) 场景构建模块

虚拟危化品堆场场景的构建是实现危化品集装箱三维监控系统的基础，也是建立虚拟现实监控系统的关键步骤。场景中的所有对象(码头地形、道路、楼宇、集装箱、消防设施)都需要前期建立三维模型，然后再将其添加到虚拟场景中。但是，在虚拟环境中，仅仅建立静态的三维模型是不够的，因为在每一次打开系统或是监控过程中，虚拟场景中的对象，尤其是危化品集装箱的各种状态是会随着码头当前业务流程以及后台生产数据库的更新而出现改变的，这些改变堆场当前集装箱数量、类型及位置分布，当前安全状态、设备故障状态等。

这就需要在场景创建过程中，必须做到实时读取数据库中集装箱的各种数据信息，并根据这些信息动态正确地生成所有的集装箱。即首先根据集装箱的类型信息(标准箱、油罐箱、冷藏箱、高低箱等)创建出对应的具备真实外观的三维模型，放置在各自的箱区位置上，然后渲染出与危类相对应的材质颜色，以直观的形式提示监管人员。

系统根据危货箱码头公司后台生产数据库的信息，在虚拟场景中动态生成箱区坐标、箱区网格，以及不同类型(标准箱、冷藏箱、油罐箱等)、尺寸(20 尺、40 尺、高箱、平箱等)、危类的集装箱。在虚拟场景中，所有集装箱模型与现实中相同，无须额外文字提示即可判别集装箱外观信息，提高了监管人员对堆场信息的摄取速度。

同时，系统还能根据数据库的变化对虚拟场景中集装箱进行实时更新，增加、删除或者改变集装箱的状态。

具备其他三维渲染特效(天气、昼夜等)，增强监管人员对堆场监管工作的沉浸感。

(2) 信息管理模块

集装箱颜色根据集装箱对应的危类号进行显示，方便监管人员了解箱区中九大危类集装箱的分布情况。

通过点击选取场景中对应位置的集装箱三维模型，即可弹出该集装箱的相关信息及对应危类号、UN 号的消防处理措施。对于箱区内部的集装箱，也可通过隐藏贝、隐藏排、隐藏层等操作快速选取。

(3) 业务统计模块

通过系统人性化的交互界面及简便的操作过程，可快速对堆场信息进行及时数据统计分析，统计信息包括箱区集装箱总数、集装箱按危类或 UN 号的分布情况，如图

箱区	集装箱数量	非危	1类	2类	3类	4类	5类	6类	7类	8类	9类
A1	91	0	0	2	20	0	0	7	0	28	34
A2	168	0	0	0	40	1	0	29	0	53	45
A3	195	0	0	0	58	0	0	30	0	59	48
A4	259	0	0	6	124	0	0	33	0	63	33
A5	281	0	0	279	0	0	0	1	0	1	0
B1	40	0	0	3	19	0	1	4	0	5	8
B2	0	0	0	0	0	0	0	0	0	0	0
B3	32	0	0	1	17	0	1	4	0	6	3
C1	74	2	0	30	0	39	3	0	0	0	0
C2	106	0	0	8	1	47	49	0	0	1	0
C3	57	2	0	4	29	5	0	3	0	4	10
D1	104	1	0	99	0	0	0	1	0	2	1
D2	0	0	0	0	0	0	0	0	0	0	0
D3	243	0	0	1	62	1	1	35	0	94	49
D4	91	3	0	7	34	0	0	6	0	8	33
E1	57	0	0	0	20	0	0	11	0	20	6

图 9－24　危货箱三维监控系统统计功能

9－24所示。

(4) 应急响应模块

如消防应急响应，一旦出现安全生产事故，可一键快速实现场景中所有消防栓、灭火器以及其他消防设施的高亮显示。

(5) 信息验证模块

在图的堆场信息录入过程中，因为管理人员的失误，难免会导致少量信息的错误录入。所以，为了防止少量错误信息给码头生产作业带来安全隐患，本系统的信息验证模块能够实现对堆场信息的验证工作。

如图 9－25 所示，由于少量集装箱信息录入的错误，造成了“悬空箱”或者“重叠箱”

图 9－25　危货箱三维监控系统信息验证功能

的出现。这些都可以根据系统的验证模块快速找出并定位，以便对这些错误信息进行快速更新修改。

该系统作为一个基于虚拟现实技术的三维可视化系统，与本章主案例的三维建模软件和引擎虽然有所不同，但是可视化模型的构建思路是一致的。

参 考 文 献

[1] 白凯，王华兵. RFID物流过程监控与可视化管理系统研究与设计[J]. 工业控制计算机，2012，1：27-28.

[2] 屈年赦. 三维建模和可视化方法的研究[D]. 阜新：辽宁工程技术大学，2006.

[3] 王少梅，张煜. 港口物流系统仿真建模及三维可视化研究[J]. 港口装卸，2002，6：1-4.

[4] 夏青，万刚，武志强. 战场可视化综述[J]. 系统仿真学报，2001，S2：273-275，289.

[5] 张元. 物流运输跟踪数据采集与可视化监控的研究与实现[D]. 成都：西南交通大学，2015.

[6] 沈国辉，孙丽卿，游大宁，等. 智能调度系统信息综合可视化方法[J]. 电力系统保护与控制，2014，13：129-134.

[7] 刘钊，罗智德，张耀方，等. 物流配送时空信息可视化方法改进[J]. 测绘科学技术学报，2014，2：208-211，220.

[8] 蔡小青. 面向成品粮物流信息系统的可视化研究与设计[D]. 北京：北京邮电大学，2015.

[9] 李立峰，刘世峰. 基于GIS技术的物流信息系统的改进物流可视化平台[A]. Proceedings of Conference on Web Based Business Management(WBM 2012)[C]. 武汉：武汉大学，2012：4.

[10] BOHIL C J, ALICEA B, BIOCCA F A. Virtual reality in neuroscience research and therapy [J]. Nature Reviews Neuroscience, 2011，12(12)：752-762.

[11] CALATAYUD D, et al. Warm-up in a virtual reality environment improves performance in the operating room [J]. Annals of Surgery，2010, 251(6)：1181-1185.

[12] CROCHET P, et al. Deliberate practice on a virtual reality laparoscopic simulator enhances the quality of surgical technical skills [J]. Annals of Surgery，2011, 253(6)：1216-1222.

[13] MIRELMAN A, MAIDAN I, HERMAN T, et al. Virtual reality for gait training：can it induce motor learning to enhance complex walking and reduce fall risk in patients with parkinson's disease [J]? Journals of Gerontology Series a-Biological Sciences and Medical Sciences, 2011, 66(2)：234-240.

[14] OPRIS D, PINTEA S, GARCIA-PALACIOS A，et al. Virtual reality exposure therapy in anxiety disorders：a quantitative meta-analysis [J]. Depression and Anxiety, 2012, 29(2)：85-93.

[15] LERNER M A, AYALEW M, PEINE W J, et al. Does training on a virtual reality robotic simulator improve performance on the da Vinci (R) surgical system [J]? Journal of Endourology, 2010, 24(3)：467-472.

[16] KRUPA A L, JAGANNATHAN A, REDDY S K. Importance of virtual reality job interview

training in today's world [J]. Journal of Nervous and Mental Disease, 2016, 204(10): 799.
[17] SMITH M J, BELL M D. Response: importance of virtual reality lob interview training in today's world [J]. Journal of Nervous and Mental Disease, 2016, 204(10): 800.
[18] WANG D, LI T, ZHANG Y, et al. Survey on multisensory feedback virtual reality dental training systems [J]. European Journal of Dental Education, 2016, 20(4): 248 - 260.
[19] FOLEY L, MADDISON R. Use of active video games to increase physical activity in children: a (virtual) reality [J]? Pediatric Exercise Science, 2010, 22(1): 7 - 20.
[20] SHERIDAN T B. Recollections on presence beginnings, and some challenges for augmented and virtual reality [J]. Presence-Teleoperators and Virtual Environments, 2016, 25(1): 75 - 77.
[21] 舒帆,宓为建,柯元俊. 基于地理信息系统的危险货物集装箱堆存监控系统应用[J]. 集装箱化, 2016,4: 20 - 22.
[22] 谭清锰. 可扩展物流 VR 仿真平台研究及其在自动化仓储系统的应用[D]. 杭州: 浙江大学,2006.
[23] 胡万里,胡镔,陶孟仑,等. 基于虚拟现实技术的某机械装备企业智能车间可视化研究[A]. 2016 年第六届全国地方机械工程学会学术年会论文集[C]. 全国各省区市机械工程学会,2016,4.
[24] 兰影铎. 面向云制造的可视化关键技术研究[D]. 沈阳: 东北大学,2014.
[25] 舒帆. 利用虚拟现实技术实现集装箱堆场的可视化[D]. 上海: 上海海事大学,2003.